智能系统与技术丛书

刘冰 ◎著

AIGC驱动工业智能设备

系统设计与行业实践

AIGC-Driven Industrial Intelligent Devices

System Design and Industry Practices

图书在版编目（CIP）数据

AIGC 驱动工业智能设备 : 系统设计与行业实践 / 刘冰著 . -- 北京 : 机械工业出版社 , 2025. 2. --（智能系统与技术丛书）. -- ISBN 978-7-111-77230-9

Ⅰ. T-39

中国国家版本馆 CIP 数据核字第 2024BC6774 号

机械工业出版社（北京市百万庄大街 22 号　邮政编码 100037）

策划编辑：孙海亮　　　　　　　　责任编辑：孙海亮

责任校对：高凯月　李可意　景　飞　　责任印制：任维东

三河市骏杰印刷有限公司印刷

2025 年 2 月第 1 版第 1 次印刷

186mm × 240mm · 17 印张 · 388 千字

标准书号：ISBN 978-7-111-77230-9

定价：99.00 元

电话服务

客服电话：010-88361066

010-88379833

010-68326294

网络服务

机　工　官　网：www.cmpbook.com

机　工　官　博：weibo.com/cmp1952

金　　书　　网：www.golden-book.com

机工教育服务网：www.cmpedu.com

PREFACE

前　　言

为何写作本书

人工智能生成内容（AIGC）技术，作为当前科技发展的前沿领域，展现出广阔的前景和多样化的应用场景。AIGC 技术通过深度学习和自然语言处理等人工智能手段，自动生成高质量的文本、图像、音频、视频等内容。这项技术不仅在内容创作领域引起了广泛关注，还在多个行业中展示了其强大的应用潜力。

（1）AIGC 技术前景

- 提升内容生产效率：AIGC 技术能够显著提高内容创作的速度和质量，从而大幅减少人工创作的时间和成本。这对于媒体、广告、娱乐等行业尤为重要，能够满足日益增长的内容需求。
- 个性化内容定制：通过分析用户数据，AIGC 技术可以生成高度个性化的内容，满足用户的特定需求和偏好。例如，在电商平台上，AIGC 可以为不同用户生成个性化的商品描述和推荐。
- 助力创新与设计：AIGC 技术在艺术设计、游戏开发等创意产业中展现出巨大潜力。它能够生成新的创意元素，帮助设计师和开发者在短时间内迸发出更多灵感，推动行业创新。

（2）AIGC 技术的应用行业

- 媒体与出版：AIGC 技术可以自动生成新闻报道、文章、博客等文本内容，帮助媒体机构快速响应热点事件，提高新闻发布的效率。同时，它还能为出版业提供自动化的写作和编辑工具。
- 广告与营销：通过 AIGC 技术，广告和营销内容可以实现自动生成，并根据用户行为和兴趣进行精准推送，提高广告的触达率和转化率。
- 教育与培训：AIGC 技术在教育领域的应用包括自动生成学习资料、试题和教学视频等，能够为学生提供个性化的学习体验，并帮助教师减轻备课压力。
- 游戏与娱乐：在游戏开发中，AIGC 技术可以生成游戏场景、剧情和角色对话等，提升游戏内容的丰富性和趣味性。在音乐和视频制作中，AIGC 能够自动创作歌曲、生成视频片段，实现娱乐内容的多样化。

现阶段，AIGC 技术已经在众多领域崭露头角，展现出令人瞩目的应用潜力。然而，作为一项具有颠覆性潜力的技术，AIGC 同样可以在工业领域发挥重要作用，为工业发展做出实实在在的贡献。

在当前的技术应用层面，大模型如ChatGPT、文心一言、豆包等已经成为AIGC技术的代表。在终端产品应用层面，AIGC技术已经渗透到同声翻译、智能驾驶等领域，展现出强大的适应能力和广泛的应用场景。然而，许多AI科技公司在大模型和终端应用的竞争中投入了大量资源，却忽视了工业及相关行业的发展需求。

作为一名AI相关技术的从业人员，我一直在密切关注AIGC技术的发展趋势，深入了解其底层原理，并研究其多样化的应用形态。更为巧合的是，我目前担任一家新型科技公司的算法研发负责人，专注于工业设备领域的AI技术落地应用。因此，我希望通过本书，向广大工业领域从业人员介绍AIGC技术在工业设备中的应用，帮助大家掌握这项前沿技术，进而推动工业领域的创新与发展。

在撰写本书的过程中，我不断思考如何将AIGC技术更好地融入工业智能设备中，以发挥其真正的价值。AIGC技术不仅可以自动生成高质量的操作说明和维护手册，还能够实时分析设备运行数据，生成监控报告和故障诊断建议，显著提升设备的运行效率和维护效果。此外，AIGC技术在员工培训、智能预测与优化方面也展现出巨大潜力，可以帮助企业降低成本，提高生产力。

我相信，随着AIGC技术的不断发展和成熟，它在工业智能设备中的应用将会更加广泛和深入。通过本书的内容，我希望能够为广大工业领域从业人员提供实用的指导和启示，帮助他们更好地理解和应用AIGC技术，以共同推动工业智能化的发展。

本书特色

- **从零开始**：使用通俗易懂的语言介绍各种AIGC核心技术，使读者能够轻松入门，无须担心高深的技术门槛。
- **内容前沿**：本书紧跟AI行业的前沿，基于最新、最成熟的理论进行讲解。
- **经验总结**：全面归纳和整理我在工业智能设备领域多年的实践经验，关注每一个应用细节。
- **内容实用**：通过大量实例进行讲解，聚焦于应用层面，使工业领域从业人员更易于掌握相关内容。

读者对象

本书适合以下读者阅读：

- 工业领域从业人员
- 对AIGC相关技术感兴趣的人员
- 高等院校学习AI技术的学生

如何阅读本书

本书分为三部分：

- 第一部分　AI 与 AIGC 基础知识

从基础入手，深入讲解 AI 技术的基本概念和原理。通过通俗易懂的讲解和示例，帮助读者建立坚实的理论基础，为后续章节的深入学习打下良好基础。

- 第二部分　智能设备上的 AIGC 系统设计

详细介绍 AIGC 技术在实际应用过程中的各种功能设计和实现方法。内容涵盖算法选择、模型训练、系统集成等各个环节，通过丰富的技术细节和设计策略，帮助读者全面掌握 AIGC 技术的应用要点。

- 第三部分　AIGC 在关键工业领域的应用

深入剖析具体的案例，展示 AIGC 技术在不同工业领域中的实际应用。通过分析成功应用案例中的挑战和解决方案，提供实战经验，便于读者在实际工作中更好地应用 AIGC 技术。

勘误和支持

虽然我在写作时已经尽力谨慎，但本书中仍可能存在错误或者不准确的地方，若读者发现错漏之处或有其他宝贵意见，请通过邮箱 2577082896@qq.com 联系我。

本书案例所需的源代码资源附件已上传至百度网盘，读者可自行查阅：

- 链接为 https://pan.baidu.com/s/1cosxDNByOeYvLKZBcAbL2Q
- 提取码为 rl87

刘冰

CONTENTS

目 录

第一部分

AI 与 AIGC 基础知识

如今，人工智能（AI）已成为推动各行业创新与变革的核心动力。AI 的快速进步不仅改变了技术领域的格局，也对经济、社会和日常生活产生了深远的影响。作为 AI 领域的一个重要分支，人工智能生成内容（AIGC）技术正迅速崛起，展现出强大的潜力和广泛的应用前景。AIGC 利用深度学习、自然语言处理、机器视觉等技术，能够自动生成高质量的文本、图像、音频、视频等内容，为创作、生产和管理带来了前所未有的便利。

本部分将探讨 AI 与 AIGC 的基础知识，涵盖其核心概念、关键技术和主要应用场景。通过对这些内容的综合性阐述，为读者构建一个全面的理解框架，以便读者在后续章节中更好地掌握 AIGC 在各个领域的具体应用与实践。

CHAPTER 1

第 1 章

从 AI 到 AIGC

智能设备的迅猛发展深刻改变了我们生活和工作的方方面面。从智能家居到工业自动化，人工智能技术与智能设备的融合给我们的生活和工作带来了前所未有的便利。在这个变革的时代，理解和掌握先进的融合技术已经成为当务之急。

本书旨在深入探讨人工智能技术与智能设备的结合，聚焦于 AIGC 系统（人工智能技术与智能设备的整合应用）在工业领域的应用。本章将呈现一幅全景图，以帮助读者更好地理解和应用 AIGC 技术。

本章主要涉及的知识点：

❑ AIGC 的基本概念和原理。

❑ AIGC 在智能设备中的实际应用。

1.1 AIGC 技术概述

随着科技的飞速进步，AI（Artificial Intelligence，人工智能）技术显现出巨大的潜力，成为各行各业实现智能化的关键驱动力，AI 技术与智能设备的结合逐渐成为推动技术创新和行业发展的引擎。而随着 AI 技术的不停优化、迭代、衍生发展，AIGC（AI Generated Content，人工智能生成内容）又以其优秀的“理解”能力后来居上，迅速催生出了新的技术生态与应用模式。

AIGC 的目的是通过人工智能去生成内容，在该技术的早期阶段主要通过大量的数据去训练模型，使得模型可以根据输入的条件或者关键词去生成各种形式的内容（如文本、图像、视频等）。简单地理解，AIGC 技术是 AI 技术的进阶版本。

随着 AI 技术的发展，NLP（Natural Language Processing，自然语言处理）技术也得到了实质的跃升，该技术的发展使得机器与人之间的“隔阂”越来越小，模型越来越能“理解”人的主观感觉、认知甚至思想。因此，AIGC 的应用场景，也逐渐从辅助内容创作这个单一的应用场景，逐渐向其他行业渗透。目前，AIGC 应用成熟的案例多聚焦于内容创作、聊天对话以及设计、培训等方面。

AIGC 技术的核心可以拆分成以下四大模块。

（1）生成模型

生成模型是一类机器学习模型，旨在从训练数据中学到其分布，从而能够生成与目标数据相似但新颖的样本。这些模型通过学习数据的各种规律，能够以创造性的方式生成新的内容，如图像、文本、音频等。其中，生成式对抗网络（GAN）和变分自编码器（VAE）是比较常见的生成模型，它们为AIGC领域的创新提供了强大的工具。

（2）自然语言处理

自然语言处理（NLP）是AI领域的一个分支，它致力于使计算机能够理解、处理、生成人类语言。NLP涵盖了文本分析、语音识别、情感分析等技术，使计算机能够与人类语言进行有效沟通。该领域的进展推动了机器翻译、智能助手和文本挖掘等应用的发展，为人机交互提供了重要支持。

（3）计算机视觉

计算机视觉（CV）是AI领域的又一分支，它的目标是使计算机能够模拟、理解人类视觉系统。通过图像、视频数据的分析，计算机视觉实现了图像识别、目标检测等任务。该技术不仅推动了自动驾驶、医学影像分析、工业缺陷检测等领域的创新，还为智能安防、虚拟现实（VR）、增强现实（AR）等应用提供了关键支持。

（4）强化学习

强化学习（RL）是一种机器学习方法，也是AI领域的一个重要分支，它通过智能系统与环境的互动学习，实现最大化累积奖励的目标。在强化学习中，智能体（Agent）通过尝试不同的动作来探索环境，并根据奖励信号调整其行为策略。这种学习方法被广泛应用于自动控制、游戏策略、机器人控制等领域，为系统在复杂环境中做出智能决策提供了有效的框架。

以上4个技术模块，分别对应人类的4个重要能力。生成模型对应的是人类的创造力，自然语言处理对应的是人类的沟通能力，计算机视觉对应的是人类的视觉系统，强化学习对应的是人类的学习能力。

虽然以上列举了组成AIGC的4个核心技术模块，但是实际的AIGC落地应用，并不需要4个技术模块齐备。比如，现如今很火的ChatGPT，就是由生成模型、自然语言处理、强化学习3个大模块构成，具备与人类对话的能力。正是由于它能够较正确地理解自然语言，且快速做出答复（或者说是信息检索能力），它目前才会被广泛应用于各大行业，并有赶超传统的百科类网站的趋势。

1.2 AIGC在智能设备中的应用场景

正如1.1节介绍的一样，目前AIGC相关技术的发展十分迅猛。通过相关技术的不断优化、迭代、创新，催生出了许许多多的创新应用场景，尤其在智能设备领域。这一新兴技术正迅速渗透到我们的日常生活、工业生产等方面，为广大群众提供更智能、个性化的服务。

首先，智能家居领域是AIGC技术落地应用比较成功的一个典型场景。通过AIGC，智能家居系统能够通过对话的方式学习用户的生活习惯和喜好，实现智能设备的个性化控制。例如，系统可以自动调整照明、温控设备，甚至通过与用户对话实现定制日程安排，创造出一个令人舒适、贴心的居家环境。这种个性化体验不仅提高了用户的生活质量，也提高了家居设备的智能化程度。

其次，AIGC技术在工业自动化中崭露头角。生产线上的设备通过AIGC技术分析大量传感器数据，实现预测性维护，提前识别并解决潜在故障，最大限度缩短生产停机时间。或者，通过学习专业知识，实现问题分析、动作响应或调整，提升工业生产的良率，最大限度节省非不可控因素造成的损耗。这种智能化的生产方式不仅提高了生产效率，还降低了维护成本，使工业制造更加高效可靠。

在医疗领域，智能医疗设备结合AIGC技术，实现了个性化的治疗方案。医疗设备通过特定的方式采集并分析患者的健康数据，以便为患者提供精准的医疗建议、调整药物剂量，甚至制订个性化的康复计划。这种个性化治疗不仅提高了治疗效果，也提升了患者的医疗体验。

智能交通系统也是AIGC技术的广泛应用领域。通过AIGC技术，交通系统能够实现智能的路况监测和调度，优化交通流，缓解拥堵，提高道路使用效率。智能信号灯、智能导航等技术的应用使得城市交通管理更加智能高效，改善了人们的出行体验。

最后，AIGC技术在智能零售中的应用也呈现出广阔前景。通过分析消费者的购物历史、偏好和行为模式对用户进行画像，以为其提供个性化的商品推荐。这种精准的定制化推荐不仅提高了用户的购物满意度，同时有助于商家提高销售业绩。

综合而言，AIGC在智能设备中的应用正深刻改变着我们的生活和工作方式。这种技术的创新应用不仅提高了设备的智能化水平，也为用户提供了更为智能、个性化的服务体验。未来，随着AIGC技术的不断发展，我们有理由期待更多领域的创新应用，以推动智能设备迈向一个更加智能、便捷的未来。

上述应用场景仅为部分比较常见且典型的示例，实际上AIGC相关技术的应用场景不局限于此。而本书后续的内容将会针对工业自动化领域展开相关的讲解。

CHAPTER 2

第2章

AI技术基础

在第1章中提到AIGC是由AI技术发展而来的，那么要了解AIGC是如何实现的，首先就必须了解AI技术。严格来说，AI并非单一的技术，而是由多个相互关联、相互作用的技术领域组成的。

本章主要涉及的知识点：

- 机器学习原理：了解机器学习的原理，包括监督学习、无监督学习和半监督学习。
- 深度学习原理：了解深度学习是如何模拟人脑神经网络从而实现卓越的学习性能的。
- 深度学习的基础概念：熟悉各种常用的技术术语以及概念，如网络层、模型等。
- AI经典算法：熟悉各种常用算法的原理以及应用。

2.1 机器学习

机器学习的核心在于其对数据的敏感性。通过引入数学、统计学的方法，机器能够从数据中提取规律和模式。而监督学习、无监督学习和半监督学习等不同的学习方式，则让机器能够处理从简单分类到复杂决策的各种任务。

2.1.1 机器学习原理

本节将从两个方向对机器学习的原理进行介绍：机器学习的特性、机器学习模型的实现步骤。读者要先熟悉该技术的特性，思考它与一些传统的软件技术有哪些差异，带着这样的思考与理解再去了解它的深层次原理，从而更深刻地理解它。

1. 机器学习的特性

（1）数据驱动

机器学习有一个很重要的特性是“数据驱动”，即通过数据学习其模式、规律等信息，从而实现建模，达到预期的目标。这与传统的编程方式有很大的不同，机器学习在实现的过程中并不是通过明确的规则来执行任务的，而是通过设定的方法（算法）观察和学习大量的数据。也正是因为这种数据驱动的学习方式，机器能够适应不断变化的环境和复杂的问题。例如，在自然语言处理（NLP）中，模型通过学习大量的文本数据，具备理解语言结构和语义的能力，实现智能的语言处理任务，如在线翻译等功能。

（2）自适应

“自适应”是机器学习的另一个显著特性。机器学习模型可以通过持续接收来自外部数据的反馈，不断地调整自身，以适应新的情境或变化。这意味着模型不仅能够在静态数据上学习，还能够实时地适应动态的环境。例如，在日常使用的手机地图中，自适应的机器学习模型就能够灵活应对交通流量的变化，优化其路线规划以适应实时的道路状况。这种自适应性使得机器学习模型在面对不断演变的现实世界时表现出色，为系统提供了灵活性和可持续性，确保其性能随时间的推移不断提升。

（3）泛化

“泛化”可以认为是一种特殊的自适应能力，它代表的是模型对从未“见”过的数据所拥有的处理能力。一个具有良好泛化能力的模型能够从训练数据中学到通用的模式和规律，使其在面对新的、未曾“见”过的情境时也能做出准确的预测和决策。通过有效捕捉数据中的抽象特征，模型避免了对训练数据的过度拟合，从而在真实世界中展现出更强大的性能。例如，一个在图像分类任务上具有良好泛化能力的模型能够准确辨别不同种类的物体，即使这些物体的“样貌”与训练时并不完全相同。这种泛化能力使得机器学习模型更具实用性，能够应对多样性和变化，为各种应用场景提供了可靠的解决方案。

如何区分“自适应”与“泛化”呢？想象一下，一个小孩正在学习骑自行车。

自适应：这个小孩最初只能在平坦的公园小道上骑行。随着练习，他逐渐适应了这种环境，能够轻松地在小道上骑行而不摔倒。这种能力称为自适应，因为他对特定环境（小道）做出了良好的反应。

泛化：后来，这个小孩尝试在不同的环境中骑行，比如上坡、下坡或在不同类型的道路上。即使环境变化，他仍能骑得很好，保持平衡和控制。这种能力称为泛化，因为他能将学到的技能应用到新的、未见过的环境中。

简单来说，自适应是对特定情境的反应，而泛化则是将所学的技能扩展到更广泛的情境中。

（4）非线性建模

“非线性建模”是机器学习模型在解决复杂问题方面的独特能力。传统的线性模型局限于简单的线性关系，而非线性建模使得模型能够捕捉数据中更为复杂、多变的关系。例如，在图像识别中，线性模型可能难以有效地区分复杂的视觉特征，而具有非线性建模能力的模型能够学到多层次、抽象的特征表示，从而更准确地识别物体。这种能力使得机器学习模型能够适应各种数据分布和任务，处理更为复杂的现实世界问题。通过引入非线性关系，机器学习模型能够更全面地理解数据中的模式，为解决现实生活中的多层次、多因素的问题提供强大的工具。

非线性建模可以通俗地理解为人类思维中的“换个思路”“换种角度”。例如：有一堆豆子，如何从这堆豆子里面挑出坏豆子？从正向的逻辑看待这个问题，就是坏豆子的外观

不一样，可以通过外观将坏豆子挑出来。那么换个思路，坏豆子比好豆子轻，因此直接把这堆豆子倒进水里，浮上去的豆子就是坏的。机器学习的非线性建模能力就类似于“换个思路”“换种角度”来处理问题。

（5）迭代优化

“迭代优化”能力是机器学习持续学习和不断提升性能的核心，前面的 4 种特性都必须依赖该特性才能实现。在训练阶段，模型通过不断调整参数来最小化预测误差。通过观察模型的性能并根据实际结果进行反馈，机器学习系统能够不断优化自身。这个迭代过程使得模型能够从错误中学习，逐渐改进对数据的理解和表示。例如，在图像分类任务中，模型可能一开始无法正确分类某些复杂的图像，但通过反复迭代，模型能够调整权重，改进特征提取方法，最终提高对这些图像的分类准确性。这种迭代优化不仅使得模型在训练数据上表现更好，也增强了它对未见过数据的泛化能力，为它持续适应变化的环境提供了关键支持。

2. 机器学习模型的实现步骤

了解完机器学习的几大特性，接下来就需要了解如何实现一个机器学习模型。通常情况下要实现机器学习，需要经历 7 个步骤，分别是：数据采集、数据预处理、特征工程、模型选型、模型训练、模型评估与参数调整、模型部署。

（1）数据采集

数据采集是机器学习实现过程中至关重要的一步，由于机器学习的数据驱动特性，数据质量决定着模型的质量和性能。

首先需要明确任务目标，确定所需数据类型。

然后，收集大规模、多样性的数据，确保数据集尽可能覆盖需求面。数据来源可以包括传感器、数据库、API 等多渠道。

同时，必须要注意数据的隐私和安全问题，确保符合相关法规和伦理标准。

采集数据的过程中，要避免数据来自同一个出处的情况，避免数据偏差造成对模型性能的影响。另外，数据采集不是一次性的任务，而是一个长期任务，因此如果条件允许，就应尽量保障数据被定期更新。

（2）数据预处理

数据预处理是数据采集完成后的关键步骤，进行这个步骤的目的是通过优化数据来保证模型“学习”到的“知识”是最具价值的，从而提高模型性能。常见的数据预处理包括处理缺失值和异常值、标准化特征等。

首先，识别并处理缺失值，通常采用补充或删除等策略。

其次，处理异常值，通过统计学方法或基于数据分布的技术检测异常值，可以选择删除异常值，或使用截尾、变换等方式进行调整。

最后标准化特征，将数据缩放至相似尺度，以避免特殊数据对模型权重造成过大的影响。常见的方法有两种：一是标准化，即数据集中的每个元素减去数据集的均值并除以数据集的标准差；二是归一化，即将数据集中的所有数据缩放到 0 到 1 的范围内。

在进行预处理时保留好原始数据以便进行溯源或者比对；选择预处理方式的时候不要盲目选择，要根据数据的分布特性选择合适的方式。第 4 章将会专门讲解如何进行合理的选择与处理，本节列举的仅为其中一部分常见的方法。

（3）特征工程

特征工程是机器学习中至关重要的环节，旨在通过创造性地选择、转换或构建特征，提高模型性能。合理的特征工程能够揭示数据中的模式和关系，有助于模型更好地理解任务。典型的特征工程包括创建新特征、将类别变量转换为数值、进行降维（如主成分分析），以及使用多项式特征等。

特征工程的目的是在经过预处理的数据基础上，拓展数据的维度，提升数据的价值，为模型提供更加丰富和准确的输入。例如：训练一个模型预测年龄与收入的关系，如果只用年龄、收入两个维度的数据训练，肯定没有加上新特征——工作经验、行业后训练的模型效果好。

通过结合领域专业知识，特征工程能够使模型更具鲁棒性，对输入数据更敏感。在实际应用中，巧妙的特征工程常常是提升模型性能的关键一环，为模型提供更具信息量和表达能力的输入。

特征工程可能引入负面因素导致模型欠佳（如过拟合、欠拟合等），因此在添加新特征时需要谨慎，可以通过交叉验证等手段来评估数据特征的相关性。另外，构建特征的时候，尽量结合实际应用领域受众的专业知识，大体逻辑不能偏离实际，比如：需要训练一个模型预测中国人的消费习惯，那么在特征工程阶段就不能按照外国人的消费习惯进行设计。

（4）模型选型

特征工程影响模型的输入，模型选型影响的是模型的接受能力。如果没有好的接受能力（没做好模型选型），那么即使给模型输入再优秀的知识（经过好的特征工程处理的特征），模型也学不到有用的知识。

在进行模型选型之前，必须要充分了解问题的性质和目标。明确问题是分类、回归还是聚类等性质；确定需要优化的指标，如准确率、均方误差、召回率等。结合这些问题的性质和目标进行模型的选择和调整。

- 分类是指对目标进行类别区分，回归是指对数值进行趋势性预测或者拟合，聚类是自动将数据进行分组。其中分类、聚类的区别在于，分类需要有标签信息，聚类不需要标签信息。
- 准确率是预测正确的比例，均方误差是预测值与真实值之间的平均差异，召回率是所有真实正样本中被正确预测（或者检测）为正样本的比例。

概括来说，模型选型的步骤如下：

- 明确问题与目标：了解问题的性质和目标。例如，决策树在处理分类问题时表现良好；线性回归适合处理回归问题；深度学习模型对大规模数据集的特征学习效果明显，但在小数据集上可能会过拟合。

- ❑ 数据探索：了解数据的分布、特征之间的关系。在明确问题与目标的前提下，可以确定一个大体的模型选型方向，数据探索就是紧跟在这个步骤后进行细化的方向选择。例如：要对一组无标签的数据进行分类，可以结合问题的性质确定采用聚类的方案，那么具体应该选择哪种详细的聚类方案，就可以根据数据的特征来选择。假如数据分布的形状有包含关系，则可以选择密度聚类的方案；如果数据分布的形状没有包含关系，则可以选择 k 均值聚类的方案。
- ❑ 由易到难验证：通常情况下，应首先考虑使用简单的模型。简单模型的优点包括更容易理解、训练速度更快、在数据量较少的情况下不容易过拟合。例如，要实现对一组数据的趋势进行拟合（即用一个量化的方程来表示数据），线性回归就是一个简单而有效的选择。
- ❑ 考虑数据集的数量：数据集的数量不同，采用的模型也会有区别。例如：大规模数据集通常更适合使用复杂的深度学习模型，而小规模数据集可能更适合使用简单的模型，以避免过拟合。同质化程度比较强的数据应该尽量选择结构简单的模型，反之应该选择稍微复杂的模型。

同质化指的是数据集中的样本数值或观测到的现象具有相似的特征、属性或性质，导致它们在某种程度上彼此相似或相等。与之相反的是异质化。例如：在某一个地区人口信息的数据集中，如果只选择“性别”“籍贯”这两个标签的数据，由于性别、籍贯均是固定的几个值，那么这份数据就是同质化数据；如果只选择“职业”“收入”两个标签的数据，由于职业、收入的跨度很大，这份数据就是异质化数据。

（5）模型训练

在机器学习模型所需要经历的所有步骤中，模型训练就是那个产生“魔法”的步骤，它是将冰冷的机器变成智能体的关键一步。这一过程不仅仅要让机器“记住”数据，更要让它“理解”数据背后的规律、特征和趋势，并形成自己的“思维”。

模型训练可以分为如下几步：

- ❑ 加载数据集：结合前述特征工程的成果，将产生的方案逻辑转换成机器可以理解的代码，即从人的思维逻辑转换成机器的处理逻辑。
- ❑ 定义损失函数：损失函数是模型学习（或者优化）的目标，它表示的是模型的预测值与真实值之间的差异。在定义损失函数时，需要根据具体任务选择适当的度量方式。例如：分类任务通常采用交叉熵损失函数，回归任务通常采用均方误差损失函数。
- ❑ 加载模型：加载模型即把模型选型的成果用代码的方式编写出来。如果存在模型的权重（有些时候会使用单独的文件保存模型的权重参数），还需要将这些数据读取并加载到机器上。
- ❑ 正向传播：正向传播是指模型根据输入数据计算出预测值的过程。在这个阶段，数据通过模型的各个结构进行计算，得到最终的输出。通过正向传播的过程，模型从数据中学到特征和模式。

- 反向传播：反向传播是模型学习（或者优化）的核心，通过损失函数计算预测值和真实值的差异，然后将这一差异通过模型反向传递，更新模型参数，以降低损失值。这一步骤通过梯度下降等优化算法，使模型逐渐调整自身以更好地拟合数据。
- 反馈训练进度：为了更好地了解模型的训练进展，还需要及时反馈训练的指标。这可能包括每个轮次（epoch）的损失值、准确率等。通过这些指标可以判断模型是否正常训练，是否需要进行调整或提前停止训练，以提高效率和模型性能。

定义损失函数是模型训练过程中极其关键的一个步骤。如果定义损失函数出现了异常，那么前面的步骤即便做得很优秀，也可能导致模型跑偏。这就好比一个成绩名列前茅的学生，如果一直教他错误的解题方式、给他错误的参考答案，那么他的真实成绩就会越来越差。

（6）模型评估与参数调整

模型评估与参数调整是确保模型在真实数据上泛化良好的关键步骤。其作用一是为了使模型在训练数据上的表现更好，二是为了确保模型能够在未见过的数据上做出准确的预测。通常它的处理方式是在模型训练的基础上，额外准备一份模型“未曾见过”的数据（即测试数据集）来验证模型的泛化能力。

该步骤并无标准的流程化的规范，很多时候需要工程师根据具体的问题进行定制化的设计。比如：对于分类任务，常用的评估指标是模型在测试数据集上的准确率、精确率、召回率、F1值等；而在回归任务中，关注的是模型在测试数据集上的均方误差、平均绝对误差等。

当发现模型训练到一定程度仍然无法取得较好的指标时，就应该适当地调整一下模型的参数。其操作方法是微调参数组合，并评估微调后的模型指标是否有改善。这个过程往往是整个机器学习模型实现的过程中耗费时间最久的。不过耗时问题并不用担忧，因为实际场景中往往会在短时间内调整好一组参数进行应用，后期再通过持续的迭代优化，逐渐优化或者更新参数组合，以实现模型性能的不断提升。

该步骤不是一次性的过程，而是一个动态的、持续的循环过程。既可以在模型训练一次后进行一次评估，也可以在模型训练多次后进行一次评估。

（7）模型部署

模型部署是机器学习从实验到应用的一个步骤，评价一个机器学习模型的价值时，很重要的一个因素就是模型部署的效果。

在模型部署之前，首先需要选择合适的部署环境。这可能是云端服务器、本地服务器、边缘设备，甚至是嵌入式系统，取决于应用场景和需求。不同的环境可能有不同的性能和资源限制，因此选择适当的环境是确保模型高效运行的前提。同时，部署环境的选择通常伴随着性能优化的需求。在一些资源受限的环境中，可能需要对模型进行压缩，减小模型大小，提高推理速度。这可能涉及量化、剪枝等技术，以在不过分牺牲准确性的前提下提升模型的推理效率。

为了更好地管理和维护模型，容器化和微服务架构是常见的部署方式。将模型封装成容器，利用容器技术（如 Docker），可以实现模型的快速部署和版本管理。微服务架构将模型与其他服务解耦，提高了系统的灵活性和可维护性。同时需要做好版本控制与管理，每个模型的更新或者更改都应该有对应的版本号，以确保在需要回滚或者对比不同版本效果时能够追溯到相应的模型。

部署后的模型需要进行实时监控，以便及时发现模型性能下降或者异常行为。监控系统可以帮助团队了解模型的运行状况，提前发现问题并采取措施。

并且，定期的模型维护是确保模型持续有效的关键。为了确保操作者能够正确理解和操作部署的模型，建立详细的文档是必要的。文档应该包括模型的结构、部署流程、环境配置等信息。

此外，培训操作人员，使其熟悉模型的部署和维护流程，以提高整体团队的效率。

机器学习的实现是一项复杂而富有挑战性的任务，需要横跨数学、统计学、计算机科学等多个领域。

通过本节的介绍可以发现：机器学习的实现过程不是单纯的技术堆砌，更需要对实际问题的深刻理解、对数据的敏感性、对应用场景的解析能力等。机器学习的实现并非终点，而是一个不断迭代和改进过程的起点。

2.1.2　监督学习

在 2.1.1 节中介绍了机器学习的实现过程，涉及从数据采集、预处理、模型选型到训练、评估、部署等多个环节。接下来将从技术的属性层面依次介绍不同的学习方式。本节主要介绍机器学习中使用频率十分高的一种技术——监督学习。

监督学习的本质是让机器通过某种特定的方式从带标签的数据中“学习”知识。通过使用带有标签的数据来训练模型，机器能够理解输入和输出之间的关系。这种学习方式类似于人们在学校里学习时，老师提供示范和反馈的过程。下面用两个简单的例子来解释监督学习。

例 1：

假设要教一个小孩识别水果，老师向他展示了一系列水果的图片，并告诉小孩每张图片所代表的水果名称。这些标记了水果名称的图片就是训练数据，它们相当于监督学习中的带标签数据。

在这个例子中，小孩就是模型，他的任务是根据给他看的图片来学习识别水果。通过观察不同的图片和对应的标签，小孩逐渐学会了一些种类的水果的特征和名称。当给他看一张新的水果图片（水果种类相同）时，他就可以根据之前学到的知识来判断这是什么水果了。

下面再用数学的例子来解释监督学习。

例 2：

假设有一个带有标签的数据集，其中包含了动物的特征（如体重和身高）以及对应的标签（如是狗还是猫）。目标是训练一个监督学习模型来预测动物是狗还是猫。

可以使用一个简单的线性回归模型来解决这个问题。假设数据集中有 m 个样本，每个

样本都有两个特征 x_1^i 和 x_2^i（分别表示动物的体重和身高），以及一个标签 y^i，其中 i 表示样本的索引。那么这个模型可以表示为

$$h_\theta(x)=\theta_0+\theta_1x_1+\theta_2x_2$$

其中 h_θ（x）表示模型对于输入 x 的预测值，θ 是模型的参数，θ_0 是偏置项，θ_1 和 θ_2 是特征的权重。

机器学习的目标是找到最优的参数 θ，使得模型的预测尽可能地接近真实的标签。而为了达到这个目标，需要定义一个损失函数来衡量预测值与真实标签之间的差异。以常用的损失函数——均方误差（Mean Squared Error，MSE）——为例：

$$L(\theta)=\frac{1}{2m}\sum\nolimits_{i=1}^{m}(h_\theta(x^i)-y^i)^2$$

下一步就可使用梯度下降等优化算法来最小化损失函数，从而找到最优的参数 θ。梯度下降算法通过不断更新参数 θ 的值，使得损失函数逐渐减小，直到收敛于局部最优解或全局最优解。

一旦找到了最优的参数 θ，就可以使用模型来进行预测了。给定一个新的动物的体重 x_1 和身高 x_2，可以通过模型计算出预测的标签 y（狗或猫）。

2.1.3　半监督学习

半监督学习的原理与人类的学习方式有点相似，因此读者即使没有相关行业知识，也可以轻松理解半监督学习的技术原理。

半监督学习结合了有标签数据和未标记数据来训练模型：

- 有标签数据：在半监督学习过程中肯定会有一部分有标签数据，这些数据包含了输入和对应的输出（或标签）之间的关系。比如，在猫和狗的有标签数据（图片类型）中，每张图片都标有“猫”或“狗”。
- 未标记数据：除了有标签数据外，半监督学习过程中还需要一大批未标记数据，这些数据只有输入没有输出。比如，只有一组图片，但是图片上没有标签信息表明是猫还是狗。

半监督学习算法利用带有标签的数据来训练模型，同时利用未标记数据来提升模型性能。这种算法的核心思想是利用未标记数据中的潜在信息来丰富模型的学习过程，提高模型的泛化能力。

下面用一个简单的例子来解释半监督学习。

例 3：

假设有一些带有标签的猫和狗的图片，以及大量的未标记的动物图片。目标是训练一个模型来识别猫和狗。

要实现这个例子中的需求，可以分为如下几步：

①首先使用带有标签的数据来训练一个基础模型，这个模型可以在一定程度上识别猫和狗。

②利用未标记的数据，通过一些无监督学习技术（如聚类、降维等，2.1.4 节会具体说明）来挖掘数据的潜在结构和模式。

③将这些挖掘到的信息融合到原始模型中，从而提升模型的性能。例如，可以使用未标记数据中的相似性信息来扩展原始模型的训练集，或者利用未标记数据中的数据分布信息来调整模型的超参数。

通过这个简单的例子可以理解半监督学习的基本原理：利用未标记数据中的潜在信息来提升模型性能，从而实现对未知数据的更准确预测。半监督学习是一种直观而强大的方法，可以帮助计算机理解和预测各种现实世界的问题。

在实际应用中，半监督学习被使用的频次是相对较高的，因为实际应用场景中大量的数据往往是未标记的。例如，在医学影像分析中，虽然拥有大量的医学影像数据，但其中只有少部分被专家医生标记为特定的疾病类型。而那些未标记的影像数据，可以被用于探索不同疾病之间的隐含联系和模式，从而提高模型对疾病诊断的准确性。

2.1.4　无监督学习

无监督学习的目标是从未标记的数据中发现隐藏的模式和结构，而无须事先给定标签或输出。无监督学习的逻辑就是：在事先并不知道数据的真实分布或类别的情况下，通过模型来发现数据的潜在结构。这种方法通常用于聚类、降维和异常检测等任务。

此处提到的“事先并不知道数据的真实分布或类别”不是一定出现的情况，只是很有可能会在实际的应用场景中出现。

无监督学习在各个领域都有广泛的应用。例如：在生物信息学中，无监督学习可以用于基因表达数据的聚类和分类；在社交网络分析中，无监督学习可以用于发现社交网络中的群体结构和模式；在金融领域，无监督学习可以用于检测异常交易和欺诈行为。

无监督学习中最常用的一种方法是聚类分析，它将数据划分成不同的组别或类别，使得同一组内的数据更加相似。其次就是降维分析，它将数据从高维空间映射到低维空间，从而降低数据的复杂度和维度。

例如，商家用聚类分析将顾客分成了三个群体：高消费群体、低消费群体和中等消费群体。通过分析这些群体的购买行为，发现高消费群体更倾向于购买高价值的商品，低消费群体更倾向于购买低价值的商品。这些信息可以帮助商家制定针对不同群体的营销策略，从而提高销售额和顾客满意度。

下面再用一个具体的例子来讨论聚类分析的实现步骤。

例 4：

假设有一个包含 N 个数据点的数据集：

$$X = \{x_1, x_2, \cdots, x_n\}$$

其中每个数据点都有 D 个特征。目标是将这些数据点分成 K 个不同的簇。

要实现该案例的目标，可以分为如下几步：

①初始化 K 个聚类中心，可以随机选择数据集中的 K 个数据点作为初始聚类中心。

②将每个数据点分配到距离最近的聚类中心所对应的簇中。

③更新每个簇的聚类中心，即将每个簇中所有数据点的均值作为新的聚类中心。

④重复步骤②和步骤③，直到聚类中心不再变化或达到最大迭代次数。

将本例具象化表达。假设有一个数据集由5个数据点组成，每一个数据点由一个数字构成，数据集为 X={1,2,3,11,12}。将这个数据集分为两类，实现步骤如下：

①选择两个数据点作为初始聚类中心，设初始选择的两个点分别为1和2。

②分别计算数据集 X 中每个点到两个聚类中心的距离，选择距离最小的中心进行归类，则可以得到两个簇分别是{1}，{2,3,11,12}。

③更新两个簇的聚类中心（均值计算）作为新的聚类中心，则可以得到新的聚类中心分别为1和7。

④重复步骤②～③，直到最后聚类中心不再变化，得到两个簇分别为{1,2,3}和{11,12}。

2.2　深度学习

深度学习作为人工智能领域的一颗新星，以强大的模式识别和数据建模能力，在各个领域都展现出了巨大的潜力和应用价值。本节将深入探讨深度学习的原理，从最基础的神经网络开始，逐步深入讨论深度学习的核心概念和技术。

2.2.1　深度学习原理

深度学习是一种基于多层神经网络的机器学习方法，它通过多层次的特征提取和组合，实现对复杂数据的高效建模。深度学习的核心思想是通过多层次的非线性变换来学习数据的分层表示，从而实现对数据的高级抽象和理解。与传统的机器学习方法相比，深度学习具有更强大的表达能力和更高的灵活性，能够处理各种类型的数据，包括图像、语音、文本等。

如何理解深度学习的核心思想“通过多层次的非线性变换来学习数据的分层表示”？假设有一堆沙子和一堆米混在一起，要把沙子和米分开，可以使用一个网眼合适的筛子，把沙子与米的混合物倒在筛子上，沙子会漏下去，米会留下来。此处的“筛子”就可以理解成一个非线性变换操作，将沙子和米的混合物（数据）进行了“抽象理解”，实现了数据分层。

---

1. 深度学习的特性

（1）自动特征提取

自动特征提取是深度学习最重要的特性之一。传统的机器学习方法通常需要人工设计和选择特征（参考2.1.1节中的机器学习部分），这需要领域专家的知识和经验，并且可能会受到特征选择的限制。而深度学习模型可以自动从原始数据中学习到特征表示，无须人工干预，大大简化了特征工程的过程。

在深度神经网络中，每一层神经元都可以被看作从输入数据中提取特征的一种方法。随着网络层数的增加，模型可以逐步学习到更加抽象和复杂的特征，从低级的边缘和纹理到高级的语义和概念。这种自动特征提取的能力使得深度学习模型在处理复杂数据和任务时表现出色。例如：在图像识别任务中，深度卷积神经网络可以自动学习到图像中的边缘、纹理和形状等特征；在自然语言处理任务中，深度循环神经网络可以自动学习到文本中的语义和语法特征。

总的来说，深度学习的自动特征提取能力为模型提供了更加灵活和强大的表达能力，使其能够适应各种类型的数据和任务，并表现出更好的性能。

（2）端到端学习

端到端学习使得整个学习系统可以直接从原始数据到最终输出结果进行优化，无须人工设计复杂的中间表示。这种直接从输入到输出的端到端学习方式简化了整个学习流程，使得模型的设计和实现更加高效灵活。并且，基于此特性，深度学习模型在整个实现过程中只需要进行端到端的优化，大大减少了人为因素的介入导致出现误差，提高了模型的泛化能力和性能。

泛化能力是指模型在未见过的数据上表现良好的能力。换种说法，泛化能力衡量了模型对于新数据的适应能力。一个具有良好泛化能力的模型能够将从训练集中学到的特征和模式应用到未知的数据集上，而不会出现过拟合或欠拟合（即模型结果偏差过大）的问题。

总的来说，深度学习的端到端学习方式简化了整个学习系统的设计和实现过程，使得模型的训练和应用更加高效和灵活。它为各种复杂的数据分析和模式识别问题提供了一种强大的解决方案。

（3）非线性建模

大多数情况下传统的机器学习模型仅能够捕获数据的线性关系，对于复杂的非线性数据关系往往无法进行准确建模。而深度学习模型通过多层次的非线性变换，可以学习到数据之间复杂的非线性关系，从而提高了表达能力和泛化性能。

深度学习模型中的神经网络通常包含多个隐藏层，每一层都包含多个神经元，通过激活函数引入非线性变换。这些非线性变换使得模型能够学习到数据的非线性特征和模式，从而更好地进行建模和预测。

例如，对于图像识别任务，图像中的像素之间往往存在复杂的非线性关系，传统的线性模型无法准确捕捉到图像中的纹理、形状等特征。而深度卷积神经网络通过多层卷积和池化等操作，可以逐步学习到图像中的局部特征，从而实现对图像的高效非线性建模。

类似地，在自然语言处理任务中，深度循环神经网络可以处理不定长的序列数据，并通过多层的非线性变换来学习语义和语法特征，从而实现对文本数据的有效建模。

总的来说，深度学习的非线性建模能力使其能够适应各种复杂的数据关系，包括图像、文本、语音等不同类型的数据，为各种应用场景提供了强大的解决方案。

（4）逐级表示学习

逐级表示学习的特性与非线性建模的特性相关。在深度神经网络中，数据经过多层次的非线性变换和特征提取，逐步地从低级别的特征表示转化为高级别的抽象表示，形成一种层级化的特征表达。这种逐级表示学习的方式使得模型能够逐步地理解数据的层次结构和内在规律，从而实现对数据的有效建模和预测。

逐级表示学习的过程类似于人类对于复杂信息的理解过程。人类在理解事物时往往会逐步从细节到整体，从具体到抽象，对信息进行层层提取和加工。深度学习模型也通过类似的逐级表示学习过程，从原始数据中提取出越来越抽象的特征表示，逐步地实现对数据的理解和分析。

逐级表示学习的优势在于能够自动地从数据中学习到特征的层次结构和内在规律，无须人工干预。这使得深度学习模型能够适应各种类型的数据和任务，并取得令人瞩目的性能。因此，逐级表示学习是深度学习广泛应用的关键之一，也是其在图像识别、自然语言处理等领域取得突破性进展的重要原因之一。

2. 深度学习模型的实现步骤

深度学习的实现过程，相较于机器学习的实现过程（参考 2.1.1 节）有较大的区别。实现深度学习需要 7 个步骤，分别是：数据准备、模型设计、模型构建、模型训练、模型评估、模型集成与测试、模型部署。

（1）数据准备

数据准备的主要任务是数据收集、数据清洗、数据预处理和数据标记，以确保数据的质量和可用性。

数据收集是数据准备的第一步。数据可以来自各种来源，包括传感器采集、开源数据、数据库查询等。在收集数据时需要注意数据的完整性、准确性和代表性，以确保数据能够真实反映问题的本质。

数据清洗是为了处理数据中的噪声、缺失值和异常值等，以提高数据的质量和可用性。清洗数据可以通过删除重复记录、填充缺失值、去除异常值等方式来实现，确保数据的准确性和一致性。

数据预处理是为了将原始数据转换为适合深度学习模型输入的格式。这包括数据的归一化、标准化、降维、特征提取等操作，以减少数据的复杂性和提高模型的训练效率。预处理的方式取决于数据的类型和任务的要求。

最后，数据标记是为了给监督学习提供标签信息，以便模型学习和预测。数据的标记可以是人工标记或自动标记，具体取决于数据的特点和任务的要求。标记数据的质量对于模型的训练和性能具有重要影响，因此需要进行严格的质量控制和验证。

数据准备步骤实际是在机器学习实现过程中的数据采集、数据预处理两个步骤的基础上，额外增加了标记数据的操作。

（2）模型设计

首先，模型设计需要根据具体的任务和数据的特点选择合适的模型结构。常见的深度学习模型包括深度神经网络（DNN）、卷积神经网络（CNN）、循环神经网络（RNN）、长短期记忆网络（LSTM)、自注意力机制模型（Transformer）等。不同的模型结构适用于不同类型的数据和任务，需要根据具体情况进行选择。

其次，模型设计需要定义模型的网络结构和层数。网络结构包括模型的输入层、隐藏层和输出层，每一层可以包含多个神经元。隐藏层的数量和神经元的个数决定了模型的复杂度和表达能力，需要根据任务的复杂程度和数据的特点进行合理设置。

最后，需要选择合适的激活函数、损失函数和优化器等。激活函数用于引入非线性变换，增强模型的表达能力，损失函数用于衡量模型预测结果与真实标签之间的差异，优化器用于调整模型参数以最小化损失函数。合理选择这些函数和算法可以提高模型的训练效果和性能。

（3）模型构建

模型构建是一个纯代码层面的工作，可以在代码中使用深度学习框架（如 TensorFlow、PyTorch 等）来实现模型的构建，也可以自己编写代码实现。在实现模型的过程中，需要在代码中定义模型的网络结构、输入输出、损失函数、优化器以及各种超参数等。

模型设计与模型构建的区别是：模型设计属于理论设计或者概念设计（当然中间会包含验证测试等工作）；模型构建是指代码开发，将理论或者概念转换为实际的计算机语言。

（4）模型训练

模型训练是一个迭代优化的过程，通过不断地反向传播误差信号，并根据损失函数的梯度调整模型参数，使得模型能够逐步优化并学习到数据的特征和规律。模型训练的整个过程由正向传播、反向传播、参数更新 3 个部分组成。现阶段深度学习框架十分成熟，这 3 个部分的绝大部分内容都被封装成了可以直接使用的代码，仅通过简单的代码接口调用，并指定好对应的参数即可实现，无须自己编写代码从零开始实现。

图 2-1 表示的是一个深度学习模型训练过程。

（5）模型评估

模型评估是在每次训练完成后（或者设定的学习训练次数完成后）对模型性能进行客观评估和测试的过程，它能够帮助工程师或者用户了解模型在训练过程以及应用过程中的表现，并做出相应的调整和改进。模型评估通常包括以下几个方面的内容（由于深度学习的端到端学习特性，深度学习模型带有一点黑盒的属性，因此在模型评估阶段还会掺杂模型构建与模型训练两个步骤的部分内容）：

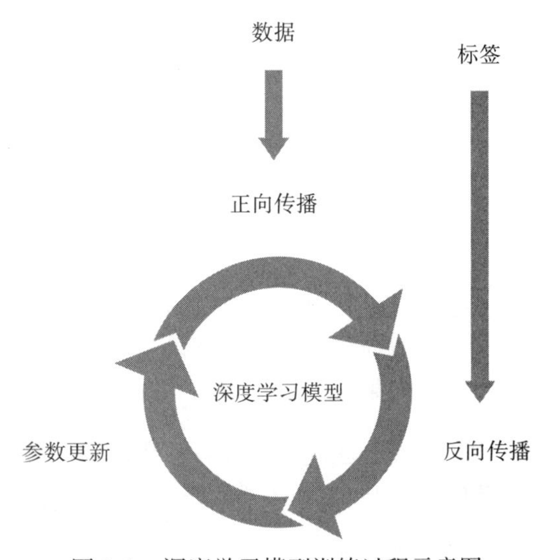

图 2-1　深度学习模型训练过程示意图

- ❑ 准确率评估：准确率是衡量模型分类任务性能最常用的指标，也是最重要的指标，它表示模型在测试数据集上预测正确的样本比例。通过比较模型的预测结果与真实标签来计算模型的准确率，可以评估模型在分类、目标检测任务上的表现。

- 损失函数评估：损失函数是衡量模型预测结果与真实标签之间差异的指标，通常用于监督学习任务。通过计算模型在测试集上的损失函数值，可以评估模型的预测精度和误差情况。

对于同样的结果，使用不同的损失函数计算得出的损失函数值是不一样的。

- 混淆矩阵分析：混淆矩阵是用于评估分类模型性能的重要工具，它将模型的预测结果与真实标签之间的关系进行可视化展示，包括真正例（True Positive）、假正例（False Positive）、真负例（True Negative）和假负例（False Negative）等指标，可以帮助工程师或者用户了解模型在不同类别上的预测准确度和误差情况。
- 精确率和召回率评估：精确率和召回率是衡量模型在二分类任务中的性能的重要指标，分别表示模型预测为正例的样本中实际为正例的比例（即 $\frac{\text{True Positive}}{\text{True Positive}+\text{False Positive}}$）和模型能够正确预测出正例的比例（即 $\frac{\text{True Positive}}{\text{True Positive}+\text{False Negative}}$）。通过计算精确率和召回率可以全面评估模型在不同类别上的预测准确度和效果。
- ROC 曲线和 AUC 值评估：ROC 曲线是用于评估模型分类性能的重要工具，它以真正例率（True Positive Rate）和假正例率（False Positive Rate）为横、纵坐标，将模型在不同阈值下的预测结果进行可视化展示，通过计算 ROC 曲线下的面积（即 AUC 值，模型性能指标）可以评估模型的分类效果和区分能力。

（6）模型集成与测试

在部署之前，需要进行模型集成与测试，确保模型在目标平台上能够正常运行和预测。这包括模型的输入输出格式、数据预处理方法、模型的推理速度和准确率等方面的测试和验证。

- 性能监控和优化：部署后，需要对模型的性能进行监控和优化，及时发现和解决模型运行过程中的性能问题和异常情况。这包括监控模型的推理速度、内存占用、准确率等指标，并根据监控结果进行相应的调整和优化。
- 安全性和隐私保护：在模型部署过程中，需要重视模型的安全性和隐私保护，采取相应的措施保护模型和数据的安全。这包括模型的加密、权限控制、数据脱敏等方法，以防止模型被攻击或数据被泄露。
- 持续更新和维护：模型部署并不是一次性的任务，而是一个持续更新和维护的过程。随着应用场景和数据的变化，模型需要不断地进行更新和优化，以保持模型的性能和效果。

这一步在应用中分为两种情况：一种是以人工运维的方式进行更新；另一种是结合诸如强化学习等先进 AI 技术手段实现自动更新与优化。本书的重点——AIGC 系统就是以后者实现的。

（7）模型部署

深度学习模型部署步骤的作用与机器学习模型部署步骤的作用是一样的，均是为了将训练好的模型应用到实际场景中，使其能够实现对新数据的有效预测和应用。但在深度学习模型部署的过程中，需要额外考虑几个步骤。

- 模型转换和优化：在将深度学习模型部署到实际场景中之前，通常需要对模型进行转换和优化，以适配目标平台和环境。例如，将训练好的模型转换成适合部署的格式（如 BIN、ONNX 等），并进行模型量化、剪枝等优化操作，以提高模型的性能和效率。
- 选择部署平台：根据实际需求和场景特点，选择合适的部署平台和环境。深度学习模型可以部署到各种硬件设备（如 CPU、GPU 等）、云平台或边缘设备上，需要根据应用场景和资源情况进行选择。

2.2.2　神经网络原理

2.2.1 节介绍了深度学习的基本概念，本节将介绍深度学习的核心——神经网络。神经网络由多层神经元组成，通常包括输入层、隐藏层和输出层。每个神经元接收来自上一层神经元的输入，并通过权重进行加权求和，再经过激活函数处理得到输出。这样，神经网络可以通过层层传递信息，实现对复杂数据的建模和预测。

在神经网络中，每个神经元都有自己的权重和偏置，这些参数决定了神经元对输入的响应程度。通过调整这些参数，可以使得神经网络逐渐学习和优化，从而实现对输入数据的有效表示和预测。简单的神经网络示意图如图 2-2 所示。

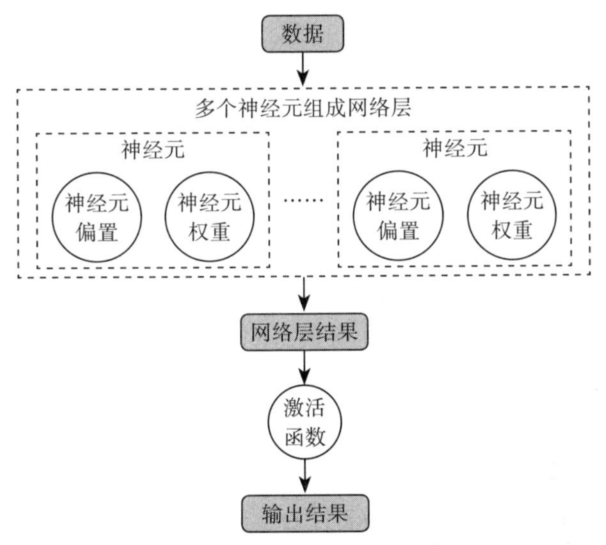

图 2-2　简单的神经网络示意图

在图 2-2 所示的神经网络中，用 D 表示数据，用 W_i 表示第 i 个神经元的权重，用 B_i 表示第 i 个神经元的偏置，用 F 表示激活函数。那么在这个最简单的神经网络中，模型对数

据 D 的运算（也可称为推理、预测）可以表示为一个数学式：

$$\text{out} = F(\sum(D \times W_i + B_i))$$

随着深度学习技术的飞速发展，产生了越来越多的新兴技术。此处是以使用范围最广也最容易理解的卷积神经网络为例进行介绍的，并不能完全对应所有的深度学习神经网络。不过，其他的神经网络均是基于该模式进行变换的。

---

1. 神经网络训练过程

此处仍然借鉴图 2-2 所示的简单神经网络，并以监督学习方式对神经网络训练过程进行介绍。假设有一个已知数据集，其包含了数据 D 与标签 L，使用这个数据集对图 2-2 所示的模型进行训练。

（1）正向传播

正向传播的意思就是数据 D 从模型的输入层输入，然后依次经过模型的整个网络层，按序运算，并最终从模型的输出层输出结果。这是一个串行的过程。

在图 2-2 所示的神经网络中，只有一层网络，即输入层、隐藏层、输出层全在同一个网络层。因此此处的正向传播运算式为

$$\text{out} = F(\sum(D \times W_i + B_i))$$

其中 F 为激活函数。

如果有两个网络层，第二层网络紧跟在第一层网络后面（即两个网络层之间没有激活函数），那么此处的第一层网络的输出为

$$\text{out} = \sum(D \times W_i^1 + B_i^1)$$

经过第二层网络后输出的结果为

$$\text{out}_2 = F(\sum(\text{out} \times W_i^2 + B_i^2))$$

其中 W_i^1 与 B_i^1 的上角标表示网络层数。

如果有两个网络层，第二层网络在第一层网络经过激活函数的后面，且第二层网络后面也有一个激活函数，那么此处的第一层网络的输出为

$$\text{out} = F(\sum(D \times W_i^1 + B_i^1))$$

经过第二层网络后输出的结果为

$$\text{out}_2 = F(\sum(\text{out} \times W_i^2 + B_i^2))$$

当搭建多层网络时，参考这两种方式类推即可。有些网络可能会存在较为复杂的神经元连接方式，如图 2-3 所示。原理仍然是一

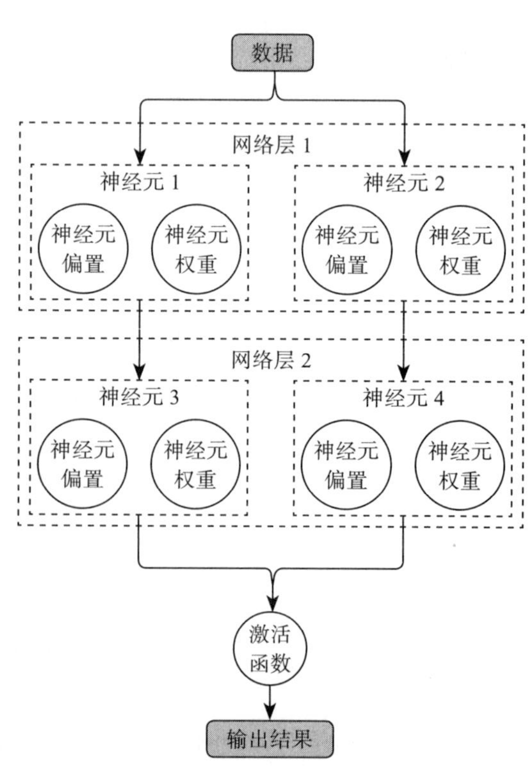

图 2-3　复杂神经元连接方式的神经网络示意图

样的，按照神经网络的神经元连接方向进行传播计算即可。对于如图 2-3 所示的神经网络，其正向传播的计算式为

$$\text{out}_2 = F(((D\times W_1 + B_1)\times W_3 + B_3) + ((D\times W_2 + B_2)\times W_4 + B_4))$$

（2）反向传播

反向传播就是利用链式法则，计算损失函数对模型参数的梯度。比如，已得到模型的正向传播的输出结果为 out，通过损失函数计算 out 与 L 的损失值（比如均方差），将此时得到的损失值记为 E，那么反向传播的过程就是计算出整个神经网络中每个神经元所需要“承担”的损失。

以最简单的梯度反向传播为例，就是计算神经元相对于输出的梯度值。以图 2-2 所示的神经网络为例，使用梯度反向传播的方式，则每个神经元所“承担”的损失为

$$S_i = \frac{\nabla E}{\nabla F}\times\frac{\nabla F}{\nabla W_i}$$

（3）参数更新

经过反向传播的过程，此时已知道每个神经元需要“承担”的损失 S_i，接下来就是根据计算出的 S_i 对每个神经元的参数进行更新。更新的计算式为

$$W_i' = W_i - W_i\times S_i\times\gamma$$

其中 γ 为学习率。这是深度学习中避无可避的一个参数，神经网络学习过程中的参数更新必须依赖该参数。

2. 常用的神经网络结构

了解了基本的神经网络训练过程，接下来介绍一些比较常用的神经网络结构，每种结构都有其特定的应用场景和优势。

（1）感知机（Perceptron）

感知机是最简单的一种神经网络结构，由输入层和输出层组成，通常用于二分类任务。每个输入特征与对应的权重相乘后求和，再经过激活函数处理得到输出结果。感知机适用于线性可分的数据集，对于非线性数据集的表现较差。如图 2-4 所示为一个简单的感知机（只有一个神经元，输入层与输出层均为这个神经元）示意图。

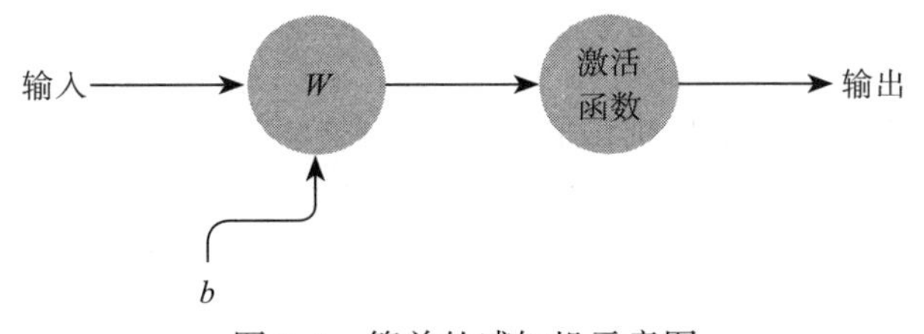

图 2-4　简单的感知机示意图

感知机的激活函数通常是阶跃函数（或者 Sigmoid 函数），因此在图 2-4 所示的这个感知机上，它的计算表达式为（以阶跃函数为例）

$$\text{输出}=\begin{cases}1, & \text{若输入}\times w+b>0\\0, & \text{其他}\end{cases}$$

（2）多层感知机（MuLtilayer Perceptron，MLP）

多层感知机是一种前馈神经网络，由输入层、多个隐藏层和一个输出层组成，每个隐藏层包含多个神经元。它通过多层非线性变换来学习复杂的特征表示，适用于各种复杂的分类和回归问题。最简单的 MLP 只含一个隐藏层，即三层的结构，如图 2-5 所示。

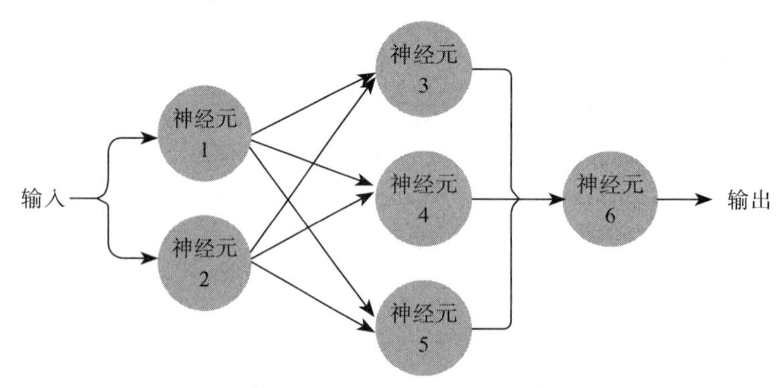

图 2-5　简单的 MLP 示意图

在图 2-5 的示意图中省略了激活函数。激活函数并不是一个必要的组件，往往在进行神经网络设计工作时，会依据实际的数据特性、需求等信息考虑在哪个地方使用激活函数。

（3）卷积神经网络（Convolutional Neural Network，CNN）

CNN 是一种专门用于处理具有网格结构数据的神经网络，如图像、语音等。它通过卷积和池化操作来提取图像特征，然后通过全连接层进行分类或回归。一个简单的 CNN 如图 2-6 所示。CNN 在图像识别、目标检测等领域取得了巨大成功。

CNN 主要包括以下几个核心组件：

- 卷积层（Convolutional Layer）：卷积层是 CNN 的核心组件之一，由多个卷积核组成，每个卷积核在输入数据上进行卷积操作，提取局部特征。卷积操作可以有效地捕捉输入数据中的空间结构信息，从而实现对图像等数据的特征提取。
- 池化层（Pooling Layer）：池化层用于降低卷积层输出的空间维度，减少参数数量和计算量，并且增强模型的鲁棒性。常用的池化操作包括最大池化和平均池化，它们分别取卷积核覆盖区域的最大值和平均值。
- 激活函数（Activation Function）：激活函数通常被用于卷积层和全连接层的输出结果，以引入非线性变换，增加模型的表达能力。常用的激活函数包括 ReLU、Sigmoid、Tanh 等。
- 全连接层（Fully Connected Layer）：全连接层通常位于卷积层之后，用于将卷积层输出的特征映射到最终的分类或回归结果。全连接层与传统的神经网络结构类似，每个神经元都与上一层的所有神经元相连。

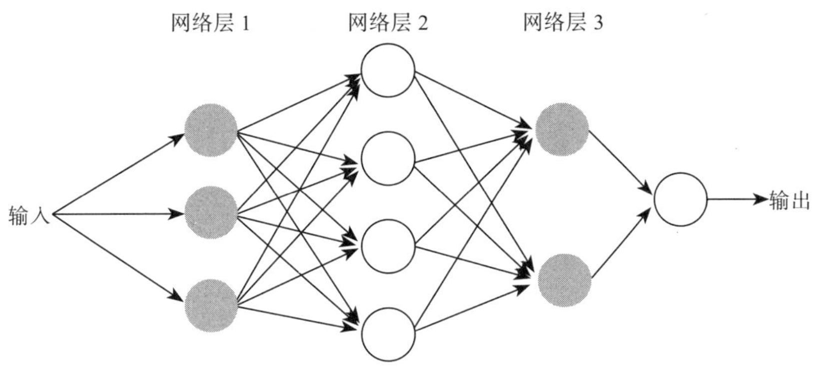

图 2-6 简单的 CNN 示意图

图 2-6 所示的 CNN 结构仅供参考，其中各个网络层可以是卷积层、池化层、全连接层中的一种，激活函数在此处没有体现出来，因为激活函数原则上可以跟在任意网络层后面。

（4）循环神经网络（Recurrent Neural Network，RNN）

RNN 是一种专门处理序列数据的神经网络，具有记忆功能，能够处理不定长的输入序列。它通过循环结构和隐藏状态来对序列数据进行建模，适用于语言模型、时间序列预测等任务。相比于 MLP、CNN 之类的网络结构，RNN 具有记忆功能，能够处理变长（或者不定长）的序列输入，并且能够利用序列数据中的时间信息。

RNN 的基本结构包括一个隐藏层和一个输出层，其中隐藏层的神经元之间存在循环连接。每个时间序列上 RNN 节点接收当前时间点的直接输入和上一时间点的隐藏状态输入，然后通过激活函数处理得到当前时间点的隐藏状态。隐藏状态可以被视为网络的记忆，它会捕捉序列数据中的历史信息，并影响当前时间点的输出。

RNN 的计算过程与前面介绍的模型计算方式的不同点在于：把时间点上的计算理解成一个神经元，那么在每个时间点上的计算多了一个对上一时间点隐藏状态的运算。设在时间点 t，RNN 节点接收当前时间点的直接输入（即上一时间点的直接输出）I_t 和上一时间步的隐藏状态 H_{t-1}。

此处的时间点是一个抽象的概念，并不是形容具体时间，可以将其理解成任意一个序列中的序列索引。

如果将常规的模型计算过程中神经元的概念转换成 RNN 的时间点概念，就是每个时间点直接对上一时间点的直接输出进行运算。

那么，计算当前时间点的隐藏状态 H_t（对应的原理如图 2-7 所示）为

$$H_t = F(W_1 \times I_t + W_2 \times H_{t-1} + B_1)$$

计算当前时间点的直接输出 O_t 为

$$O_t = G(W_3 \times H_t + B_2)$$

其中 F、G 是激活函数，W_1、W_2、W_3 是权重，B_1、B_2 是偏置。

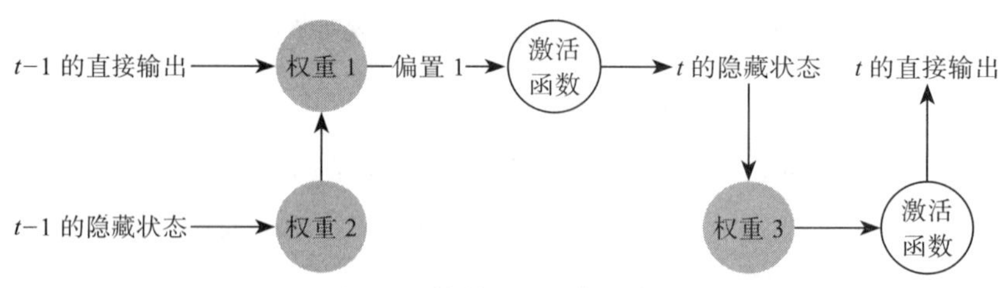

图 2-7 简单的 RNN 示意图

图 2-7 所示的 RNN 基本结构示意图以及上述列举的公式并不具有唯一性，RNN 的基础结构具有一定的多样性，此处仅展示其中一种，仅供参考。

（5）长短期记忆（Long Short-Term Memory，LSTM）

LSTM 是一种特殊的循环神经网络，通过门控机制来控制信息的流动，解决了普通 RNN 存在的梯度消失和梯度爆炸问题。它适用于需要长期记忆的序列建模任务，如语言模型、机器翻译等。一个简单的 LSTM 网络结构示意图如图 2-8 所示。长短期记忆网络的主要组成部分包括：

- 记忆单元（Memory Cell）：记忆单元是 LSTM 网络中的核心组件，用于存储和传递信息。记忆单元可以在长时间内保持状态，并且能够选择性地忘记或更新存储的信息。
- 输入门（Input Gate）：输入门控制着新信息进入记忆单元的程度。它通过对输入数据进行加权和激活，决定哪些信息应该被纳入记忆单元。
- 遗忘门（Forget Gate）：遗忘门决定了前一时刻记忆单元中的信息应该被保留还是遗忘。它通过对前一时刻记忆单元的状态进行加权和激活，控制信息的持久性。
- 输出门（Output Gate）：输出门决定了记忆单元中的信息如何被传递到下一时刻的隐藏状态。它通过对记忆单元的状态进行加权和激活，产生当前时刻的输出。

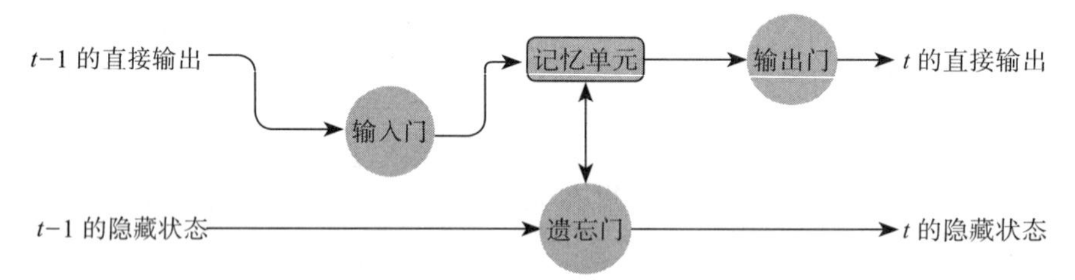

图 2-8 简单的 LSTM 网络结构示意图

LSTM 的大体结构与 RNN 是相似的，可以理解成在 RNN 的基础上，对计算节点做了较为复杂的改变。

2.2.3 深度学习框架

深度学习框架是支撑深度学习模型研发、部署、应用的关键组成部分，提供了丰富的功能和便捷的接口，帮助开发者（工程师）快速构建、训练和部署深度学习模型。本节将介绍几种常用的深度学习工具与框架，包括 TensorFlow、PyTorch、Keras、MXNet。

1. TensorFlow

TensorFlow 是一款由 Google 开发的开源深度学习框架，旨在让开发者轻松构建、训练和部署机器学习模型。TensorFlow 提供了各种预定义的模型和工具，方便使用者快速地构建自己的深度学习应用，以执行无论是图像识别、语音识别、自然语言处理还是其他领域的任务。TensorFlow 的主要优点如下：

- 简单易用：提供了直观的 API 和丰富的文档，使得即使没有深度学习背景的人也能够轻松上手。
- 灵活性：支持动态图和静态图两种计算方式，可以根据项目需求选择适合的模式。
- 跨平台：可以在多种硬件平台和操作系统上运行，包括个人计算机、服务器、移动设备等。
- 分布式计算：支持分布式训练和部署，可以加速大规模深度学习任务的处理。
- 社区支持：作为开源项目，TensorFlow 拥有完善的社区支持，使用者可以在社区中获取帮助、分享经验和参与开发。

但是，TensorFlow 也有一些缺点：

- 代码冗长：在一些情况下，使用 TensorFlow 编写的代码可能会比其他深度学习框架更加冗长，这会增加代码的复杂性和维护成本。
- 文档不够友好：虽然 TensorFLow 提供了丰富的文档、教程，但是有时候说明文档解释得不够清晰明了，初学者看到这些文档可能会很困惑，因为这些文档在编写的时候没有考虑到初学者的接受能力。
- 运行速度相对较慢：相比于其他的深度学习框架，TensorFlow在运行效率上处于劣势。
- 不够轻量：对于一些资源受限的场景，如移动端和嵌入式设备，TensorFlow 的体积可能相对较大，不够轻量。

2. PyTorch

PyTorch 是一个由 Meta 开发并维护的开源深度学习框架。与其他深度学习框架相比，PyTorch 的设计更加符合 Python 的编程习惯，让使用者感觉更加自然和直观。

PyTorch 的优点如下：

- 简单易用：PyTorch 提供的 API 简洁、直观，使得开发者能够快速上手，不需要太多的深度学习背景知识。
- 动态图计算：PyTorch 采用动态图计算方式，使得模型的构建和调试更加灵活方便。
- Pythonic 风格：PyTorch 的设计更符合 Python 的编程习惯，代码更加简洁清晰，易于理解和维护。
- 丰富的文档和教程：PyTorch 提供了丰富的文档和教程，覆盖了从入门到高级应用的各个方面，方便开发者学习和使用。
- 活跃的社区支持：作为一个开源项目，PyTorch 拥有活跃的社区支持，使用者可以在社区中获取帮助、分享经验和参与开发。

当然，PyTorch 也有缺点：

- 移动端支持不足：PyTorch 对移动端的支持相对不足，开发者无法轻松地在移动设备上部署深度学习模型。
- 与其他技术的兼容性不够强：将训练好的 PyTorch 模型部署到生产环境中容易遇到与其他技术不兼容的问题，这往往是 PyTorch 的部分 API 更新迭代太快导致的。

3. Keras

Keras 是一个高层神经网络 API，基于 Python 语言，提供了一系列简单、灵活的函数和类。

Keras 的优点如下：

- 简单易用：Keras 提供了简洁、直观的 API，使得用户能够轻松构建和训练深度学习模型，而不需要过多的专业知识。
- 模块化设计：Keras 的模块化设计使得用户可以轻松地组合不同的网络层和模型，构建各种复杂的深度学习结构。
- 可扩展性：Keras 可以轻松地与其他深度学习框架（如 TensorFlow）结合使用，同时支持自定义网络层和损失函数，满足用户对模型的个性化需求。
- 丰富的文档和教程：Keras 提供了丰富的文档和教程，覆盖了从入门到高级应用的各个方面，为用户提供了学习和参考的资源。
- 广泛的应用场景：Keras 被广泛应用于各种深度学习任务，包括图像识别、自然语言处理、推荐系统等领域，它已经成为许多研究和工业界项目的首选框架之一。

Keras 的缺点如下：

- 不满足定制需求：Keras 追求简单易用的设计理念，对于一些需要定制化的深度学习任务来说，可能会有一定的局限性。
- 灵活性相对较低：尽管Keras提供了丰富的高层API，但在一些需要底层操作的场景，使用者可能会感到缺乏灵活性。

4. MXNet

MXNet 由 Amazon 设计并维护。MXNet 的优点如下：

- 高效：MXNet 采用了分布式计算和混合精度计算等技术，使得模型的训练和推理过程更加高效。
- 灵活：MXNet 提供了灵活的符号式和命令式混合编程接口，使得使用者可以根据自己的喜好和需求选择合适的编程方式。
- 跨平台支持：MXNet 支持在各种硬件平台上运行，包括 CPU、GPU 和云端服务器等，同时提供了方便的移动端部署方案。
- 丰富的功能：MXNet 提供了丰富的深度学习模型和算法库，包括卷积神经网络、循环神经网络、强化学习等，满足用户对各种应用场景的需求。
- 活跃的社区支持：MXNet 拥有一个活跃的社区，用户可以在社区中获取帮助、分享经验和参与开发，使得 MXNet 不断得到改进和完善。

MXNet 的缺点如下：

- 学习曲线较陡：相比于其他深度学习框架，MXNet 的学习曲线可能较陡，使用者需要一定的时间和精力来掌握其使用方法和技巧。
- 文档和教程不够丰富：与其他流行的深度学习框架相比，MXNet 的文档和教程不够丰富，可能需要使用者自行查阅资料和文档来解决问题。
- 部署相对复杂：将训练好的 MXNet 模型部署到生产环境中可能相对复杂，需要考虑模型的大小、性能要求和部署环境等因素。

本节介绍了 4 种使用较为广泛的深度学习框架。每种框架有不同的优点、缺点，用户需要结合自己将会面临的应用场景、需求等信息进行客观的分析，选择合适的框架上手。

本书后面都会基于 PyTorch 框架进行方法介绍与案例讲解。

2.3　常用的算法

任何高层的建筑均离不开底层的地基，AI 应用作为高层建筑，它的底层地基就是算法。在人工智能技术的发展历程中，先有了算法，然后随着算法的不停迭代进化，渐渐地形成了机器学习技术领域，再在机器学习技术不停迭代进化的基础上，形成了现如今的人工智能技术领域。本节将对该领域的一些常用算法进行介绍。

2.3.1　监督算法

监督算法简单来说就是通过已知的输入与输出，建立输入与输出之间的映射关系。其中两类比较高频使用的算法就是回归算法与分类算法。

1. 回归算法

回归算法是用于预测连续型变量的算法，在回归算法中有几个重要的概念：自变量（特征）、因变量（目标）、函数（模型）、损失函数、优化算法。整个回归算法的过程逻辑描述如下：

①将自变量输入函数中得到输出值。

②使用损失函数计算输出值与因变量的差异。

③使用优化函数，根据差异对函数的参数进行修正。

④重复步骤①到步骤③。

例 5：

以线性回归算法为例，设有一个自变量 $\boldsymbol{X}$=(1,2,3,4) 与因变量 $\boldsymbol{Y}$=(5,6,7,8)，目标函数是 $F(x)=\beta x+b$，损失函数 $L(\boldsymbol{Y},\boldsymbol{Y}')=\frac{1}{m}\sum_{i=1}^{m}|y_i-y_i'|$，优化算法为 $b'=b+\text{loss}$。基于这些已知条件，完成映射关系的建立。

①初始化参数 $\beta_0=1$，$b_0=1$。

②计算 $\boldsymbol{Y}'=\beta_0\boldsymbol{X}+b_0=(2,3,4,5)$。

③计算 $\text{loss}=L(\boldsymbol{Y},\boldsymbol{Y}')=\frac{1}{4}\times(3+3+3+3)=3$。

④根据优化计算得到新的参数 $\beta_1=1$，$b_1=b_0+\text{loss}=4$。

⑤得到新的目标函数 $F(x)=\beta_1 x+b_1=x+4$。

⑥重复步骤②得到 $\boldsymbol{Y}'=(5,6,7,8)$。

⑦重复步骤③得到 loss=0。

⑧重复步骤④得到新的参数 $\beta_2=1$，$b_2=b_1+\text{loss}=5$。

⑨得到新的目标函数 $F(x)=\beta_2 x+b_2=x+5$。此时 loss=0，完成本次映射关系的建立。

2. 分类算法

分类算法是一类用于将数据样本划分到不同类别中的算法，而逻辑回归是一种经典分类算法，它用于解决二分类问题。其原理是基于线性回归模型，并通过 Sigmoid 函数将结果映射到 0 到 1 之间，表示样本属于某个类别的概率。数学表达式如下：

$$P(\boldsymbol{Y}=i|\boldsymbol{X})=\frac{1}{1+\mathrm{e}^{-(\beta_0+\beta_1 x_1+\ldots+\beta_n x_n)}}$$

其中 $P(\boldsymbol{Y}=i|\boldsymbol{X})$ 表示样本属于类别 i 的概率，$x_1,x_2,\ldots,x_n$ 是输入的特征，$\beta_1,\beta_2,\ldots,\beta_n$ 是模型参数。

例 6：

设有一个自变量 $\boldsymbol{X}=(1,2,3,4)$ 与因变量 $\boldsymbol{Y}=(0,0,1,1)$，目标函数是

$$F(x)=\beta x+b=\begin{cases}0，若\beta x+b<0\\1，其他\end{cases}$$

损失函数 $L(\boldsymbol{Y},\boldsymbol{Y}')=\frac{1}{m}\sum_{i=1}^{m}\sum|y_i-y_i'|$，优化算法为 $b'=b-4\text{loss}$。基于这些已知条件，完成映射关系的建立。

①初始化参数 $\beta_0=1$，$b_0=1$。

②计算 $Y'=F(\boldsymbol{X})=(1,1,1,1)$。

③计算损失 $\text{loss}=L(\boldsymbol{Y},\boldsymbol{Y}')=\frac{1}{4}\times(1+1+0+0)=0.5$。

④根据优化算法得到新的参数 $\beta_1=1$，$b_1=b_0-4\text{loss}=-1$。

⑤得到新的目标函数 $F(x)=\beta_1 x+b_1=x-1$。

⑥重复步骤②得到 $\boldsymbol{Y}'=F(\boldsymbol{X})=(0,1,1,1)$。

⑦重复步骤③得到 loss=0.5。

⑧重复步骤④得到新的参数 $\beta_2=1$，$b_2=b_1-4\text{loss}=-3$。

⑨得到新的目标函数 $F(x)=\beta_2 x+b_2=x-3$。

⑩再重复步骤②到④，可以得到新的 loss=0。这时完成本次映射关系建立，最终得到的映射函数为 $F(x)=x-3$。

在本节的两例中，均是基于理想的假设情况下设置的损失函数与优化算法，仅用于熟悉原理，实际的应用会比示例中的情况更为复杂。

2.3.2 无监督算法

无监督算法的目标是从未标记的数据中发现隐藏的结构或模式，而无须先给定标签或目标变量。在无监督学习中，算法的任务是对数据进行聚类、降维、异常检测等操作，以便更好地理解数据的内在特征和结构。无监督算法的经典算法是聚类算法与降维算法。

1. 聚类算法

聚类算法的原理是将数据集中的样本根据它们之间的相似性进行分组，形成不同的簇。算法通过定义一个距离或相似性度量来衡量样本之间的距离或相似性。在聚类过程中，算法会尝试找到最优的簇划分方式，使得同一簇内的样本相似度高，而不同簇之间的相似度低。常用的聚类算法包括 k 均值聚类、层次聚类、DBSCAN 等，它们根据不同的聚类方式和原理来实现数据的分组。

例 7：

以 k 均值聚类算法为例。设有一组数据 $\boldsymbol{X}$=(1,2,3,4,5,6,7,8)，将这组数据聚类成两个簇（即二分类）。

①从数据 $\boldsymbol{X}$ 中随机选取两个不同的点作为种子点，假设初始化种子点为

$$s_1=1,s_2=8$$

②分别计算数据 $\boldsymbol{X}$ 中每个值到两个种子点 s_1 和 s_2 的距离，将对应的值分类到对应的种子点所代表的簇中。例如：x=2 时，距离 s_1 的距离最近，因此它被划分到第一簇（即种子点为 s_1 的类别中）。

③经过步骤②后数据 $\boldsymbol{X}$ 被分成两份，其中 $\boldsymbol{X}_1$=(1,2,3,4)，$\boldsymbol{X}_2$=(5,6,7,8)。

④根据步骤③得到的两个簇，计算簇中心，并更新种子点的值。更新后的种子点为

$$s_1=\frac{1+2+3+4}{4}=2.5,s_2=\frac{5+6+7+8}{4}=6.5$$

⑤重复步骤②和③，得到新的两个数据簇 $\boldsymbol{X}_1$=(1,2,3,4),$\boldsymbol{X}_2$=(5,6,7,8)。可以发现此时的 $\boldsymbol{X}_1$ 和 $\boldsymbol{X}_2$ 相较于步骤③中的 $\boldsymbol{X}_1$ 和 $\boldsymbol{X}_2$ 没有变换，则表示聚类过程完成。

此处的示例数据是理想化的数据，且种子点的初始化也是基于理想状态进行的，因此仅迭代一次即完成了聚类任务。实际应用的过程中，可能算法经过很多次的迭代仍然达不到目标效果，因此一般聚类算法的退出条件有以下两种情况，满足其中一种即可退出算法的迭代循环。

- 误差小于一定阈值。参考上面的示例，当前循环得到的 $\boldsymbol{X}_1$ 和 $\boldsymbol{X}_2$ 与上一次循环得到的 $\boldsymbol{X}_1$ 和 $\boldsymbol{X}_2$ 相比，差异小于一定的阈值。
- 达到设定的学习次数。比如对某一个数据进行聚类处理，设定的目标是只学习（循环）n 次，如果算法在第 n 次的时候还没取得较好的结果，也会强制结束算法流程。

---

2. 降维算法

降维算法的原理是通过将高维数据映射到低维空间，保留尽可能多的数据信息，同时

减少数据的维度。在降维过程中，算法会选择最重要的特征或特征组合，以尽量减少数据中的噪声和冗余信息。常见的降维算法包括主成分分析（PCA）、t 分布邻域嵌入（t-SNE）、自编码器（Autoencoder）等。这些算法通过数学变换或神经网络结构来实现数据的降维，从而更好地理解数据的内在结构和特征。

例 8：

以 PCA 算法为例。设有一组数据 $\boldsymbol{X}=\begin{pmatrix}11 & 22 & 33 & 44\\ 67 & 66 & 35 & 24\end{pmatrix}$，对这组数据进行主成分分析。

说明：此处数据 $\boldsymbol{X}$ 表示有 2 个样本，每一行表示一个样本，每个样本有 4 个特征值。

①计算数据 $\boldsymbol{X}$ 每一列（每个特征）的均值，$\mu=(39\quad 44\quad 44\quad 34)$。

②对数据 $\boldsymbol{X}$ 进行标准化（每列均独立减去对应的列均值），得到 $\boldsymbol{X}=\begin{pmatrix}-28 & -22 & -11 & 10\\ 28 & 22 & -9 & -10\end{pmatrix}$。

③计算数据 $\boldsymbol{X}$ 的协方差矩阵（协方差矩阵是标准化后数据的转置矩阵与自身的乘积再除以样本数量），得到

$$\boldsymbol{\Sigma}=\frac{1}{n}\boldsymbol{X}\boldsymbol{X}^{\mathrm{T}}=\frac{1}{2}\times\begin{pmatrix}-28 & -22 & -11 & 10\\ 28 & 22 & -9 & -10\end{pmatrix}\times\begin{pmatrix}-28 & 28\\ -22 & 22\\ -11 & -9\\ 10 & -10\end{pmatrix}=\begin{pmatrix}744.5 & -634.5\\ -634.5 & 744.5\end{pmatrix}$$

④协方差矩阵的特征值 λ_0、λ_1 与特征向量 $\boldsymbol{c}_0$、$\boldsymbol{c}_1$：

$$\lambda_0=110,\lambda_1=1379,\boldsymbol{c}_0=\begin{pmatrix}1\\ 1\end{pmatrix},\boldsymbol{c}_1=\begin{pmatrix}-1\\ 1\end{pmatrix}$$

⑤将特征向量标准化得到

$$\boldsymbol{c}_0=\begin{pmatrix}\frac{1}{\sqrt{2}}\\ \frac{1}{\sqrt{2}}\end{pmatrix},\boldsymbol{c}_1=\begin{pmatrix}-\frac{1}{\sqrt{2}}\\ \frac{1}{\sqrt{2}}\end{pmatrix}$$

⑥假设选择第一个特征值进行 PCA 主成分提取，即

$$\boldsymbol{Y}=\boldsymbol{c}_0^{\mathrm{T}}\times\boldsymbol{X}=\begin{pmatrix}\frac{1}{\sqrt{2}} & \frac{1}{\sqrt{2}}\end{pmatrix}\begin{pmatrix}11 & 22 & 33 & 44\\ 67 & 66 & 35 & 24\end{pmatrix}=\begin{pmatrix}\frac{78}{\sqrt{2}} & \frac{88}{\sqrt{2}} & \frac{88}{\sqrt{2}} & \frac{68}{\sqrt{2}}\end{pmatrix}$$

本示例仅供过程参考。严谨的 PCA 算法应该是将特征值 λ_i 从大到小进行排序，选择其中特征值最大的 K 个特征值对应的特征向量分别作为行向量组成特征向量 $\boldsymbol{P}$，这样原数据 $\boldsymbol{X}$ 转换后得到新空间的值为 $\boldsymbol{X}'=\boldsymbol{P}\times\boldsymbol{X}$。对应到本处示例中，只选择了一个特征向量（即 K=1），因此严格意义上应该选取 $\lambda_1=1379$（因为 $\lambda_1>\lambda_0$）对应的特征向量 $\boldsymbol{c}_1=\begin{pmatrix}-\frac{1}{\sqrt{2}}\\ \frac{1}{\sqrt{2}}\end{pmatrix}$ 作为 $\boldsymbol{P}$ 的行向量。

2.3.3 半监督算法

半监督算法的关键思想是在有一定监督学习的基础上利用未标记数据中的信息来辅助模型学习。未标记数据可以提供额外的信息，帮助模型更好地理解数据分布和结构。常见的半监督算法包括基于图的方法、生成式模型和自监督学习等。

例 9：

有两组数据，其中第一组数据为 $\boldsymbol{X}_0$ 和 $\boldsymbol{Y}_0$，第二组数据为 $\boldsymbol{X}_1$。可以明显观测到，第一组数据是有标签数据，第二组数据是无标签数据。现在使用这两组数据训练一个分类器。

①使用第一组数据 $\boldsymbol{X}_0$ 和 $\boldsymbol{Y}_0$ 训练一个分类器 C。

②使用 C 对第二组数据的 $\boldsymbol{X}_1$ 进行预测，得到预测结果 $\boldsymbol{Y}'$。

③将第一组数据与第二组数据合并，得到新的数据集，$\boldsymbol{X}_{\text{new}}=(\boldsymbol{X}_0,\boldsymbol{X}_1)$，$\boldsymbol{Y}_{\text{new}}=(\boldsymbol{Y}_0,\boldsymbol{Y}')$。

④使用新的数据集 $\boldsymbol{X}_{\text{new}}$ 和 $\boldsymbol{Y}_{\text{new}}$ 重新训练一个分类器 C。

⑤重复步骤②～④。当达到设定条件后结束。结束条件可以是达到指定的循环次数，也可以是准确率达到某一指定的程度。

将上述过程用实际的数值过程表示。设 $\boldsymbol{X}_0=(1,2,11,12)$，$\boldsymbol{Y}_0=(1,1,2,2)$，$\boldsymbol{Y}_1=(7,8)$。

①假设使用数据 $\boldsymbol{X}_0$ 和 $\boldsymbol{Y}_0$ 训练一个分类器：

$$C=\begin{cases}1，若 x<7\\2，其他\end{cases}$$

②使用 C 对第二组数据的 $\boldsymbol{X}_1$ 进行预测，得到预测结果：

$$\boldsymbol{Y}'=(1,2)$$

③将第一组数据与第二组数据合并，得到新的数据集：

$$\boldsymbol{X}_{\text{new}}=(1,2,11,12,7,8)，\boldsymbol{Y}_{\text{new}}=(1,1,2,2,1,2)$$

④假设使用新的数据集 $\boldsymbol{X}_{\text{new}}$ 和 $\boldsymbol{Y}_{\text{new}}$ 重新训练一个分类器：

$$C=\begin{cases}1，若 x<10\\2，其他\end{cases}$$

⑤重复步骤②得到预测结果：

$$\boldsymbol{Y}'=(1,1)$$

⑥重复步骤③得到

$$\boldsymbol{X}_{\text{new}}=(1,2,11,12,7,8)，\boldsymbol{Y}_{\text{new}}=(1,1,2,2,1,2)$$

⑦假设重复步骤④得到

$$C=\begin{cases}1，若 x<10\\2，其他\end{cases}$$

⑧若步骤⑦得到的分类器 C 相较于步骤④得到的分类器 C 没有变化，则完成分类器的训练。

上面描述的示例运算过程是假设情况，仅用于帮助读者理解半监督算法的原理。

CHAPTER 3

第 3 章

深度学习的训练与数据集制作

第 2 章介绍了 AI 相关的基础概念，包括机器学习、深度学习、常用的算法及工具框架等。这些内容为理解与应用深度学习技术打下了坚实的理论基础。了解这些概念，有助于掌握深度学习的基本原理，并在实际应用中更加得心应手。

本章将深入探讨深度学习的训练与调整过程，如训练参数设置、优化器选择、数据处理与预处理方法，以及模型性能评估。通过这些内容，可以掌握深度学习模型从构建到优化的完整流程，进一步提升实际操作能力。

本章主要涉及的知识点：

- ❑ 通过了解深度学习的学习原理去掌握训练方式、训练设备的选择。
- ❑ 如何根据需求进行分析并设计合理的数据集。
- ❑ 怎样调整模型以及如何评估模型。
- ❑ 模型（包括算法）如何部署到设备上。

3.1 深度学习的训练原理

深度学习模型的训练过程相对简单，在各种相关网页和书籍中都可以查到基本信息，并且在 2.2.1 节的内容中也有简单介绍。然而，这些内容多为浅层次的概念性描述。为了面向实际应用，需要了解更为详细的原理和技术。

实际应用中，深度学习涉及参数调整、设备选择、迭代优化和模型部署等方面。要掌握这些内容，必须深入理解深度学习的训练过程，了解如何根据具体情况进行优化和调整，确保模型在不同环境中的有效运行。

关于理论原理与应用的关系，就好比在“加减乘除”这 4 种最基本的操作中，除法的运算限制是除数不能为 0，因此在数学运算中每个人都知道在遇到除法时要规避除数为 0 的情况。同样，了解深度学习的详细原理，就是为了在后续应用的过程中避坑。

3.1.1　模型训练过程中的学习原理

模型训练的目的是从数据中学习到模型的参数或结构，使其能够对新的未见数据做出相对准确的预测或决策。训练过程的核心原理是算法驱动流程，通过标准流程与优化算法的配合，不断调整模型参数，使模型在训练数据上达到最佳性能，从而实现对未知数据的泛化能力。

本节将会基于图 3-1 所示的二分类模型网络结构示意图进行流程介绍以及推理过程演示。这是一个经典的网络结构，包含一个输入层、一个隐藏层、一个输出层以及一个激活函数。设激活函数为 Sigmoid 函数。网络结构示意图中的有向箭头表示神经元（或者理解为计算节点）间的输入输出关系，箭头上的数值表示对应传输链路（或者理解为计算链路）上的计算权重。

此处简化了模型参数，导致链路上仅有权重参数，无偏置参数。没有标识数字的链路权重默认为 1。

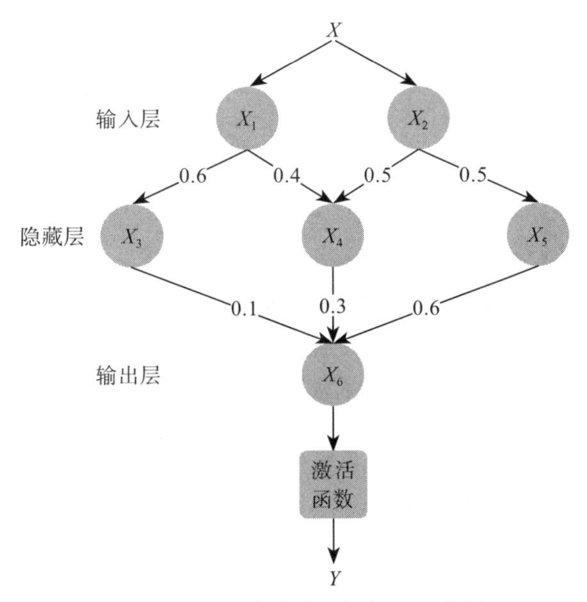

图 3-1　二分类模型网络结构示意图

1. 模型的正向推理流程

正向推理是指将输入数据通过模型的结构与参数，按序计算，得到模型的预测输出的过程，目的是利用训练好的模型对新的数据进行预测，并获得模型的输出结果。正向推理主要被应用的任务场景如下：

- 预测任务：用于执行特定的任务，如图像分类、目标检测、语音识别等。通过输入新的数据，模型可以产生相应的预测结果，帮助解决实际的应用问题。
- 评估模型性能：通过将一组测试数据输入模型，观察模型的输出结果与真实标签之间的差异，可以评估模型在测试数据上的表现，并对模型进行进一步的改进和优化。

- 验证模型有效性：正向推理还可以用于验证模型的有效性和准确性。将真实世界的其他相似数据输入模型，观察模型的预测结果是否符合预期，可以验证模型是否具有足够的泛化能力和鲁棒性，从而进一步提高模型的可信度和可靠性。

用逻辑的方式展示正向推理流程就是将输入的数据 X 通过预先定义好的模型结构，以对应的权重参数进行逐层传递计算。设 X=0.5，那么对应的过程如下。

输入层的结果：

$$X_1=X=0.5$$
$$X_2=X=0.5$$

隐藏层的结果：

$$X_3=0.6X_1=0.3$$
$$X_4=0.4X_1+0.5X_2=0.45$$
$$X_5=0.5X_2=0.25$$

输出层的结果：

$$X_6=0.1X_3+0.3X_4+0.6X_5=0.315$$

经过激活函数的结果：

$$\hat{y}=\mathrm{Sigmoid}(X_6)=\frac{1}{1+\mathrm{e}^{-X_6}}=0.5781$$

2. 如何计算损失值

计算损失值的目的是以量化的值评估模型预测结果与真实标签之间的差异或偏差程度。损失值反映了模型在训练数据上的表现，通过最小化损失值来优化模型的参数，使得模型能够更好地拟合训练数据，提高其在未知数据上的泛化能力。具体来说，计算损失值的目的包括以下几个方面：

- 评估模型性能：损失值是衡量模型性能的一个重要指标。较小的损失值表示模型预测结果与真实标签之间的差异较小，模型性能较好；相反，较大的损失值表示模型存在较大的偏差，需要进一步优化。
- 指导模型优化：通过最小化损失值来调整模型的参数，使得模型能够更好地拟合训练数据。优化算法（如梯度下降算法）会根据损失值的变化情况来更新模型参数，使得模型逐渐收敛到最优解。
- 提高泛化能力：优化模型参数以最小化损失值，有助于提高模型在未知数据上的泛化能力。通过降低训练数据上的损失值，可以减少模型的过拟合现象，使得模型更能够适应新的数据。

设损失函数为二分类交叉熵损失函数（Binary Cross Entropy，BCE），即

$$\mathrm{Loss}=-(y\ln(\hat{y})+(1-y)\ln(\hat{y}))$$

其中 $\hat{y}$ 是模型预测输出的结果，y 是样本标签。

如图 3-1 所示的二分类模型网络结构示意图，表示该模型用途是二分类，那么对应的样本标签 y 只能为 0 或者 1。

设 y=0，那么此时结合前面计算出的 $\hat{y}=0.5781$，可以得到一个损失值：

$$\text{loss}=-(0\times\ln(0.5781)+(1-0)\times\ln(0.5781))=0.548$$

因此，在输入数据 X=0.5、对应标签信息 y=0 时，使用图 3-1 所示的模型进行正向推理后得到的结果相较于真实标签的损失值为 0.548。

3. 误差反向传播与参数更新

误差反向传播将损失值沿着模型参数的梯度（沿着如图 3-1 所示的网络结构）反向传播，从输出层向输入层传播，计算每一层的误差。反向传播的过程利用链式法则，将每一层的误差与该层的输入和参数相关联，从而计算出每一层的参数梯度。

参数更新是根据计算得到的参数梯度，利用优化算法（如梯度下降）更新模型的参数。优化算法根据参数梯度的方向和大小，调整模型参数的数值，使得损失函数逐渐减小，模型的性能逐渐提升。下面以图 3-1 中的网络节点 X_6 为例进行误差反向传播与参数更新的过程展示。

（1）计算参数梯度

计算激活函数的导数：

$$\text{Sigmoid}'=\text{Sigmoid}(1-\text{Sigmoid})$$

X_6 节点的误差为

$$\frac{\partial\text{Loss}}{\partial X_6}=\frac{\partial\text{Loss}}{\partial\text{Sigmoid}}\cdot\frac{\partial\text{Sigmoid}}{\partial X_6}=\text{Sigmoid}'=0.247696$$

（2）参数更新

根据前面计算得到的参数梯度对 X_6 的参数进行更新。原本参数为 ω=1（图 3-1 中没有标识数字的链路权重默认为 1），则新的参数为 $\omega'=\omega-0.247696\gamma$。

此处的参数 γ 对应深度学习中的一个重要概念“学习率”。它是用来控制模型参数在每一步更新时调整参数的速度的数值。简单理解，它就像是开车下坡时踩刹车的力度。

3.1.2　不同场景选择不同的训练方式

严格来说，大多数模型可以在专业服务器上进行标准训练。然而，不同场景的数据特点、问题复杂度和应用需求各不相同。对于一些简单场景，所需的模型也相对简单，如果采用专业服务器进行标准训练，则会导致资源的严重浪费。因此，根据具体场景选择合适的模型训练方式至关重要。这样不仅能提高效率，还能有效控制成本。

（1）数据特点不同

不同的数据集可能具有不同的特点，包括数据的分布、数据的维度、数据的稀疏性等。

对于不同的数据特点，需要选择适合的模型结构和训练方式，以提高模型的性能和泛化能力。

（2）问题复杂度不同

不同的应用场景可能涉及不同的问题复杂度，包括分类、回归、聚类等。针对不同的问题复杂度，需要选择适合的模型结构和训练方式，以达到更好的效果。

（3）应用需求不同

不同的应用场景可能对模型的要求不同，包括模型的精度、速度、可解释性等方面。针对不同的应用需求，需要选择适合的模型结构和训练方式，以满足应用的要求。

最重要的一点是，训练的方式对部署的方式影响很大。一般的情况下，部署应用的设备就是训练时选择的设备。

---

1. 选择训练方式时需要关注的问题

一般选择训练方式时会结合下面几个具体的问题进行平衡选择。

（1）模型的算力消耗

算力是指计算机系统处理和执行计算任务的能力，是模型中的一个重要指标。通过估计模型的算力消耗，可以为训练以及部署的设备选型、方案设计的资源规划、工程开发、性能规划等提供正向的支持作用。

❑ 需求任务属性

在其他的变量均保持相同的情况下，模型的算力消耗：监督学习 < 半监督学习 < 无监督学习。

❑ 上述模型的算力消耗好比一名学生解一道比较复杂的数学题，在有参考答案时，做完题目的速度是最快的；其次就是有老师在旁边提示解题步骤；最慢的就是自己解题。

❑ 现如今所有的深度学习技术框架，均可以直接计算出详细的模型算力消耗，并不需要人工计算。

❑ 精度要求

在确定了数据量纲的情况下，精度要求越高，算力消耗越大。在深度学习模型中，精度有半精度、单精度、双精度、混合精度等。其中：

半精度指用2个字节来表示一个浮点数；单精度指用4个字节来表示一个浮点数；双精度指用8个字节来表示一个浮点数；混合精度指在模型中同时使用单精度与双精度。

用来表示浮点数的字节数量越低，在模型运算的过程中，所消耗的算力越少。因此对算力的消耗关系是：半精度＜单精度＜双精度。而混合精度，往往是用于较大模型的一种性能平衡的手段，它是可以动态调整的，因此没有必然的不等式关系。

此处的“精度”是深度学习中一种特殊的表示数据位数的概念。将此处的精度对应大众意义上的精度，可以这样转换理解：如果结果只需要精确到小数点后一位，则可以用半

精度数据；如果结果需要精确到小数点后 6 位，则可以用单精度数据；如果结果需要精确到小数点后 15 位，则必须要用双精度数据。

上述将深度学习中的精度概念转换到大众意义上的精度理解，是通过一个简单的由计算机数据存储的位数估算方式得到的，仅作为参考，实际使用时要在该估算值的基础上，再结合模型的结构进行更为细致的测算。

❑ 数据处理的需求量

此处描述的数据处理的需求量，就是指还要对模型的结果进行哪些处理。这样说稍微有点抽象，下面以一个问题来辅助理解。

在图像处理任务中，目标监测任务模型的输出结果并不是能够直接使用的数据。以目标监测的主流模型 YOLOv5 为例（参考链接：https://github.com/ultralytics/yolov5），它的输出结果并不是可以直接进行使用的 x, y, w, h 类型的图像坐标数据，而是一个 6 维数据，而且是一个很冗余的数据，比如图像上有 5 个目标，模型的直接输出结果可能表示 20 个目标。

这时就需要使用数据处理的方式，将不合理的结果过滤掉。比如，YOLOv5 模型直接输出结果的后面使用了 3 个默认的数据处理操作：一个数据格式转换的处理，将模型的输出数据结构转换成 x, y, w, h 类型的数据格式；一个非极大值抑制算法，过滤重复检测的目标；一个阈值过滤算法，过滤可能性较低的目标。

因此，实际在处理自己的需求时，也需要结合模型的特性、需求等信息，确定数据处理的需求量。数据处理的需求量越大，算力消耗越大。

（2）模型内存消耗

除了算力消耗，内存消耗也是评估模型的重要指标之一。内存消耗量主要决定了训练设备的选择，在设备固定的情况下，内存消耗量直接影响模型训练的周期。内存需求过高可能导致设备无法承载，甚至导致训练过程频繁中断，从而延长训练时间。因此，优化内存使用和合理选择设备对确保模型高效、稳定地训练至关重要。

❑ 需求任务属性

当其他的变量均保持相同的情况下，模型的内存消耗：监督学习 < 半监督学习 < 无监督学习。

当控制其他变量保持相同的情况下，监督学习、半监督学习、无监督学习的运算复杂度是递增的。在计算机运算过程中，运算复杂度越高，内存消耗就越高。

❑ 数据维度

数据维度指的是数据集中每个样本的特征数量或者数据的组织结构。在机器学习和深度学习中，数据通常以矩阵或张量的形式表示，其中矩阵的行表示样本，列表示特征，张量则可以表示更高维度的数据。因此，数据维度越大，表示矩阵的列数越多，那么在同样的模型中运算，数据维度越大的数据消耗的内存就越大。

❑ 精度要求

精度也影响着内存，在确定了数据量纲的情况下，精度相对要求越高，内存消耗越大。

以单精度与双精度数据为例，双精度数据一个数值需要消耗 8byte，单精度数据一个数值需要消耗 4byte。

（3）数据集制作难易度

数据集制作的难易度也会影响模型训练方式的选择。若模型本身的算力和内存消耗较低，如果数据集制作难度较低，则训练的灵活性和开放度可以更高。这是因为在数据集易于生成和处理的情况下，模型训练的整体成本和复杂度降低，从而允许更频繁和开放的训练过程，提高模型的适应性和性能。

假设有一个模型，其算力消耗只有 10FLOPS（表示每秒进行浮点运算的次数），内存消耗只需要 10MB，凭借这样的模型消耗，模型在服务器、个人计算机手机上都可以轻松运行。如果要训练一个这样的模型，数据集制作只需要几分钟或者几个小时就可以做好，那么使用者可以自己使用个人计算机训练好这个模型。反之，如果数据集制作需要好几天甚至更久的时间，那么说明数据集的制作复杂度较高，如果使用者没有专业的知识，就很难制作好对应的数据集，那么即便开放模型的训练权限给使用者，也没有用。

数据集的制作，不仅要考虑复杂度，还涉及数据安全的问题。有些数据的权限等级很高，普通的权限根本无法获取相应的数据，也就无法制作相应的数据集了。

（4）特定设备和应用需求

在本节内容的开头提到，一般情况下部署应用的设备通常与训练时选择的设备相同。然而，在某些场景中，部署应用的设备已经确定，这意味着训练方式必须主动适配这些设备。在这种情况下，结合设备特点和应用需求，定制化设计训练方式是必要的。

2. 场景对比理解

以下将举例说明两种应用场景以及介绍其对应的训练方式。

（1）场景一

在一些特殊行业内（如半导体行业、医疗行业等），设备的运行精度要求特别高，精度需要控制在微米级，更有甚者，需要控制在纳米级（机械运动很难做到 0 误差，尖端的设备也是通过精密的设计与控制来尽量减小误差的）。

以半导体行业的运动控制为例，假设某设备的运动精度为 0.1μm。随着设备使用时间的推移，受温湿度等潜在因素的影响，其运动控制会逐渐出现较大的偏差，直接影响工艺的生产流程，导致生产良率急剧下降。这种微米级的偏差难以被人眼直接观测到，通常在产品质检阶段才会发现问题。但到质检阶段发现问题时，问题已经变得严重，且对生产效率和成本造成了显著影响。

精密类设备传统的维护操作是设定一个固定的维护时间进行维护。其中要做的一个重要事项就是对重要的参数指标进行校准。如果在维护时间的中间空窗期，使用设备出现了这种问题，往往只能被动地接受问题造成的影响。

因此，基于这种场景，就可以引入一个预测模型，将质检结果作为输入，输出的结果

是对设备的运动控制偏差的预测。在设备连续的作业期间，通过不停地采集质检结果进行偏差预测，从而实现对设备状态的监测，当发现风险时提前调整生产计划或者利用设备空闲时间对设备做补偿或者校准。

在这个案例场景中，由于被动发现问题的成本是比较高的，因此模型的首要目标肯定是尽量降低成本，换句话说就是模型必须把危险因素扼杀在摇篮之中，“宁可错杀，不可放过”。如果使用 AI 相关的专业术语解释，就是模型在保证预测准确度的情况下，需要适当过检。

继续结合场景进行需求拆解：

①此处只需要识别风险即可，并不需要区分风险等级，因为该场景要求在风险刚产生的时候就被发现，这样几乎很难发现比较严重的风险。

②场景目标是实现对偏差的预测，但是结合第①点同样的逻辑，并不需要精确预测偏差值，只要发现偏差，不论大小，直接就需要示警。

③结合场景需求，如果质检结果与偏差是间接关系（即非线性、深层次的关系），那么就表示使用的模型需要具备一定的深层次结构才能挖掘到相关的映射关系，即模型的结构、参数量会比较大。

半导体行业的产品质检数据很多是与电性、化学性质相关的特征。

---

④预测类的问题均属于监督学习类型的问题，即训练模型要用的数据集，需要是带有标签的数据集。

⑤场景中的设备操作人员、维护人员等，极大可能不太熟悉 AI 相关知识，因此模型不需要开放较高的操作权限。

结合上述的需求拆解，在该类型的场景下，假设要训练一个这样的模型，应该选择的训练方式就是：前期通过各种手段尽可能地采集到能够覆盖应用场景的数据，并做好数据集，然后直接在专业服务器上训练好模型。

（2）场景二

假设在某电子产品生产线上，需要监测设备的运行状态，及时发现异常并采取措施，以确保产品质量和生产效率。虽然该场景对设备精度要求不高，但仍然需要及时发现设备运行异常，以避免可能导致产品缺陷或生产线停机的问题。

为了解决这一问题，可以采用一个简单的预测模型，通过采集传感器实时监测设备的运行状态，并将数据送入模型对设备运行状态进行分类，如正常、异常。这样，当设备出现异常时，系统可以及时发出警报，通知相关人员进行处理，以防止问题进一步恶化。

对这个场景进行需求拆解：

①数据集的制作相对简单，只需要采集设备的运行过程中各传感器的数据，并标注其状态（正常或异常）。

②由于对设备状态的监测并不需要高精度的数据，因此数据采集和标注过程相对简单且快速。

③结合场景需求，传感器数据与设备状态的隐藏关系比较浅（即具有一定的比较明显

的逻辑相关性)，那么对应要使用的模型结构会比较简单，参数量也很小。

④该场景对风险的接受度较高，因此模型的准确度要求也不高，只需要能够区分正常和异常状态即可。

此处“场景对风险的接受度较高”是相对于场景一来说的。在场景一中需要提前预测，尽可能地发现问题，此处不需要提前预测，仅做好实时状态监测即可。

综上所述，针对示例场景，可以采用一个简单的分类预测模型来实现设备状态的实时监测和异常检测。要训练这样一个模型，不用非得选择专业的训练服务器进行训练工作，在个人计算机上也可以完成训练工作，训练成本低。

并且，场景中的数据集制作简单，仅需要采集传感器的数据（传感器数据可以实现自动采集），并记录每条数据对应的设备状态是正常还是异常（同样可以实现自动化采集）。这个过程对人员的专业知识依赖很低，因此还可以开放模型的一定训练权限，让非专业人员也可以自己训练及更新模型。

一般在这样一个场景中，除了开放给使用人员一定的自行训练更新模型的权限，还会搭配设计一套自动学习的机制（强化学习），即系统出厂时会配有一个基础的默认模型，然后设备在使用运行的过程中，会自动地采集数据不停地修正模型（也就是说模型在不停地学习），以实现每台设备上的模型都是符合实际的需求场景的。

对比场景一与场景二，两者的区别在于：

①场景一需要的模型结构复杂、参数量庞大，场景二需要的模型结构简单、参数量很小。

②场景一的数据采集比场景二的数据采集困难，因为场景一需要采集的数据是产品的质检结果，这类数据涉及机密，并不是所有人均可获取的，尤其是对于一些自动化的系统而言，不能完全实现自动获取的流程。有时候也是由于数据归属问题的权限限制，一些数据采集很困难，甚至无法采集。

③基于①，场景一需要的模型训练需要依赖专业服务器，而场景二使用个人计算机也可以完成训练。

④场景一描述的设备，一般自行搭载了部署模型的设备；而场景二描述的系统，一般是部署在实际使用方的服务器上。这就意味着，场景一的训练完全可以自定义，因为部署设备可以自行调整；而场景二的训练需要去适配使用方的服务器与其他的习惯或者标准。换种方式理解，场景一所描述的“训练 – 部署”过程可以设计成使用者不可见的方式；而场景二所描述的“训练 – 部署”过程，需要对使用者可见，并且使用者还需要具有一定的操作权限。

3.1.3　针对特定环境选择设备

在前面的 3.1.2 节中，多次提到训练所需的设备不需要千篇一律，主要目的是节省成本。本节将详细介绍如何根据特定的环境和需求，选择合适的设备，以确保在满足性能要求的同时，实现成本效益最大化。本节主要讨论两个方面问题：一、所有的设备选择权均在设计方时，如何进行选择；二、部署的设备选择权在使用方时，设计方如何选择训练设备。

本节中的“设备”一词泛指服务器、计算机、工控机。

---

1. 训练与部署的设备选择均在设计方

在工业、制造业行业，绝大部分的情况下产品是一个整体机器的形态，这样的一个机器一般包含硬件与软件两方面的完整内容。因此，面对这样的一个整机形态的产品，如果对其进行 AI 相关的功能设计，那么对应模型相关的部署应用设备其实就包含在整机的硬件层面里面了，也就是说部署应用的方式全在设计方，这种情况对 AI 技术相关的设计、开发、应用是最简单的。这种简单仅仅是整个设计流程比较简单，因为少了关于调研使用方设备情况与分析定制的步骤。

实际上，作为整机的设计方，虽然所有的设备选择权均在自己手上，但是并不意味着可以随意使用设备。如果设备的性能、配置低了，则会影响相关功能的正常使用；反之，如果设备的性能、配置高了，则会造成严重的成本浪费。

在 AI 相关行业中，面对类似情景（即设备由自己进行选择），一般出现的设备不合理情况是选择的设备性能、配置高于需求，而很少出现低于需求的情况。

（1）算力需求

根据实际设计的模型复杂度和大小、训练数据规模等因素，确定所需的算力水平。选择具有足够算力的设备以确保训练效率和性能。具体评估算力需求可以参考以下几点：

❑ 模型复杂度和大小

模型的复杂度和大小直接影响所需的算力。复杂的模型需要更多的计算资源来进行训练。因此，需要根据实际的模型结构、层数、参数数量等因素来确定所需的算力水平。

这一需求测算可以直接通过深度学习框架的 API 实现。

❑ 训练数据规模

训练数据的规模也会影响算力需求。更大规模的数据集需要更多的计算资源来进行训练，因此需要选择具有足够算力的设备来应对。

❑ 训练时间要求

如果有较紧迫的训练时间要求，那么可能需要选择具有更高算力的设备，以加快训练速度。较低算力的设备可能会导致训练时间过长，影响项目进度。

例 1：

有一个目标检测模型 YOLOv5s 需要应用数据集的大小为 1GB，约 10000 条数据，目标训练时间要求是 10min 完成 200 批次训练。根据这个需求，测算算力需求。

①测算模型的大小、复杂度来得到基础算力需求。该步骤直接通过 Pytorch 框架的 API 即可实现，该模型的参数量为 7235389，运算次数为 16.5GFLOPs。

此处的单位为 FLOPs，表示浮点运算的数量。而前面一直提到的算力单位是 FLOPS，表

示的是每秒浮点预算的次数。前者是统计的量纲，后者是速度的量纲。其中 1TFLOPs= 10^3GFLOPs=10^{12}FLOPs。

---

②数据规模为 10000 条数据，按照 YOLOv5s 的默认训练配置 batch_size=32 测算，单次训练需要的运算次数为 10000 ÷ 32 × 16.5=5156.25GFLOPs ≈ 5.2TFLOPs。

此处是按照理想情况进行的测算。如果单条数据的数据量过大，那么还会额外消耗部分算力。

---

③目标是 10min 完成 200 批次训练。先计算完成 200 批次训练需要的运算量：5.2 × 200= 1040TFLOPs，再将总的运算量除以时间：1040 ÷ (10 × 60)=1.73TFLOPs。

则最终测算得到最低的算力需求是 1.73TFLOPS。这样的算力需求，大部分的计算机、服务器、工控机都可以满足。

（2）显存需求

显存在深度学习中扮演的角色就是容器。在算力满足要求的情况下，显存能够及时为模型训练提供数据，是保证模型训练、应用性能的关键。

❑ 模型大小与显存容量的匹配

确保选择的设备具有足够的显存容量来容纳模型参数和中间计算结果。如果模型过大而显存容量不足，则会导致训练失败或性能下降。

❑ 数据处理需求

根据数据集的大小和复杂度，选择具有足够显存容量的设备以加载和处理数据。对于大型数据集，需要更多的显存来存储和处理数据，以免出现空间不足的情况。

❑ 显存带宽

除了显存容量外，还需要考虑设备的显存带宽。高显存带宽可以提高数据传输和处理的效率，从而提升整体性能。

例 2：

设有一个目标检测模型 YOLOv5s 需要应用，数据集的大小为 1GB，约 10000 条数据，目标训练时间要求是 10min 完成 200 批次训练。根据这个需求，测算显存需求。

①测算模型本身加载后需要的显存空间。该数据可以通过 Pytorch 框架的 API 直接获取，也可以通过计算机的任务管理器功能直接看到。该模型完成加载需要消耗的显存为 300MB 左右。

在例 1 中提到，YOLOV5s 模型的参数量为 7235389（按照 64 位数计算也才约 60MB 大小），但是实际测得的显存消耗远大于该数值，因为模型加载不仅仅是加载模型参数，还需要加载大量的计算图相关的信息。比如，函数 $y=3x^3+2x^2+x$，其中的系数 (3, 2, 1) 就可以认为是模型参数，但是要根据这组参数还原函数，还需要记录每个系数对应的指数才能还原。

---

②根据数据处理需求测算显存消耗。根据需求，需要至少 1GB 的显存。

③根据训练时间要求进行显存消耗测算。目标 10min 完成 1GB 数据的 200 次训练，平

均算下来的数据消耗速度为 $1 \times 1024 \div (10 \times 60 \div 200) \approx 341.3$MB/s。因此可以得到显存带宽需求约为 341.3MB/s，大部分的显卡均能满足该需求。

（3）成本效益

以纯显卡选型为例，假设需要部署应用一套 AI 相关的功能在自己的整机设备上，则需要结合 AI 相关功能的参数需求选择工控机进行功能运行的搭载。设 AI 功能的需求是：算力需求 60TFLOPS，显存需求 30GB。针对这样一个需求可以选择的显卡型号如表 3-1 所示。这是根据对应显卡的相关参数核算的，相关参数如表 3-2 所示。

表 3-1 适配需求的显卡配置

方案名	方案配置	价格
方案 1	NVIDIA Geforce RTX 4080（×2）	17000 元
方案 2	NVIDIA RTX A4500（×3）	25000 元
方案 3	NVIDIA Geforce RTX 3080Ti（×3）	15000 元

显卡的价格受市场影响波动较大，因此表 3-1 中展示的价格有时效性限制，并不具备长期的参考作用。且该示例仅考虑了显卡，未综合考虑设备的其他成本，如电源、主板等。

表 3-2 部分显卡的部分参数展示

显卡名	算力	显存
NVIDIA Geforce RTX 3080Ti	34.2TFLOPS	12GB
NVIDIA Geforce RTX 4080	48.2TFLOPS	16GB
NVIDIA RTX A4500	23.7TFLOPS	20GB

2. 适配使用方的部署设备

前面仅考虑所有的设备选择权均在设计方，从设计方的角度去进行设备选择的情况。下面将考虑另一种场景：设计方需要选择对应的设备去适配使用方。当面对该场景时，不仅仅要考虑前面所讲的因素，还需要额外关注以下几点。

（1）硬件情况

不同的人有不同的习惯或者处理事情的方式，那么在不同的公司，他们所使用的设备也通常是不同配置的。因此，如果设计方需要去适配使用方的设备，那么一定要获取关于设备硬件层面的详细信息，如 CPU 型号、内存、显卡型号、显存、带宽等信息。因为如果这些信息不对齐，则想当然地做出来的模型很可能无法部署使用。

（2）设备的使用详情

通常在一家公司内，除非是很专业或者保密安全级别很高的设备，否则其他的很多设备均是同时运行多种程序的。这种情况下主要需要规避一个问题：对设备硬件资源抢夺控制权导致一系列恶性事件发生。

此处更多是针对显卡资源，因为根据显卡的底层设计原理，它并不像 CPU 那样拥有一套很完整、齐备的事件管理机制，即所谓的资源调度机制（有兴趣的读者可以自行了解显卡的底层原理）。显卡的操作粒度很细，设计者可以通过代码操作显卡上的每一个运算核心。

但是这种手动操作的方式会存在一个严重的冲突问题，即如果有别的程序在使用显卡，再贸然开启模型去消耗显卡的资源，就会使得别的程序资源不够，从而导致性能下降，严重的情况下会导致别的程序下线，甚至会导致设备宕机。

此处提到的“手动操作”，并不是指传统机械意义上的手动操作，而是指代码开发过程中的“显式操作”，即需要通过代码明确指定某一个运算核心需要执行什么操作，也需要通过代码明确指定什么时候销毁或者申请什么地方的数据。这种面向底层的代码设计风格，与传统IT的代码设计风格完全不一样，前者注重偏底层的细节控制，后者注重偏浅层的业务、逻辑设计与控制。

3.2 如何制作数据集

如果将模型比喻成人，那么一个优秀的模型就好比一位极富天资的人，数据集就好比人成长历程中的导师，导师影响着人的成长与发展，数据集影响着模型的性能和泛化能力。一个再聪颖的人，如果没有遇到一位好的导师，那他的成长与发展可能会不太好；同样，一个再优秀的模型，如果没有好的数据集，那它的性能、泛化能力也不会太强。然而，要制作一个高质量的数据集并不是一件简单的事情。下面将深入探讨数据集的制作过程。

3.2.1 工业数据的相似性

在工业领域，数据是一种宝贵的资产，通过分析数据的相似性，可以揭示许多有价值的信息和规律，为企业的决策提供重要支持。

工业数据相似性是指工业生产过程中所产生的数据之间在某些方面呈现出的相似性或相关性。它们主要体现在以下几个方面。

1. 周期相似性

周期性数据指的是具有明显周期性变化特征的数据。在周期性数据中，某一变量的数值随着时间的推移呈现出周期性的波动或变化规律，这种周期性变化可能是重复的，也可能是不规则的。如图3-2所示，均表示周期性数据。周期性数据是一种特殊的时序数据，是最简单、最常见的一种数据。

工业生产过程中的许多数据具有周期性变化的特征，比如设备的运行状态、生产线的产量变化、能源消耗等。通过分析周期相似性，可以了解到生产过程中的周期性规律，有助于优化生产计划和资源调配。

要判断一组数据是不是周期性数据，最简单的方式就是将其通过图形的方式可视化绘制出来。

要判断两个周期性的数据是否具有周期相似性，通常采用对周期性特征进行比对的方式。对此，有以下常用的方法。

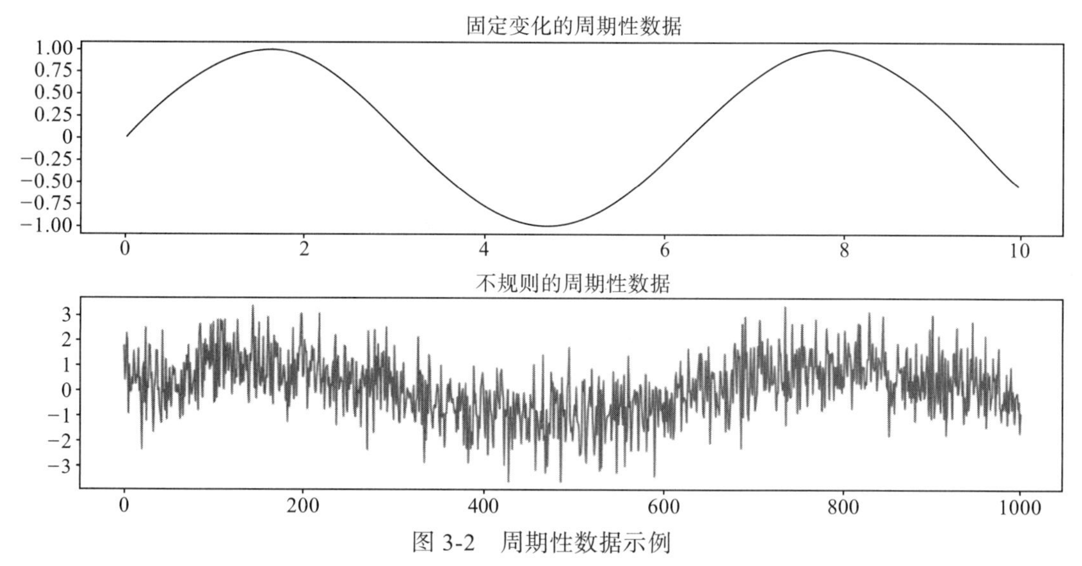

图 3-2　周期性数据示例

（1）自相关函数

自相关函数是一种用于衡量时间序列数据自身相关性的统计方法。通过计算数据的自相关函数，观察不同时间滞后下的自相关性。如果两个数据具有相似的自相关函数图形，则说明它们可能具有相似的周期性。

自相关函数的计算公式为

$$\mathrm{ACF}(k)=\frac{\sum_{t=k+1}^{n}(y_t-\overline{y})(y_{t-k}-\overline{y})}{\sum_{t=1}^{n}(y_t-\overline{y})^2}$$

其中，k 表示滞后的时间步长（可以简单理解成步长），y_t 表示时间序列数据在时间点 t 的观测值，$\overline{y}$ 表示时间序列数据的均值，n 表示时间序列数据的长度。

对图 3-2 所示的数据进行自相关函数计算，得到图 3-3 所示的结果。通过结果可以发现两者的自相关函数图形具有一定的相似度，因此它俩具有周期相似性。

如果要继续在得到自相关函数的基础上，计算出量化的周期性相似值，则可以在得到图 3-3 的结果基础上，继续进行如下步骤：

- 找到自相关函数中的峰值，这些峰值表示数据序列具有周期性。
- 提取每个数据序列的自相关函数中的主要峰值。
- 比较两个数据序列的主要峰值，如果它们的位置接近、幅度相似，则表示数据序列具有相似的周期性模式。

图 3-3 的 Python 代码实现，参考附件“1. 自相关函数示例”。相关的源代码资源附件已上传至百度网盘，在前言的“勘误与支持”处（第 V 页）提供了统一入口，请读者自行查阅。

（2）傅里叶变换

傅里叶变换用于将一种函数（通常是时域函数）转换为另一种函数（通常是频域函数）。它可以将信号从时间域转换为频率域，从而揭示信号中包含的不同频率成分及其相对强度。

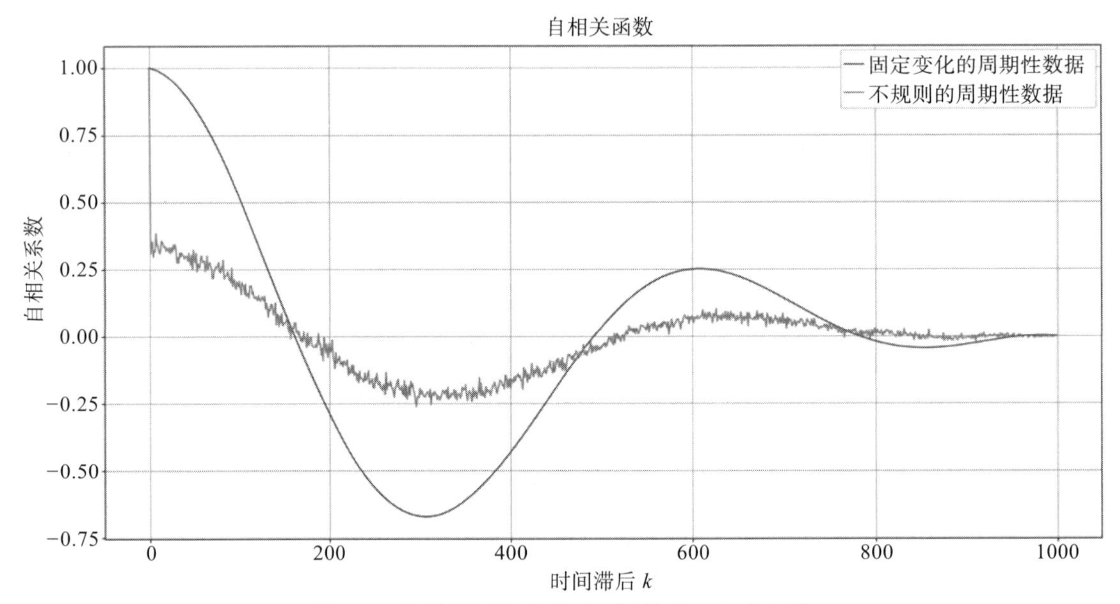

图 3-3　根据周期性数据示例计算的自相关函数

对于一个连续的信号函数 $f(t)$，其傅里叶变换 $F(\omega)$ 定义如下：

$$F(\omega)=\int_{-\infty}^{\infty} f(t)e^{-i\omega t}\mathrm{d}t$$

其中，i 是虚数单位，ω 是频率，t 是时间。傅里叶变换的结果是一个复数函数，包含了信号在不同频率上的振幅和相位信息。

在实际应用中，通常会使用离散傅里叶变换，其中使用频率最多的是快速傅里叶变换。离散傅里叶变换将一个离散的信号序列转换为在频率域上的表示。它可以高效地计算，广泛应用于信号处理、图像处理、通信等领域。

使用快速傅里叶变换方法，对图 3-2 所示的两组数据进行周期相似性分析，得到的结果如图 3-4 所示。可以发现，两组数据在不同频率上的振幅有一定的相似性。

图 3-4 的 Python 代码实现，参考附件“2. 傅里叶变换示例”。

（3）距离度量

距离度量是一种常用的方法，用于衡量周期性数据之间的相似性。常用的距离度量包括欧氏距离、曼哈顿距离、闵可夫斯基距离等。在衡量周期性数据相似性时，可以使用周期性特征（如周期性幅值、相位差等）来构建特征向量，然后使用距离度量来计算特征向量之间的距离，从而评估它们之间的相似性。

以欧氏距离为例，对于两个周期性数据序列：

$$X=\{x_1,x_2,x_3,\cdots,x_n\}$$

$$Y=\{y_1,y_2,y_3,\cdots,y_n\}$$

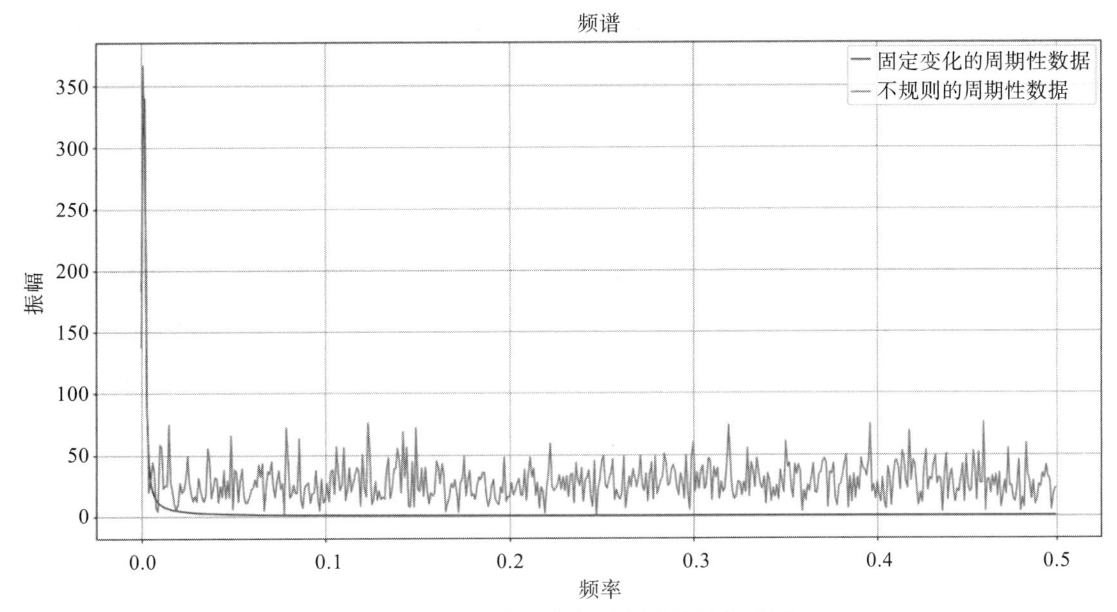

图 3-4　根据周期性数据示例计算的频谱图

它们之间的欧氏距离可以表示为

$$d(X,Y)=\sqrt{\sum_{i=1}^{n}(x_i-y_i)^2}$$

这个距离值越小，表示两个周期性数据序列之间的相似性越高。

此处的原理较为简单，就不单独写 Python 代码进行数据演示了。距离度量是最常用的一种判断数据相似性的方式，它不局限于对数据周期相似性的度量，对其他任意类型数据均可使用。

2. 空间分布相似性

空间分布相似性是指在空间中具有相似分布特征的两个或多个对象之间的相似程度。在数据分析和机器学习领域，空间分布相似性通常用于比较不同地理位置或空间区域之间的数据分布情况，以便理解它们之间的关联性、趋势或规律。

在工业领域，不同位置或区域的数据可能会呈现出相似的空间分布特征，比如温度、湿度、压力等环境参数在工厂内部的分布情况，或者不同地点的生产设备状态等。通过分析空间分布相似性，可以了解到不同区域之间的差异和规律性，有助于提高生产效率和资源利用率。一组简单的具有空间分布相似性的数据如图 3-5 所示。

分析数据的空间分布相似性，除了前面内容中提到的距离度量方法，还有其他的方法。

（1）聚类分析

将空间中的对象按照它们的特征或属性进行分组，然后比较不同群组之间的分布情况。聚类分析可以帮助识别空间中的模式或类别，并评估它们之间的相似性。

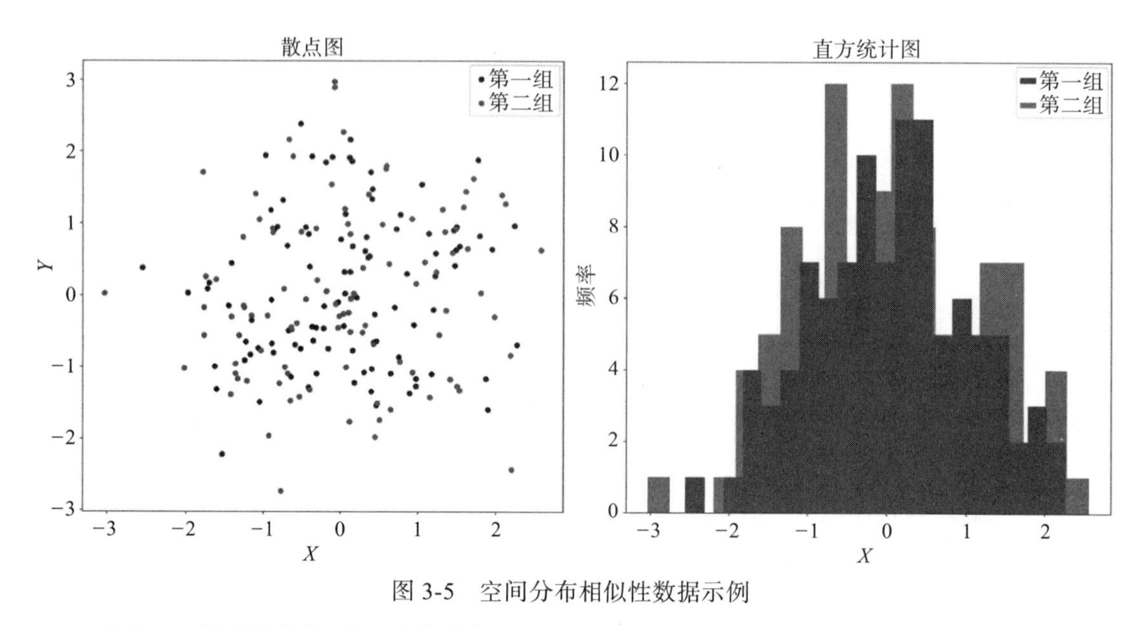

图 3-5 空间分布相似性数据示例

对图 3-5 所示的数据采用聚类分析的方法进行空间分布相似性计算，得到的可视化结果如图 3-6 所示。可以看到两者的聚类分布边界很相似。

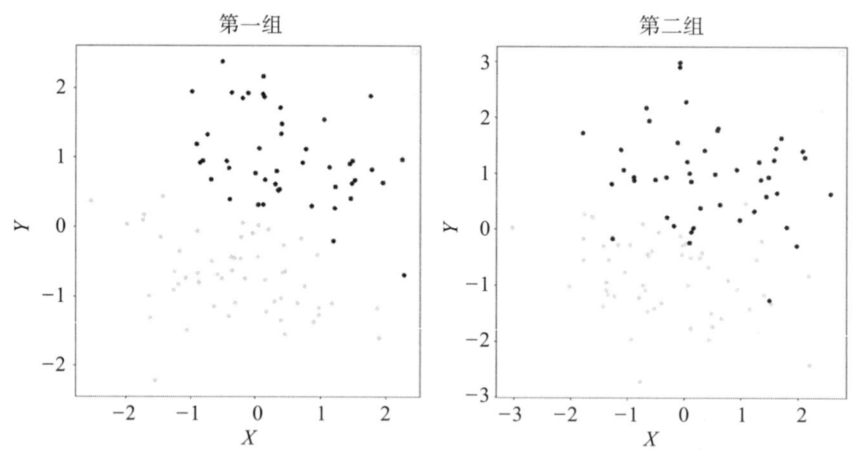

图 3-6 根据空间分布相似性数据示例计算的聚类分析展示图

根据图 3-6 的结果，在此基础上再进行最后的量化计算，即将两组数据的分布中心分别计算欧式距离，得到的结果为 0.21。

具体的 Python 代码实现，参考附件“3. 聚类分析计算空间分布相似性示例”。

（2）空间插值

使用插值方法估计空间中缺失或未观测到的数值，然后比较不同位置的估计结果。常用的空间插值方法包括克里金插值、反距离加权插值等；常见的比较方法包括计算两组数据的均方根误差（Root Mean Square Error，RMSE）、相关系数等。通过这些方法，可以得到两组数据在空间分布上的相似性程度，进而评估它们之间的空间关系。

对图 3-5 所示的数据采用空间插值（简单的线性插值）的方法进行空间分布相似性计算，得到的结果可视化结果如图 3-7 所示。相似性结果的 RMSE 指标为 0.4096。

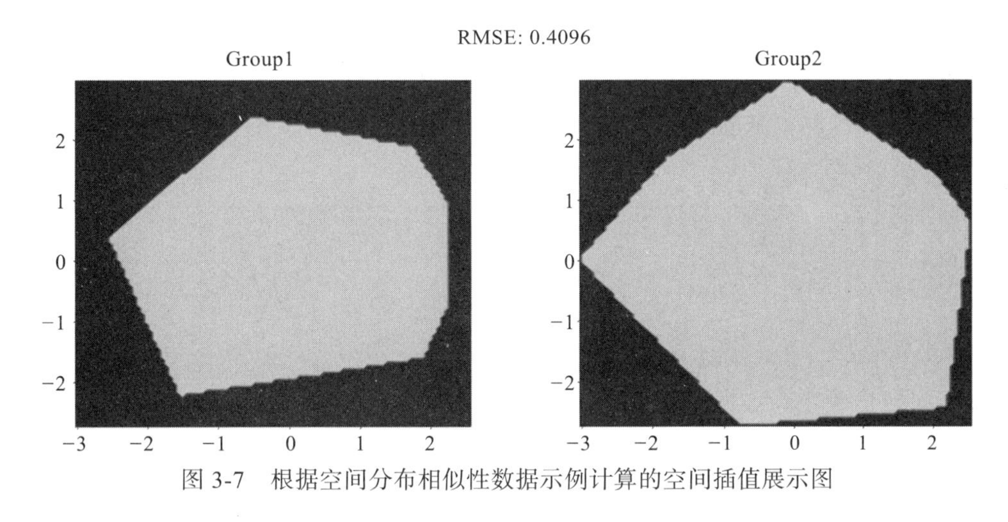

图 3-7　根据空间分布相似性数据示例计算的空间插值展示图

说明：具体的 Python 代码实现，参考附件“4. 空间插值计算空间分布相似性示例”。

（3）空间自相关分析

空间自相关分析是地理信息系统和空间统计学中的重要概念，用于研究空间数据集中观测值之间的空间相关性。它主要用于探索空间数据中存在的空间结构和空间依赖关系，并帮助了解空间数据的空间分布模式。

在空间自相关性分析中，最常用的指标之一是 Moran's I 指数，它用于衡量空间数据中的全局空间相关性。Moran's I 指数的取值范围为 [−1, 1]，其中：

- 当 Moran's I 接近 1 时，表示空间数据具有正的空间自相关性，即相似的值聚集在一起，形成高值聚集区和低值聚集区。
- 当 Moran's I 接近 −1 时，表示空间数据具有负的空间自相关性，即相似的值分散在一起，形成高值和低值的交错分布。
- 当 Moran's I 接近 0 时，表示空间数据没有空间相关性，即空间分布呈随机模式。

除了 Moran's I 指数外，还有其他一些空间自相关性指标，如 Geary's C 指数、Getis-Ord Gi* 指数等，它们在不同的情况下具有不同的应用和解释。

空间自相关性分析常常与空间数据的地图可视化结合使用，通过地图展示空间数据的分布模式和空间相关性，帮助人们更直观地理解空间数据的特征和规律。

对图 3-5 所示的数据进行空间自相关分析，得到的结果为：Group1 数据、Group2 数据的 Moran’sI 值分别为 0.4914、0.5574。值比较相似，表明数据具有一定程度的正空间自相关性且在空间上有一定程度的聚集趋势，可以认为这两组数据的空间分布是相似的，但是

Group2 数据的自相关性更强一些。

具体的 Python 代码实现，参考附件“5. 空间自相关性分析计算空间分布相似性示例”。

3. 时间序列相似性

工业数据通常是按时间顺序记录的时间序列数据，不同时间序列之间可能存在一定的相似性。通过分析时间序列相似性，可以了解到不同时间段之间的数据变化趋势和周期性规律，有助于预测未来的生产状态和趋势变化。两组具有一定时间序列相似性的数据如图 3-8 所示。

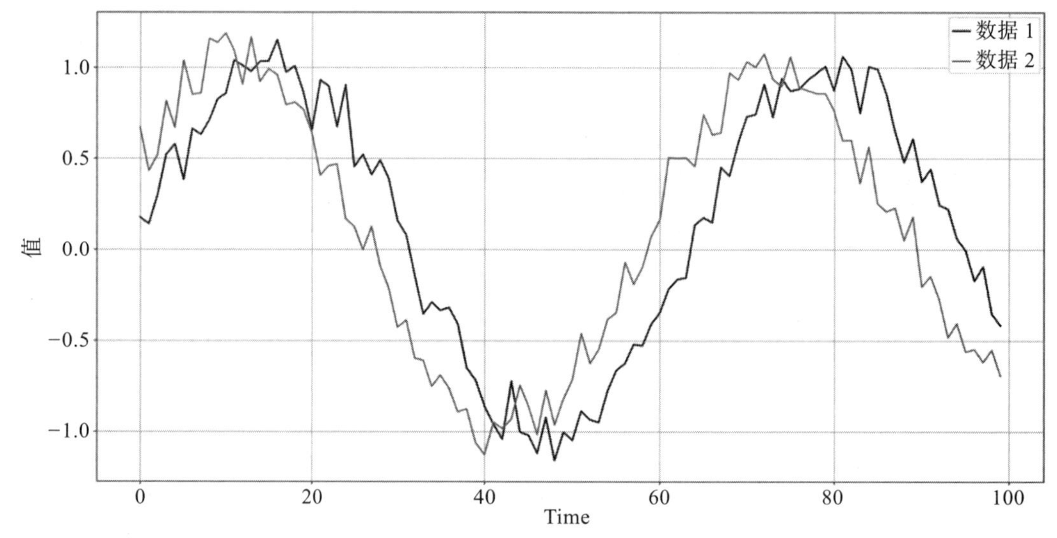

图 3-8　时间序列相似性数据示例

时间序列相似性的度量方法有很多种，除了前面介绍过的方法，还包括相关系数、动态时间规整、相位相似性等。

（1）相关系数

相关系数是衡量两个变量之间线性关系强度和方向的统计量。在时间序列分析中，相关系数常用于衡量两个时间序列之间的相关性。常见的相关系数包括皮尔逊相关系数、斯皮尔曼相关系数和肯德尔相关系数。

以皮尔逊相关系数为例，其计算公式为

$$r_{xy}=\frac{\sum_{i=1}^{n}(x_i-\overline{x})(y_i-\overline{y})}{\sqrt{\sum_{i=1}^{n}(x_i-\overline{x})^2\sum_{i=1}^{n}(y_i-\overline{y})^2}}$$

对图 3-8 所示的案例数据进行计算，得到的皮尔逊相关系数值为 0.8420916189860567。

生成图 3-8 所示数据以及计算皮尔逊相关系数的 Python 代码，参考附件“6. 生成两组具有时间序列相似性的数据示例”中。

(2)动态时间规整

这是一种用于衡量两个时间序列之间相似性的方法，它可以在时间轴上对不同速度的序列进行拉伸或压缩，从而找到最佳的匹配。其核心思想是通过动态地调整两个序列之间的时间对齐，以最小化它们之间的差异。

动态时间规整的计算过程包括以下几个步骤：

①定义距离度量：首先需要定义两个时间序列之间的距离度量方法，常用的度量方法包括欧氏距离、曼哈顿距离等。

②创建距离矩阵：根据选择的距离度量方法，计算两个序列中每个时间点之间的距离，并构建成一个距离矩阵。

③动态规划：利用动态规划算法，在距离矩阵上寻找一条最优路径，该路径表示了两个序列之间的最佳匹配。

④计算相似度：根据最优路径上的距离值，计算出两个序列之间的相似度。距离值越低，表示两个序列的相似度越高。

使用动态时间规整对图 3-8 所示的数据进行时间序列相似性计算，得到的结果为 22.762056184580082。

具体的 Python 代码实现，参考附件“7. 动态时间规整计算时间序列相似性示例”。

---

(3)相位相似性

相位相似性计算是一种用于比较时间序列相似性的方法，它能够捕捉到时间序列中动态变化的相位信息。该方法首先对时间序列进行傅里叶变换，然后提取其相位信息，最后通过比较两个时间序列的相位信息来评估它们的相似性。

具体来说，动态相位相似性的计算过程如下：

①对两个时间序列进行傅里叶变换，将它们转换到频率域。

②提取傅里叶变换结果的相位信息，忽略振幅信息。

③计算两个时间序列相应位置上的相位差异，通常使用绝对差异或平方差等方法。

④将所有位置上的相位差异进行平均，得到动态相位相似性的度量值。

动态相位相似性的计算结果通常在 0 到 1 之间，值越接近 1 则表示两个时间序列的相位信息越相似，即它们的动态特征更为一致。

使用相位相似性对图 3-8 所示的数据进行时间序列相似性计算，得到的结果为 0.17853。

具体的 Python 代码实现，参考附件“8. 相位相似性计算时间序列相似性示例”。

---

4. 多变量关联相似性

工业数据往往涉及多个变量之间的关联关系，通过分析多变量之间的相似性和相关性，可以了解到不同变量之间的影响和作用关系，有助于优化生产流程和提高产品质量。

多变量关联相似性指的是在多个变量之间进行关联分析，以探索它们之间的关系和相互影响。在工业领域，多变量关联分析是一种重要的数据分析方法，可以帮助理解复杂系统中各个变量之间的相互作用，发现潜在的规律和结构，并为系统优化、故障诊断和预测建模提供支持（前面介绍的相关系数方法，也可以用于多变量关联相似性分析）。

常见的多变量关联相似性分析方法包括以下几种。

（1）因子分析

因子分析是一种统计方法，用于探索多个观测变量之间的潜在结构和模式。它的主要目的是通过发现隐藏在观测变量之间的共性因子来解释这些变量的变异性，并将它们归纳到更少的几个综合因子中。

在因子分析中，假设观测变量之间的相关性是由一组潜在的不可观测的因子所引起的，这些因子不能直接观察到，但可以通过观测变量的变异性来间接推断。因子分析试图通过线性组合观测变量来解释数据集中的变异性，其中每个观测变量都被认为是一组共同作用的因子和特殊因子的线性组合。

因子分析的基本步骤包括确定因子数量、因子提取、因子旋转和因子解释。在确定因子数量时，可以采用各种方法，如 Kaiser 准则、平行分析、拐点检验等。因子提取是指从观测变量中提取潜在因子的过程，常用的方法包括主成分分析法和最大似然估计法。因子旋转是为了使因子具有更好的解释性和可解释性，常用的旋转方法包括方差最大旋转、极大似然旋转和直角旋转等。最后，通过因子负荷矩阵和解释方差等指标来解释每个因子的含义和影响。

例 3：

在制造业中，生产过程的优化对于提高生产效率、降低成本、提升产品质量至关重要。一个汽车零部件制造厂家面临着生产效率低下、产品质量波动大的问题。为了解决这一问题，该厂家收集了大量的生产数据，包括生产线上的传感器数据、工艺参数、设备状态等信息。

通过对这些工业数据进行多变量关联相似性分析，可以实现以下目标：

- 异常检测与预警：利用数据挖掘技术，对生产过程中的异常情况进行检测和预警，及时发现并处理设备故障、工艺异常等问题，避免生产线停机或产品次品率上升。
- 生产过程优化：通过分析工艺参数与产品质量之间的关系，找到影响产品质量的关键因素，并优化生产过程中的工艺参数设置，提高产品质量稳定性和一致性。
- 生产计划优化：通过对生产数据的历史分析，预测未来市场需求趋势，制订合理的生产计划，避免产能过剩或产能不足的情况发生，提高生产线的整体利用率。

（2）主成分分析

主成分分析（PCA）是一种常用的降维技术，用于将高维数据集转换为低维空间，同时保留数据中的大部分信息。PCA 的主要思想是通过线性变换将原始特征空间映射到新的特征空间，使得新特征空间的各个特征之间尽可能得不相关，从而减少数据之间的冗余信息（其详细的实现步骤已在 2.3.2 节“降维算法”的内容中进行介绍）。

（3）独立成分分析

独立成分分析（ICA）是一种常用的信号处理和数据分析方法，旨在将多个混合信号分解成相互独立的成分。与 PCA 不同，ICA 假设混合信号是由独立的非高斯分布成分组成的，因此可以更好地捕捉数据中的隐藏结构和信息。ICA 的工作原理是通过最大化信号的独立性来实现成分的分离。ICA 具体步骤包括：

①数据预处理：对原始数据进行预处理，包括去除噪声、标准化等操作。

②模型设定：假设混合信号可以表示为线性组合的形式，即 $\boldsymbol{X} = \boldsymbol{A} \cdot s$，其中 $\boldsymbol{X}$ 是观测到的混合信号，s 是独立的成分，$\boldsymbol{A}$ 是混合矩阵。

③独立成分的估计：利用统计方法（如最大似然估计）或优化算法（如梯度下降）估计混合矩阵 $\boldsymbol{A}$ 和独立成分 s。

④成分分离：通过对估计得到的混合矩阵进行逆运算，得到独立成分。

例 4：

一个工厂里面有多个机器在运行，每台机器都有一系列传感器来监测其运行状态。传感器记录下来的数据可能包括振动、温度、压力等信息。由于机器之间的相互作用和环境因素的影响，传感器记录的数据可能是混合的，其中包含了来自不同机器的信号。使用 ICA 技术，从混合的传感器数据中分离出每台机器的信号，以便进行故障诊断和预测。

具体步骤如下：

①数据采集：安装传感器并采集数据。每台机器都有一组传感器，记录其运行状态的多个参数。

②数据预处理：对采集到的数据进行预处理，包括去除异常值、归一化、中心化等。这些预处理步骤可以提高 ICA 算法的稳定性和效果。

③应用 ICA 算法：将预处理后的数据输入到 ICA 算法中，利用其盲源分离的特性，分离出每台机器的信号。

④故障诊断和预测：通过分离出的信号对每台机器的运行状态进行监测和分析。如果某台机器出现故障或异常，其信号会与正常运行时的信号有所不同，从而可以及时发现并进行诊断和预测。

5. 异常数据相似性

工业数据中的异常数据通常是指与正常运行状态有明显差异的数据，通过分析异常数据之间的相似性，可以了解不同异常情况之间的规律性和影响程度，有助于及时发现和解决异常情况，保障生产安全和稳定性。

异常数据相似性是指在数据集中的与其他数据点不同的异常数据点之间的相似性。这些异常数据点可能具有某种特定的模式或特征，使它们与其他数据点不同。异常数据相似性分析的目标是识别和理解这些异常数据点之间的相似性，以便更好地理解数据集中的异常模式和行为。通常，异常数据相似性分析包括以下步骤：

①数据预处理：对数据进行预处理，包括去除噪声、归一化、缺失值处理等。这些预处理步骤有助于提高异常数据相似性分析的准确性和可靠性。

②特征提取：针对预处理后的数据，选择合适的特征进行提取。特征提取的目的是将原始数据转换为具有更高表征能力的特征，以便更好地描述数据的相似性和差异性。

③相似性度量：利用合适的相似性度量方法来衡量数据点之间的相似性。常用的相似性度量方法包括欧氏距离、余弦相似度、马氏距离等。通过比较数据点之间的相似性，可

以识别出具有相似异常模式的数据点。

④聚类分析：将数据点根据其相似性进行聚类分析，将相似的数据点组合到一起形成簇。通过聚类分析，可以发现数据集中存在的不同类型的异常模式和异常行为。

⑤异常检测：对聚类结果进行异常检测，识别和标记具有异常行为的数据点。异常检测可以基于聚类结果、统计方法、机器学习模型等进行。

3.2.2 图像类数据的处理

图像类数据在工业领域中具有重要的应用，可用于质量检测、产品排序、缺陷检测、机器人视觉引导等任务。工业图像处理的目标是从采集的图像中提取出有用的信息，以对生产过程的各种功能实现监控或者控制，提高生产效率和产品质量。

本节将介绍工业图像处理的基本流程和常用方法，以及在工业生产中的具体应用案例。通过学习本节内容，读者将能够了解如何利用图像处理技术完成对图形类数据的处理，为AI、AIGC相关技术产出良好质量的数据。

1. 图像增强

在工业中，图像一般被用于目标检测和定位任务场景，这其中的一种典型应用，即产品表面缺陷（异常）检测；另一种典型应用就是视觉定位引导，一般用于机械手。但是，工业中一般使用的图像数采集设备（工业相机）是单通道信号，即图像是灰度图。

使用灰度图，对算法系统来说容易带来一些问题：

- 缺乏对比度：灰度图通常只包含黑白两种颜色，缺乏明显的颜色对比度，导致图像细节不够清晰，难以分辨。
- 信息丢失：灰度图可能会丢失一些关键信息，特别是在图像中存在复杂纹理、细微结构或低对比度区域时。这可能导致对问题或缺陷的检测不够准确。
- 易受干扰：灰度图通常对光线、阴影和噪声等因素比较敏感，这些因素可能会对图像质量造成干扰，使得图像难以解释和分析。

此处的“算法系统”是一个泛指的概念，可以被理解成一种算法、一种AI模型，或者一个AIGC系统。

如图3-9所示，左边为常见的RGB三通道图，右边为单通道图（即灰度图）。

通过图3-9的左右两边图像比对，可以轻易发现在左图中刻度存在明显的颜色对比，而在右图中的刻度由于均是灰度信息，没有颜色信息，因此对比度相较于左图降低了很多。因此可以理解为在图3-9中，右边的灰度图相较于左边的RGB三通道图，出现了对比度降低以及信息丢失的问题。

为了解决降低上述问题对算法系统带来的负面影响，由此在图像处理领域产生了图像增强的技术。图像增强是指通过对图像进行一系列的操作，使得图像在视觉上更加清晰、更加鲜明、更加容易理解。图像增强的目的是改善图像的视觉效果，使得图像更具有信息量、更容易被算法系统（当然也包括人类视觉系统）识别。在实际应用中，图像增强技术可以提高图像的对比度、增强图像的细节、去除图像的噪声、调整图像的亮度和色彩平衡等。

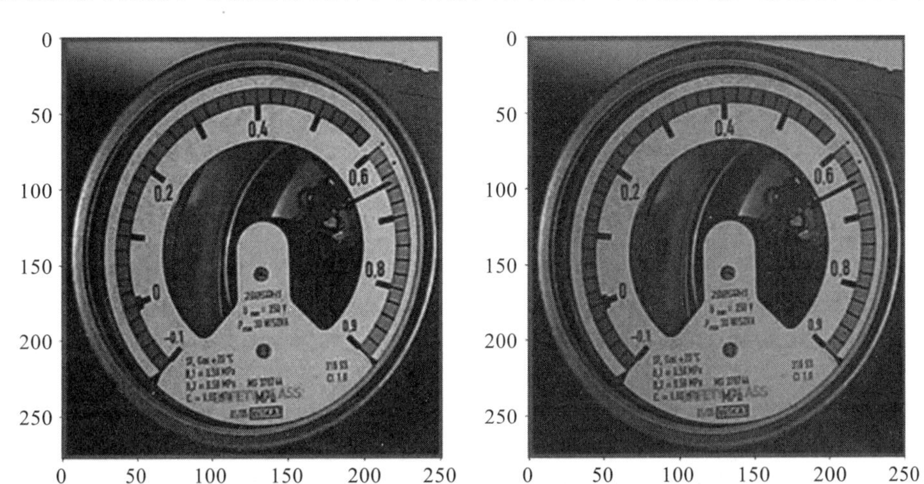

图 3-9　RGB 三通道图与单通道图对比

图像增强方法可以分为两大类：空域增强和频域增强。空域增强是在图像的原始像素空间中进行操作，包括直方图均衡化、灰度变换、滤波等技术；频域增强则是将图像转换到频域空间进行处理，包括傅里叶变换、小波变换等技术。

简单地理解，空域增强一般的目的是使图像看起来更清晰；频域增强一般的目的是使图像的轮廓更清晰（不一定使图像内部细节看起来更清晰）。

图 3-10 为分别对图 3-9 的右图（单通道灰度图）进行空域增强（直方图均衡化增强）与频域增强（傅里叶变换增强）后的结果。可以通过结果图直观地观测到：直方图均衡化操作提升了图像上像素值的对比度，使得图像看起来更清晰了；傅里叶变换增强提升了图像上的轮廓对比度，使得轮廓更清晰。

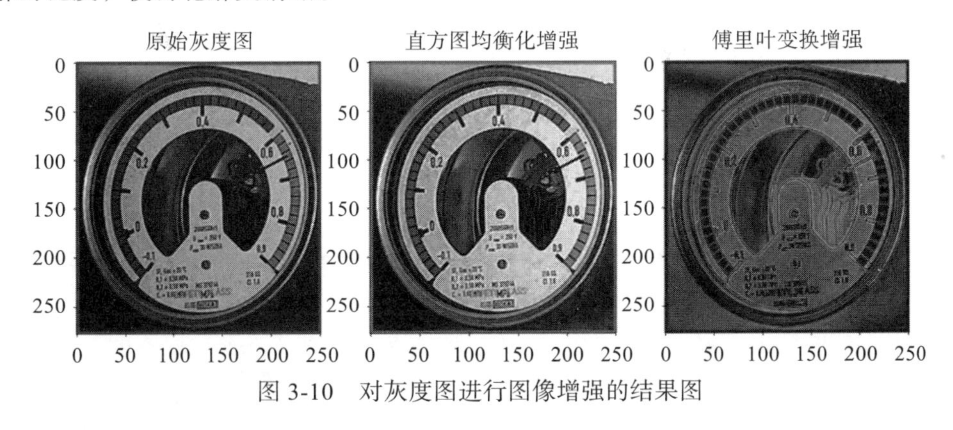

图 3-10　对灰度图进行图像增强的结果图

对应的 Python 实现代码，参考附件“9. 直方图均衡化与傅里叶变换进行图像增强”中。

2. 图像裁剪与拼接

图像裁剪与拼接是指将图像按照一定的规则进行分割（裁剪），将多个图像按照一定的方式组合（拼接）在一起。该技术的应用主要在以下几个方面。

（1）针对一定的图像目标进行裁剪与拼接

工业场景中常常需要对设备、产品或工件进行检测与识别，而有时候需要对图像进行分割或裁剪，以便更好地对其中的关键部分进行分析、识别或测量。

因此，图像裁剪与拼接技术的第一种用处是针对图像的不同目标，适配不同的功能，从而减少系统（或者程序）对目标进行不必要的检测与识别，降低需要的设备资源。

> “设备资源”泛指服务器、工控机、计算机等可以负载程序的设备。

如图 3-11 所示，假设针对这个视角的场景，对图像的左边区域需要得到详细的仪表读数，对图像右边的区域不需要读仪表读数。

图 3-11　示例场景

对于这个示例场景，就需要做图像裁剪与拼接，将图像裁剪成左右两份数据，然后分别处理。

（2）针对庞大的图像数据进行裁剪与拼接

工业领域中图像的应用，不仅仅是像图 3-11 所示的这样一个小视野，还会存在很大的视野图，而要从一个很大的视野图中进行检测与识别，就必须要使用图像裁剪与拼接技术。因此图像裁剪与拼接技术的第二种用处，就是对庞大的数据进行裁剪，减轻程序（或者系统）的加载负荷。

在这种场景中，对线扫图的处理是最为典型的应用场景。线扫图的工作原理是将一个线阵传感器沿着物体表面的一个方向移动，同时触发传感器获取沿着这个方向的一系列像素值，这些像素值被组合成一幅完整的图像。因此线扫图的分辨率是极大的，往往一张线扫图的存储空间可以达到几百 MB 甚至是几个 GB 大小，其图像的宽度（或者高度）可以达到几万甚至几十万像素。

对于这种图像处理，如果不进行裁剪，那么常规的计算机甚至服务器根本无法及时加载、解析与处理。主要的原因是常规的程序处理逻辑是将图像按照位图处理的，即图像的像素分辨率有多大，对应程序就需要加载与解析多少数据量的数值，那么对于一张含有几亿甚至是几十亿个像素值的图像，程序要快速完成图像加载与解析甚至检测等任务，显然设备是无法负荷的。

例 5：

假设有一张线扫图，图的宽度为 4000 像素，图的高度为 100000 像素。如果不对该图像进行裁剪处理，假设程序的处理逻辑是将数据作为 float32 类型的数据进行处理。说明：1 个 float32 数值占用 4 Byte，$1KB=2^{10}Byte$，$1MB=2^{10}KB$，$1GB=2^{10}MB$。

程序完成图像的加载，需要消耗的内存为

$$4000\times100000\times4=1600000000Byte\approx1.5GB$$

以常规的 SSD 固态硬盘为例，其读速为 500MB/s，那么在不考虑其他任何限制的情况下，光是从硬盘读出这些数据，就需要 3s。如果在这个基础上加上其他限制，如缓存、线程等，实际读取这样一张图像数据需要消耗的时间就接近 10s，甚至需要几十秒。

不同的技术栈，或同种技术栈不同的技术框架，对图像裁剪与拼接的处理原理、逻辑均是不一样的。以 Python 技术栈中应用很广的两种技术框架（OpenCV 与 Pillow）为例：OpenCV 的逻辑是将图像加载解析成数组结构（需要完全加载数据），图像裁剪与拼接均是基于数组的裁剪与拼接实现；而 Pillow 的逻辑则是解析地址符（仅读取部分内存地址，不用完全加载数据），图像的裁剪与拼接是通过对指向地址符的指针进行操作实现的。因此，在处理如线扫图这样比较庞大的图像数据时，一般优先选择 Pillow 技术框架，因为它的处理速度可以达到 OpenCV 的好几倍。此处因为篇幅原因不一一列举其他技术栈的框架，读者可以结合自己所使用或者感兴趣的技术栈去详细地了解。

---

3. 图像标注

图像标注在 AI 领域扮演着至关重要的角色，它不仅可以提供数据支持，还能够帮助机器学习模型理解和识别图像中的关键特征，从而实现工业自动化、智能化生产以及质量控制等目标。常用的图像标注方法与技术如下。

（1）Bounding Box（边界框）标注

边界框是最常见的图像标注形式之一，它用于标记图像中的目标对象的位置和大小。通过绘制矩形边界框来框出目标对象，从而提供对象的位置信息。

这种标注方式，最常用的工具是 LabelImg，它是一个开源的工具，其使用示例如图 3-12 所示（开源地址：https://github.com/HumanSignal/labelImg）。

（2）Polygon（多边形）标注

与边界框相比，多边形标注可以更精确地描述目标对象的形状，适用于那些不规则形状的目标。通过绘制多边形轮廓来标注目标对象，提供更准确的位置和形状信息。

这种标注方式常用的标注工具：LabelImg、LabelMe。其中 LabelMe 也是一个开源的工具，其开源地址为 https://github.com/labelmeai/labelm。其使用示例如图 3-13 所示。

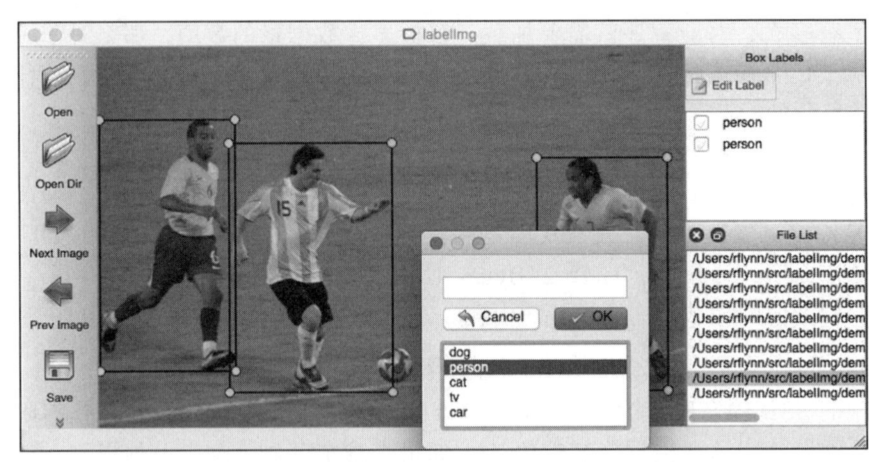

图 3-12　引用自开源项目的边界框标注示例

图 3-13　引用自开源项目的多边形标注示例

（3）Semantic Segmentation（语义分割）标注

语义分割将图像中的每个像素分配到特定的类别或语义标签中，从而实现对图像的像素级别分割和标注。这种标注方法适用于对图像中不同类别的像素进行区分和识别。

这种标注方式一般使用的标注工具为 LabelMe。其使用示例如图 3-14 所示。

（4）Instance Segmentation（实例分割）标注

实例分割在语义分割的基础上，进一步区分图像中不同目标对象的实例，并为每个实例分配唯一的标识符。这种标注方法可以实现对图像中多个目标对象的精确分割和标注。

这种标注方式一般使用的标注工具为 LabelMe。其使用示例如图 3-15 所示。

图 3-14　引用自开源项目的语义分割标注示例

图 3-15　引用自开源项目的实例分割标注示例

3.2.3　非图像类数据的处理

非图像类数据处理涉及多种数据类型和处理方法，包括但不限于时间序列数据、文本数据、数值数据等。非图像类数据处理的过程比图像类数据处理要稍微抽象，因为通过前面 3.2.2 节内容的介绍可以发现，图像类数据的处理基本都是基于可视化的条件进行的，而非图像类数据的处理，没有直观的可视化条件。

因此对非图像类数据的处理，就需要遵循一个刻板的、套路式的流程。

1. 数据清洗

数据清洗是指对原始数据进行处理，以发现和纠正数据中存在的问题、错误和不一致性的过程。原始数据可能受到多种因素的影响，如人为录入错误、设备故障、数据传输错误等，导致数据质量下降，进而影响后续分析和应用的可靠性和准确性。因此，数据清洗是数据处理的重要步骤，其目的在于提高数据的质量、准确性和可用性。

数据清洗通常包含以下几个步骤。

（1）数据审查

这一步主要是对数据的来源、结构、格式、规模等信息进行审查，以免混入文件层面的异常数据。

例6：

要对某一设备的运行日志数据进行清洗操作，该设备有多种日志，如传感器的日志、软件程序的日志、机械手的运行日志等。假设现在需要对设备上软件程序的日志进行清洗操作，且已经通过正规渠道获取到相关的日志。

那么，在进行数据清洗操作前，就需要先对数据进行审查：

①数据来源审查。不论什么样是设备，其日志均会记录对应的设备唯一标识信息，因此要通过对设备唯一标识信息进行审查，确保日志数据均来自目标设备的日志，且属于同一种日志，既没有将传感器的日志或者机械手的运行日志混杂在其中，也没有其他设备的日志混杂在其中。

②审查数据结构与格式。有的时候日志会记录下调试的信息，即不是正常的运行日志。这种情况下日志的结构或者格式会有很大的不一样，比如软件程序的运行日志一般具有“running”字样，而调试的日志一般具有“Debug”字样。因此，这种情况下只有通过对日志内部的数据结构、格式进行审查才能筛选出异常的数据。

（2）识别问题

这一步主要是识别数据中存在什么样的问题。大部分的数据最容易出现的问题就是缺失数值、异常数值、重复值、格式错误等。这些问题有时候是人为输入错误造成的，有时候是信息传输异常造成的，也有时候确实是因为设备本身故障或者异常造成的。

（3）处理问题数据

这一步即针对识别出的问题，进行相应的处理。如针对缺失值的情况，可以采取填充数据，或者插值数据，或者删除对应数据。对于异常数值的问题，可以进行数值修正，或者删除对应数据。对于重复值，可以选择合并数据或者删除数据。

（4）数据转换

有时候同一数据来源也可能包含多种数据类型、单位等，因此此步骤是要将不同类型的数据转换为同一类型，将不同单位的数据转换到同一单位上。

（5）数据整合

数据整合的目的是将经过前面步骤处理的已经合格的数据整合到一起，方便进行后续的管理、应用与分析（对于此处的“数据整合”可以近似理解为对文档进行分类管理）。

2. 数据标注

对非图像类数据进行标注是为了将非结构化或半结构化的数据转换为结构化数据，并为数据添加标签或标记，以便进一步分析和应用。这种标注过程涉及对文本、音频、视频、时间序列等非图像类数据进行解释、分类、注释或标记等操作。

（1）数据收集与预处理

所有数据处理的第一步都是数据收集与数据预处理，此处不再赘述。

（2）确定标注的任务类型

例如，NLP 中常见的任务类型包括：文本分类、实体识别、情感分析、语音识别等。

1）文本分类：

- 文本分类的目标是将给定的文本分配到预定义的类别或标签中。如通常每个人在浏览网页新闻时都会关注一个栏目，如“时政要闻”“体育新闻”等标签，这就是文本分类的应用。
- 主要关注文本的整体含义和内容，而不是文本中的具体实体或情感。
- 典型的文本分类任务包括垃圾邮件识别、情感分类、新闻分类等。

2）实体识别：

- 实体识别的目标是从文本中识别出具有特定含义的实体，如人名、地名、组织机构等。
- 重点关注文本中的命名实体及其上下文之间的关系。
- 典型的实体识别任务包括命名实体识别、关系抽取等。

3）情感分析：

- 情感分析的目的是确定文本中所表达的情感倾向，通常分为积极、消极或中性。例如：“你真好”是积极的情感倾向；“你好讨厌”是消极的情感倾向。
- 侧重于理解文本作者或话语者的情感态度和情绪状态。
- 典型的情感分析任务包括情感极性分类、情感强度分析等。

4）语音识别：

- 语音识别任务涉及将从语音信号中提取的语音信息转换为文本或命令。这类应用现在特别常见，如微信的语音转文字功能就是一个语音识别应用。
- 通过识别语音中的语音单位（音素、单词等）来理解和转录语音内容。
- 典型的语音识别任务包括语音转文本、语音指令识别等。

此处仅详细介绍了 NLP 相关的任务类型，但是非图像类数据的任务类型并不局限于 NLP 领域，还包含其他的一些数值类的数据标注，如传感器数据、气象数据、金融数据等。

（3）数据标注

对非图像类数据进行标注，下面将介绍几种常见的方法。

- 文本标注

文本标注包括：实体命名，主要是标注出文本中的命名实体，如人名、地名、组织机构等；文本分类，主要是对文本数据划分到预定义的类别中；情感分析，这是一种特殊的文本分类。这些任务常用的标注工具有 rasa-nlu-trainer、Label-Studio，它们是开源免费的标注工具，既可以进行实体命名标注又可以进行文本分类标注。其操作示例如图 3-16 所示。

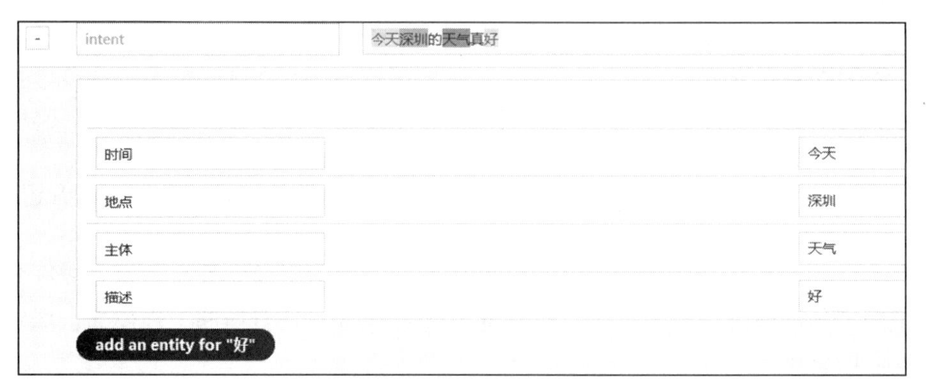

图 3-16　rasa-nlu-trainer 操作示例

❑ 音频标注

音频标注需要对音频数据中的特定信息、特征进行标记或分类，其中也包含情感分析，除此之外最基本的就是语言识别。该任务需要在标注工具中加载音频数据，逐句听取语音内容，并将听到的内容转录为文本形式。标注人员需要准确理解语音内容，并确保转录的文本与语音内容一致。常用的标注工具有 Label Studio、ELAN 等。其操作示例如图 3-17 所示。

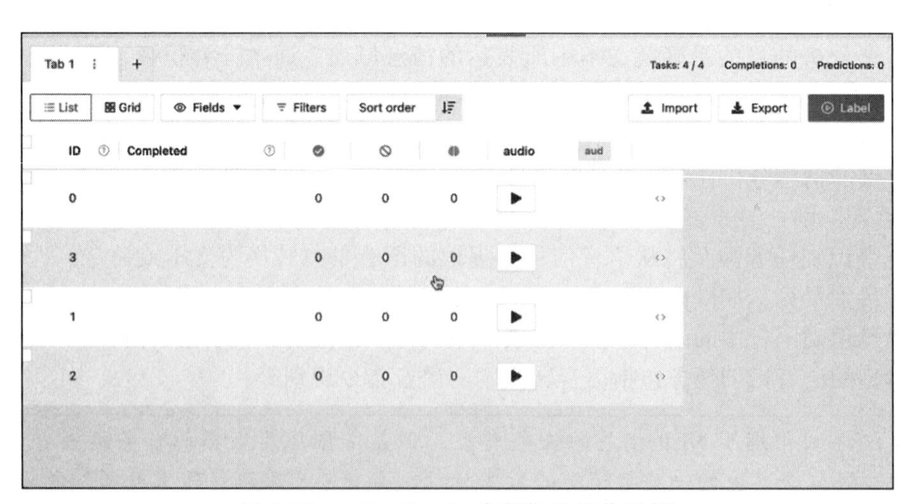

图 3-17　Label Studio 音频标注操作示例

❑ 其他数据标注

在工业领域，传感器数据是一种非常重要的非图像数据类型。这些数据通常来自各种传感器，如温度传感器、压力传感器、湿度传感器、振动传感器等，用于监测和记录工业设备的状态与环境参数。传感器数据通常以时间序列的形式进行记录，每个时间点对应一个或多个传感器的测量值。对这种含有一定时序的数据进行标注，一般是标注不同的生产阶段或参数状态，即对时序数据进行分段，并将每一段数据分配到预定义的类别、标签中。一个示例数据演示图如图 3-18 所示。

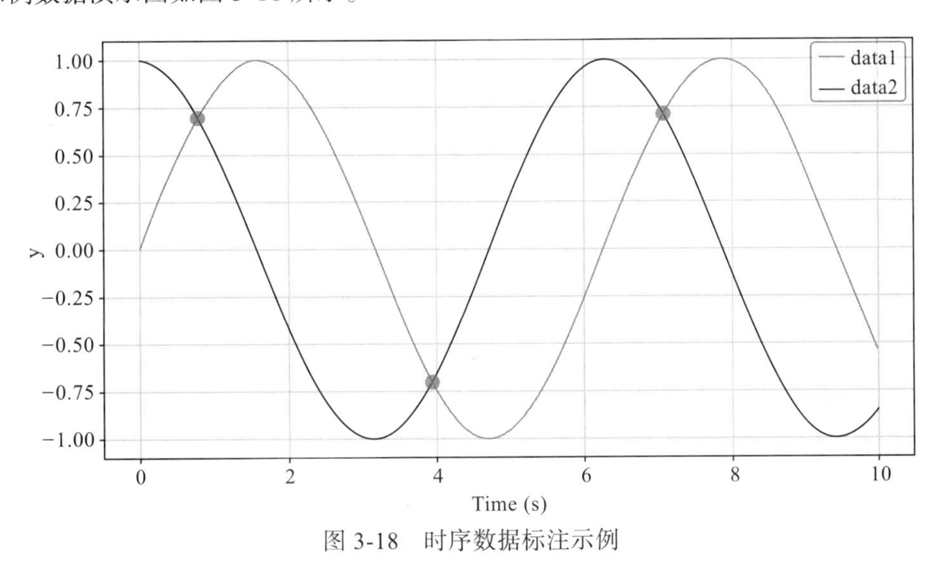

图 3-18　时序数据标注示例

在图 3-18 所示的演示数据中，两两黑点之间的数据段即为一个类别（标签）。

3. 数据标准化

当完成数据标注后，还需要进行最后一个步骤，即数据标准化。要进行数据标准化处理的原因包括以下几个方面。

（1）消除量纲影响

在非图像类数据中，不同特征可能具有不同的量纲和数值范围。例如，在一个数据集中，一个特征（某一个传感器数据）的数值范围可能是 0 到 100，而另一个特征（另一个传感器）的数值范围可能是 −1000 到 1000。如果不对这些数据进行标准化，那么具有较大数值范围的特征可能会对模型的训练产生更大的影响，从而导致模型的性能不稳定。

（2）提高模型收敛速度

某些机器学习模型，尤其是基于梯度下降的模型，对于输入数据的尺度非常敏感。如果特征的尺度不一致，则可能会导致模型收敛速度变慢，甚至无法收敛。通过数据标准化，可以将所有特征的尺度调整到相似的范围，有助于模型更快地收敛。

（3）增加模型的稳定性和可解释性

数据标准化可以使得数据更加稳定，减少特征之间的相关性和共线性。这样可以提高模型的稳定性，降低过拟合的风险，同时也使得模型更容易解释，更好地理解特征对输出的影响。

（4）提高模型的性能

在某些情况下，对数据进行标准化可以带来更好的模型性能。例如，在某些基于距离度量的算法（如KNN、SVM等）中，标准化可以使得不同特征对距离的贡献更加均衡，从而提高模型的预测性能。

例7：

A、B两人共同经营某一个项目，A投入的成本为10万元，B投入的成本为20万元。现在这个项目有60万纯利润需要A和B分红。使用对应AI相关模型的“学习”概念来进行分红的计算。

- 如果不进行数据标准化，那就需要不停地调整*R*_A、*R*_B（分别代表A与B应该分得的利润），直到*R*_A、*R*_B与A、B投入的成本成正比为止。
- 如果进行数据标准化，那么就可以得知A、B的投入比为1∶2，那么对于60万纯利润，可以按照该比例轻松计算得出A、B应分得的利润分别为20万与40万。

3.3 如何进行模型调整与结果评估

在机器学习模型的训练过程中，模型调整和结果评估是至关重要的步骤。这一阶段涉及对模型的参数进行调整，以使其在给定的数据集上达到最佳性能，并且对模型进行全面的评估，以确保其在实际应用中的有效性和可靠性。

3.3.1 结合应用场景与需求平衡模型性能

在工业应用中，如何平衡模型的性能与应用场景的需求是一个至关重要的问题。工业领域的应用场景通常具有复杂多变的特点，需要考虑诸多因素，如数据质量、实时性、可靠性、成本效益等。因此，在设计和部署深度学习模型时，必须根据具体的应用场景和需求，灵活调整模型的性能和功能，以确保模型能够在实际生产环境中稳定可靠地运行，并且能够有效地解决实际问题。

首先，工业应用中需要充分考虑数据的质量和可靠性。由于工业数据往往来源于各种传感器和设备，可能存在噪声、缺失值、异常值等问题，因此在建模前需要对数据进行充分的清洗和预处理，以提高模型的稳定性和准确性。此外，还需要考虑数据的时效性，及时更新和处理数据，以保证模型的实时性和可靠性。

其次，工业应用中需要根据具体的应用场景和需求选择合适的模型与算法（参考3.1.2节的内容）。不同的应用场景可能需要不同类型的模型，如分类模型、回归模型、聚类模型等。在选择模型时，需要考虑模型的复杂度、训练和推理速度、内存消耗等因素，以确保模型能够在资源有限的环境中高效运行，并且能够满足实际应用的需求。

另外，工业应用中还需要考虑模型的可解释性和可控性。工业生产过程中往往涉及安全性、稳定性等重要因素，因此模型的决策过程需要能够被理解和解释，以便工程师和操作人员能够及时调整和优化生产过程。同时，模型的输出结果也需要能够被可视化和监控，以便及时发现和处理异常情况。

最后，工业应用中还需要考虑模型的部署和维护成本。工业生产环境通常具有复杂多样的设备和系统，模型的部署和集成需要考虑到现有系统的兼容性与稳定性，以及部署和维护的成本与风险。因此，在设计模型时需要充分考虑部署和维护的条件与成本，尽量降低对现有系统的影响，提高模型的可维护性和可扩展性。

例 8：

假设要解决的需求是工业生产中的故障预测与维护优化。在许多工厂中，机器设备的故障可能会导致生产中断和成本增加，因此及时发现和预防设备故障是非常重要的。为了解决这个问题，需要设计一个机器学习模型，根据设备的传感器数据来预测设备的故障，并提供维护优化建议。

对于该案例，进行模型的性能与应用场景的需求平衡操作如下：

❑ 数据质量与实时性

首先需要确保采集到的传感器数据具有高质量和高可靠性，以提高模型的准确性和可靠性。同时，由于设备故障可能会发生在任何时刻，因此需要保证数据的实时性，及时发现和预测设备故障。

❑ 模型选择与训练速度

针对故障预测问题可以选择适合的模型，如支持向量机（SVM）、随机森林（Random Forest）等。在选择模型时，需要考虑模型的复杂度和训练速度，以及模型在实际应用中的性能表现。

❑ 模型解释性与可控性

选择具有较好解释性的模型，如决策树（Decision Tree）或逻辑回归（Logistic Regression），以便工程师和操作人员能够理解模型的预测结果，并及时调整生产过程。

❑ 部署成本与维护便利性

最后需要考虑模型的部署和维护成本。在实际应用中，模型需要部署到生产现场，并与现有的生产系统进行集成。因此，需要选择部署成本较低、维护便利的模型，并且考虑到模型的更新和优化成本，以保证模型能够长期稳定地运行。

3.3.2 什么样的模型是合格的

一个合格的模型需要具备一系列特征和性能表现，以满足实际生产环境的需求并有效解决相关问题。以下是一个合格工业模型的特点和要求。

（1）准确性和可靠性

模型必须具备高准确性和可靠性，以确保其预测结果和决策能够在实际生产中产生积极的影响。在工业应用中，即使是小幅度的错误也可能导致重大损失，因此模型的准确性至关重要（在工业应用中，模型的准确率要求一般要达到 98% 以上）。

（2）实时性和高效性

工业生产环境通常是一个动态的系统，需要即时响应和快速决策。因此，合格的模型需要具备快速的推理速度和实时性，能够在短时间内处理大量数据并生成有效的输出（工业生成环境中对响应速度的要求一般以微秒或者毫秒为单位)。

(3)可解释性和透明性

工业生产涉及人的生命安全和财产安全，因此模型的决策过程必须是可解释的和透明的，能够让工程师和操作人员理解模型的推理过程和决策依据。这有助于增强人的信任和对模型的接受度，并能够及时调整生产过程。

(4)稳定性和鲁棒性

合格的模型需要具备稳定性和鲁棒性，能够在不同环境和条件下保持良好的性能表现。模型需要能够应对数据质量不佳、噪声干扰、设备故障等各种不确定性因素，并产生稳定可靠的输出结果。

(5)可部署性和可维护性

模型的部署和维护成本应该尽可能低，并且模型的更新和优化过程应该简单方便。合格的模型需要能够轻松地部署到生产环境中，并且能够持续稳定地运行，为生产过程提供可靠的支持。

(6)成本效益和可扩展性

在工业应用中，模型的成本效益和可扩展性也是非常重要的考量因素。模型的开发和部署成本应该合理，并且模型应该能够满足生产规模的变化和业务需求的扩展。

3.3.3 如何调整使模型趋于合格

要调整模型使模型趋于合格一般有 3 个方向，一是调整数据集；二是调整参数；三是微调模型结构。这 3 个步骤是按序执行的。

(1)调整数据集

需要先确认数据集还有没有改善空间，如是否有条件增加数据集、提升数据集的质量。一般在工业应用中，最大的问题是数据集的质量问题，即数据集的正负样本不平衡。

如图 3-19 所示，笔者在一个印刷电路板(Printed Circuit Board，PCB)检测的项目中，利用模型对锡焊点的异常进行检测并得到前后对比效果。左边为训练数据集的数量为 300 条时得到的模型的工作效果，右边为训练数据集的数量增加到 500 条时得到的模型的工作效果。

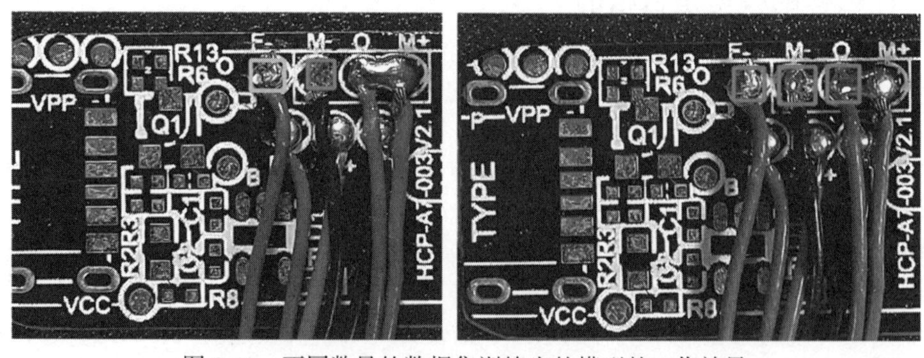

图 3-19 不同数量的数据集训练出的模型的工作效果

模型遇到正负样本不平衡的问题时，就会变得只能解决正向的问题，不能解决逆向的问题。这就好比大学生理论知识很强，但是没有学习如何应用这些理论知识，因此刚开始工作时解决问题会存在一定局限。

（2）调整参数

如果第一步的操作完成后，模型还未趋于合格，那么第二步操作就是对模型的参数进行调整。一般需要调整模型的学习率、训练次数等超参数，目的是使模型多学习几次或者学习得再细致点，以达到预期的效果。

在图3-19的右图中，通过增加数据集取得了效果上的提升，但是仔细观察发现还是有一个焊点没有被检测到。因此再调整模型训练相关的参数，最终得到的效果图如图3-20所示。

调整模型的参数一般采用的方法：

- 增加学习次数。很多时候模型效果不好是由于模型学习的次数少，导致没能“学有所成”。
- 如果增加学习次数没有效果或者效果不大，那么就需要试着降低学习率。
- 经过上述两方法都没有很好地改善效果，那么就需要增加损失增益，简单理解就是加大对模型学习不好的惩罚。

图3-20　调整模型训练参数后模型的工作效果

（3）微调模型结构

如果通过上述两步均无法取得好的效果，那么就要进行第三步的操作——微调模型结构。这一步骤往往对专业性要求更高，它需要工程师去详细地分析问题出现的点（哪个地方导致模型学习的知识遗漏，或者哪个地方导致模型陷入困境），然后根据实际的问题去修改模型的结构。

CHAPTER 4

第4章 多模态数据处理

随着工业4.0时代的到来，工业领域正经历着前所未有的变革与转型。在这个数字化、智能化的时代，工厂不再只是简单地进行生产，而是成为充满智慧与创新的生产中心。多模态内容处理技术在工业行业的应用，不仅提升了生产效率与质量，还为工厂带来了更高的智能化水平和竞争力。工业行业的生产过程涉及大量的视觉、声音、文本等多模态内容。其中，图像识别、声音识别、文本识别等技术在工业生产中发挥着重要作用。比如，在工厂的生产线上，通过摄像头拍摄的图像可以用于产品质量检测与缺陷识别；通过声音传感器采集到的声音数据可以用于设备故障诊断与预测；通过文本信息的分析，可以进行生产计划的优化与调整等。这些多模态内容的处理和分析，为工业生产提供了全方位的信息支持和决策依据。

工业领域的多模态内容处理不仅需要处理不同形式的数据，还需要将这些数据进行有效整合与融合，以提供更加全面和准确的信息支持。同时，工业环境下的数据往往具有复杂性、实时性和大规模性等特点，对多模态内容处理技术提出了更高的要求。因此，如何有效处理和利用工业领域的多模态内容，成为工业企业面临的重要挑战之一。

针对工业领域的多模态内容处理需求，研究人员提出了许多有效的技术与方法。其中，深度学习、迁移学习、跨模态学习等技术被广泛应用于工业生产中的多模态内容处理。通过建立多模态数据的表示与融合模型，可以实现图像、声音、文本等不同形式数据之间的有效关联与协同处理，为工业生产提供更加智能化和高效化的解决方案。

本章主要涉及的知识点：

- ❑ 不同信息源的信息融合。
- ❑ 多模态学习。
- ❑ 多模态感知。

4.1 如何融合不同信息源的信息

在实际工业应用中常常需要从多个不同的信息源获取数据和信息，这些信息源可能包括传感器数据、历史数据库、人工采集数据、外部API等。将这些不同信息源的信息进行融合，可以帮助用户（或者工程师）更全面地理解工业系统的运行状态、趋势和异常情况，为决策和优化提供更可靠的依据。

信息融合的过程包括数据采集、预处理、特征提取、数据融合等步骤。首先需要从不同的信息源中采集数据，并对数据进行预处理，包括数据清洗、去噪、归一化等操作，以确保数据的质量和一致性（这些步骤在第 3 章中有介绍，本章不再赘述）。然后针对具体的应用场景提取相关的特征，如时间序列特征、空间特征、频域特征等，以更好地描述数据的特征和规律。最后利用各种数据融合技术，将不同来源的数据进行整合和融合，得到更全面、准确的信息。

从数据类型的角度进行区分，可以将信息融合分为几种情况：传感器数据融合、传感器数据与图像数据融合、图像融合。

4.1.1　不同类型的传感器数据融合

传感器数据融合是指将来自不同传感器的数据进行整合与分析，以获取更全面、准确的信息。这种融合可以帮助人们综合考虑多个方面的信息，更全面地了解生产过程或者设备运行过程的状态和变化，从而进行更有效的生产调度、设备维护和质量控制等。

常见的传感器类型包括温度传感器、压力传感器、湿度传感器、加速度传感器、振动传感器等。这些传感器可以监测生产过程中的各种物理量和环境参数，提供丰富的数据信息，帮助系统实时监测设备状态、生产过程以及环境条件，从而实现生产过程的监控、优化和控制。

以温度传感器和湿度传感器为例，这两种传感器通常用于监测生产环境中的温湿度情况。温度传感器负责监测环境的温度变化，而湿度传感器则负责监测环境的湿度变化。通过对这两种传感器的数据进行融合，可以更全面地了解生产环境的状态。例如，在高温高湿的环境下，可能会导致某些设备的性能下降或者产生故障，因此及时采取措施来调整环境条件或者对设备进行维护就显得尤为重要。

当对不同类型的传感器数据进行数据融合时，融合实现的方式有多种。

1. 加权平均法

对于同一物理量的多个传感器采集的数据，可以根据其准确性和稳定性等因素给予不同的权重，然后对数据进行加权平均。加权平均法适用于需要考虑传感器准确性和可靠性的场景。

例 1：

在一个工业生产过程中，需要监测环境温度。为了获得准确的温度数据，安装了三个不同型号的温度传感器：传感器 A、传感器 B 和传感器 C。这三个传感器各有其优点和缺点，比如传感器 A 的准确性较高，但稳定性较差；传感器 B 的准确性和稳定性都较好，但价格较高；传感器 C 的准确性较低，但稳定性较好且价格较便宜。

为了综合利用这三个传感器的数据，可以采用加权平均法进行数据融合。首先，根据各个传感器的特点和性能，为每个传感器分配一个权重值。假设权重值分别为 0.4、0.5 和 0.1，表示传感器 A、B 和 C 的重要程度。然后，将每个传感器采集到的温度数据乘以相应的权重，并将加权后的数据进行求和，得到最终的温度值。

如果传感器A、B和C采集到的温度数据分别为25℃、24.5℃和26℃，则根据权重值进行加权平均计算：

$$(25℃ \times 0.4)+(24.5℃ \times 0.5)+(26℃ \times 0.1) \approx 24.9℃$$

经过加权平均法融合后，最终得到的温度值约为24.9℃。这样，就充分利用了多个传感器的信息，得到了更准确和可靠的温度数据。

2. 融合滤波

融合滤波是指利用滤波器对不同传感器采集的数据进行融合和处理。常见的滤波器包括卡尔曼滤波器、粒子滤波器等。融合滤波法可以结合传感器数据的动态变化和测量误差，实现更准确和稳定的融合结果。

例2：

在一个工业机器人中，需要对机器人的位置进行实时监测和控制。为了获取机器人的位置信息，安装了两个不同类型的传感器：惯性测量单元（IMU）和全球定位系统（GPS）。IMU传感器可以提供高频率的姿态和加速度数据，但存在漂移和噪声；而GPS传感器可以提供绝对位置信息，但精度较低且受环境干扰影响较大。

为了综合利用这两种传感器的信息，可以采用融合滤波法进行数据融合和处理。此处以扩展卡尔曼滤波器为例进行说明。

首先，IMU传感器和GPS传感器分别采集机器人的姿态、加速度和位置数据。然后，利用扩展卡尔曼滤波器将这两种数据融合起来，得到机器人的最优位置估计。扩展卡尔曼滤波器通过建立机器人的动态模型和观测模型，并结合传感器数据的测量噪声和系统误差，进行状态估计和滤波处理。

如果IMU传感器提供的姿态和加速度数据表明机器人正在做直线运动，而GPS传感器提供的位置数据表明机器人当前位于某个坐标点，那么扩展卡尔曼滤波器可以利用这两种信息进行状态更新，得到机器人更准确的位置估计，如图4-1所示。

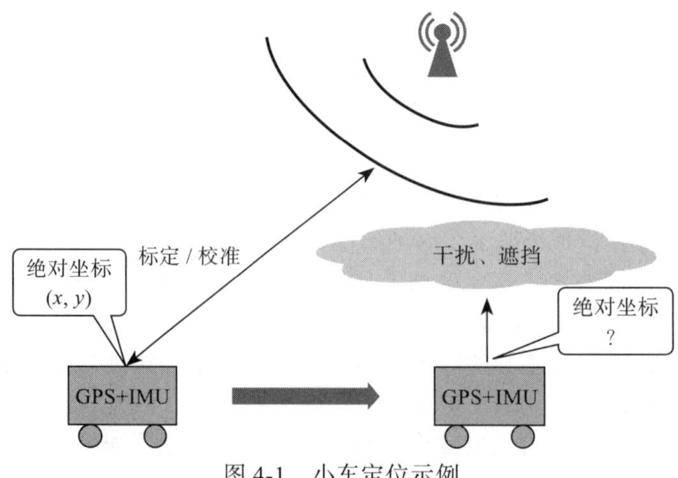

图4-1 小车定位示例

将上面描述的过程简化为一维可视化数据来替代展示，如图 4-2 所示。其中，假设 D1 为 IMU 的数据，频率快（周期短）；假设 D2 为 GPS 的数据，精度低（即周期大）。将两个数据进行扩展卡尔曼滤波融合得到 D3，就可以根据 D3 推算出更加精准的位置。

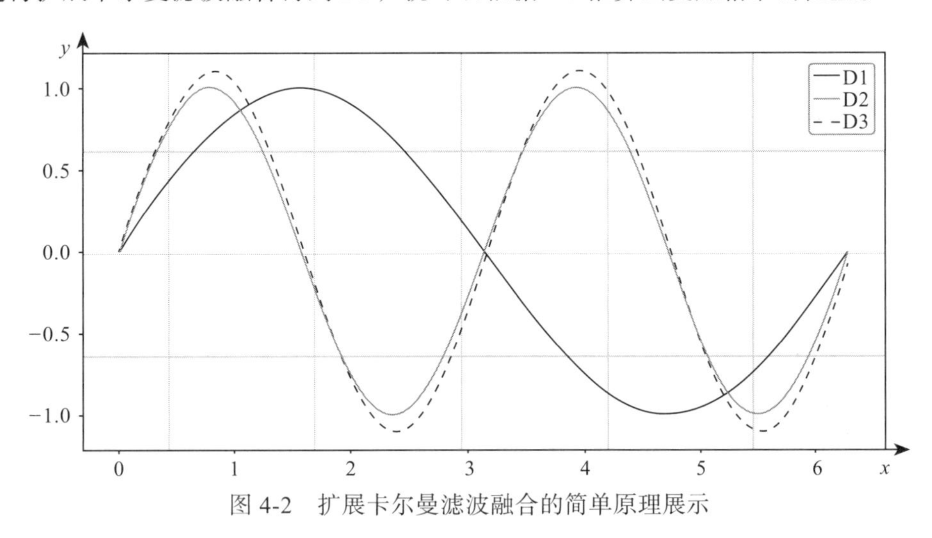

图 4-2　扩展卡尔曼滤波融合的简单原理展示

由于 IMU 与 GPS 提供的数据量纲不一样，因此图 4-2 使用的数据为默认经过预处理的数据，可以对齐量纲。另外，扩展卡尔曼滤波在应用的过程中有很多参数需要调整，比如状态转移矩阵、噪声协方差矩阵等，因此图 4-2 不具有唯一性，仅用于示意。

---

3. 决策融合

决策融合是指通过建立一系列的决策规则或逻辑，根据不同传感器数据的状态和特征进行判断与决策，最终得出融合后的结果。决策融合法适用于需要进行复杂判断和决策的场景，如环境控制、异常检测、故障诊断等。

例 3：

有一个环境控制系统，其中包含多种传感器，如温度传感器、湿度传感器、人体感应传感器等。系统的目标是根据这些传感器的数据来自动调节实验室环境，以提供合格舒适的操作环境。

在这个环境控制系统中可以使用决策融合法来综合考虑不同传感器的数据，以做出适当的调节决策。假设环境控制系统中如下有 3 个传感器：

- 温度传感器：负责测量实验室的室内温度。
- 湿度传感器：负责测量实验室的室内湿度。
- 人体感应传感器：负责检测是否有人在实验室内。

（1）决策融合设计

- 当温度传感器检测到室内温度过高时，系统可以控制空调进行降温。
- 当湿度传感器检测到室内湿度过高时，系统可以开启除湿器进行除湿。

- 当人体感应传感器检测到有人在实验室内时，系统可以根据人体活动的状态调节温度和湿度。

（2）决策融合逻辑

为了做出最终的调节决策，可以制定一系列决策规则或逻辑，例如：

- 如果温度过高且湿度适中，则降温。
- 如果湿度过高，则进行除湿。
- 如果有人在实验室内且温度适中，则保持温度不变。
- 如果没有人在实验内，则根据预设的节能模式进行温度和湿度的调节。

（3）决策融合的实现

通过编程实现这些决策规则或逻辑从而实现决策融合。系统会根据传感器数据的状态和特征来判断当前实验室的环境状况，并基于预先设定的决策规则进行调节决策。最终，环境控制系统会根据决策融合的结果自动执行相应的操作，以提供更好的环境。

4. 神经网络融合

利用神经网络模型对不同传感器采集的数据进行端到端的学习和融合，通过网络自动学习和提取数据之间的相关特征，实现数据的有效融合。神经网络融合法适用于复杂的数据融合场景，可以处理大规模和高维度的传感器数据。这种方法大部分时候是用于解决图像与非图像数据融合的手段（详细的内容参考4.1.2节）。

例4：

有一个物流中心的运载机器人监控系统，其中包含多个传感器，包括摄像头、雷达和车载传感器。系统的目标是对场地内的运载机器人工作情况进行实时监控和预测，以便工单下发和提高场地安全性。

说明：一般大的开阔场地内会有各种不同型号的机器人协同工作，有的机器人是无人操作的，有的机器人是人工操作的，有的机器人是远程控制操作的。

在这个智能监控系统中可以利用神经网络融合法来将来自不同传感器的数据进行端到端的学习和融合，以实现更准确的场地工作情况分析和预测。假设智能监控系统中有如下三种传感器：

- 摄像头：负责捕捉场地内关键地方的图像数据，包括机器人、工作人员的位置和运动方向。
- 雷达：负责检测机器人的速度和距离信息。
- 车载传感器：负责监测机器人的加速度、转向角度、姿态状态。

（1）神经网络融合设计

设计一个端到端的神经网络模型，该模型可以自动学习和提取数据之间的相关特征。在神经网络中使用卷积神经网络（CNN）、循环神经网络（RNN）等结构，以处理图像数据和时间序列数据，并进行特征融合。

训练神经网络模型，使其能够根据传感器数据的特征进行场地内工作情况的分析和预测。使用训练好的神经网络模型在线实时对新的传感器数据进行分析和预测，并根据预测结果进行机器人工单下发流程的优化。

（2）神经网络融合的实现

通过使用深度学习框架（如 TensorFlow 或 PyTorch）实现上述神经网络模型，并利用大量的数据进行训练。神经网络可以通过学习传感器数据之间的复杂关系和模式来提高场地内工作情况的分析和预测的准确性。最终，智能监控系统可以实现对机器人工单下发流程的调整，避免机器人与人发生事故，节省机器人的总电力消耗，提升场地内工作的效率等。

5. 特征融合

将不同传感器采集的数据转化为特征向量，并将这些特征向量进行融合。特征融合法可以通过提取和融合传感器数据的特征信息，实现对目标状态的更全面和准确的描述。

例 5：

在工厂生产线上有多个传感器用于监测生产过程中的各种参数，如温度、压力、湿度、振动等。通过实时监测这些数据来关注生产过程中是否存在异常或缺陷。

考虑来自不同传感器的数据，实现对生产过程的全面监控和质量评估，具体步骤如下：

①数据采集与预处理：从各个传感器获取数据，并进行预处理，包括滤波、降噪（或称“去噪”）、数据清洗等操作，确保数据质量和一致性。

②特征提取：对于每个传感器数据，提取与质量相关的特征。例如，温度传感器可以提取温度的平均值、标准差、四分位数；压力传感器可以提取压力的峰值、波形变化等特征。

③特征融合：将从各个传感器提取的特征向量进行融合，形成一个综合的特征向量。既可以使用简单的方法，如拼接，也可以使用更复杂的方法，如主成分分析（PCA）或神经网络融合。

④异常检测与质量评估：使用监督学习或无监督学习方法，训练模型对生产过程中的异常进行检测，或者对产品的质量进行评估。模型可以基于历史数据进行训练，也可以结合实时数据进行在线学习和优化。

⑤实时监控与反馈：将训练好的模型部署到智能制造系统中，实时监控生产过程中的数据，并根据模型的预测结果提供反馈。如果检测到异常或质量问题，系统可以自动触发警报或调整生产参数，以及时纠正问题并保证产品质量。

通过特征融合，系统可以综合考虑多个传感器的数据，实现对生产过程的全面监控和质量管理，提高产品的合格率和生产效率，降低质量问题的风险和成本（特征融合可以理解为将前面介绍的 4 种数据融合方式进行糅合应用）。

4.1.2 传感器数据与图像数据融合

将传感器数据和图像数据进行有效的整合及利用，以提供更全面、准确和丰富的信息，从而实现各种应用的需求。

传感器数据提供了环境的物理参数，如温度、湿度、压力、距离等，具有实时性和精确度高的特点；而图像数据则提供了丰富的视觉信息，包括物体的形状、颜色、纹理等，具有直观性和信息量大的特点。传感器数据与图像数据融合的过程，就是将这两种类型的数据进行有效的整合及利用，以实现更全面、准确和丰富的信息提取和分析。

传感器数据与图像数据融合在各种领域中都有重要的作用，如智能交通、工业自动化、医疗诊断等。在智能交通中，通过融合车载摄像头和车载传感器数据，可以实现车辆的智能驾驶和交通管理；在工业自动化中，将传感器数据与工厂中的监控摄像头数据融合，可以实现智能制造和生产过程的实时监控；在医疗诊断中，结合医疗传感器数据和医学影像数据，可以实现疾病的早期诊断和治疗。

传感器数据与图像数据融合的作用是充分发挥两者的优势，提供更全面、准确和丰富的信息，为各种应用提供更有效的支持和保障。常见的融合算法有多种，下面逐一介绍。

1. 特征提取与融合

分别从传感器数据和图像数据中提取特征，然后将这些特征融合，得到更丰富和全面的信息。

例 6：

有一组温度传感器数据和相应的数字图像数据，那么可以从传感器数据中提取平均温度和温度变化率等特征，从图像数据中提取颜色直方图和纹理特征。然后将这些特征进行融合，例如，通过将各个特征向量连接在一起形成一个更大的特征向量，或者使用一种特定的融合算法（如主成分分析、集成学习等）将其融合成一个综合性更强的特征向量。最终利用融合后的特征来训练机器学习模型或进行其他数据分析任务，以实现更准确、全面的信息提取和数据分析。

一个简单的使用特征融合技术进行数据分类的示例如图 4-3 所示（具体采用的是特征融合中的特征拼接方法）。左上为根据 X 维度信息进行分类的结果；右上为根据 Y 维度信息进行分类的结果；下方的图为融合 X 维度与 Y 维度信息进行分类的结果。

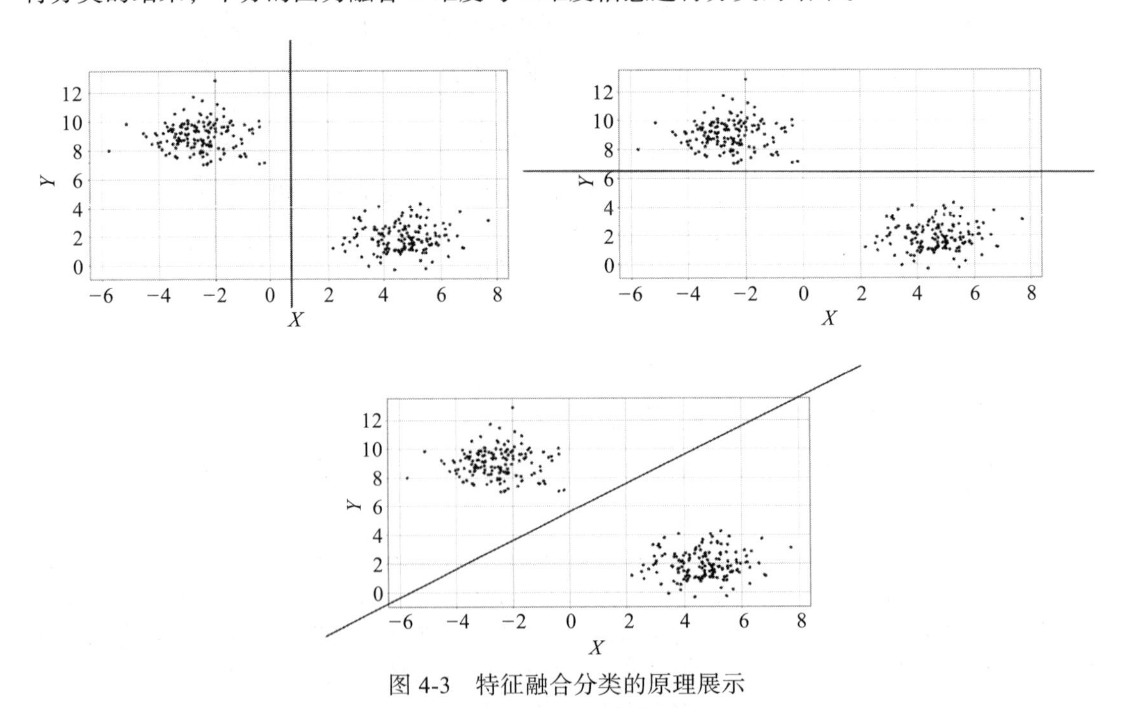

图 4-3　特征融合分类的原理展示

2. 多模态融合模型

设计多模态融合模型，可以同时处理传感器数据和图像数据，并通过神经网络等方法将它们进行有效的融合。模态融合模型的设计目标是利用传感器数据和图像数据的互补性信息，提高模型的性能和泛化能力。通过综合利用不同数据源的信息，多模态融合模型能够更好地理解和解释复杂的现实场景，从而实现更准确、更稳健的数据分析和决策。

多模态融合模型通常由多个子模型组成，每个子模型负责处理一个特定类型的数据。例如，一个子模型可以处理传感器数据，另一个子模型可以处理图像数据。然后，通过神经网络或其他融合技术，将不同子模型的输出进行融合，得到最终的预测结果。在训练过程中，模型可以利用端到端的学习方法，通过反向传播算法优化整个模型的参数，以最大化预测的准确性。一个简单的多模态融合模型的网络结构示意图如图 4-4 所示。

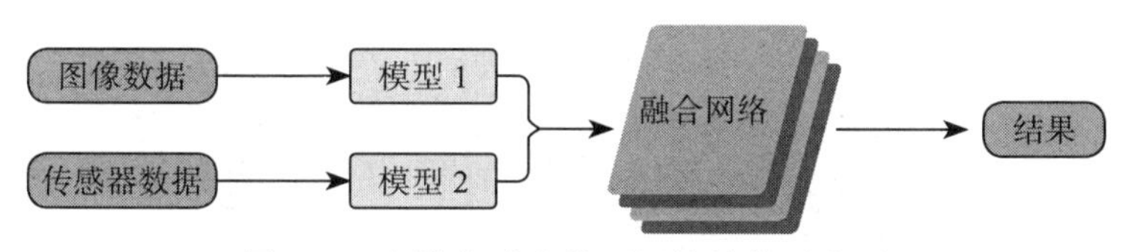

图 4-4　多模态融合模型网络结构示意图

3. 数据融合算法

应用数据融合算法，通过加权融合、决策融合等技术，将传感器数据和图像数据进行有效的融合，得到更可靠和准确的结果。

数据融合算法在工业中的一种典型应用是通过测距传感器的数据与图像数据融合，得到一个深度图，既包含物体的形状、颜色、纹理，也包括立体的信息，如高度或者距离。

例 7：

以半导体晶圆制造为例，在半导体晶圆切割的过程中，由于工艺或者其他原因，得到的晶圆并不是一个平整的面，往往晶圆都是有一定翘曲的（翘曲大的高度落差有几十微米，翘曲小的有几微米甚至几十纳米）。但是在半导体的芯片制作过程中要求的精度十分高，往往需要精确到微米、纳米级，这就使得在芯片工艺过程中，需要准确知道晶圆不同位置的高度。如图 4-5 所示，在比较精细的场景中，几微米的高度落差就会对设计的尺寸造成很大的影响。

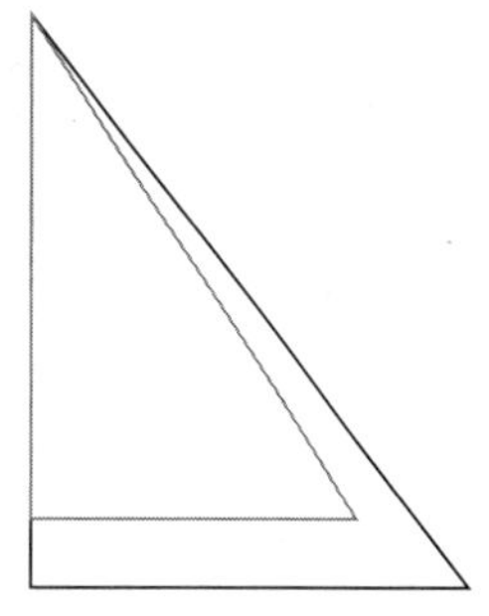

图 4-5　高度落差对平面尺寸的影响

在常规的技术手段中没有对应方案能够捕捉到这么微小的物理量，因此在半导体行业，如果要实现这样的测量，就需要使用传感器数据与图像数据融合的技术。

①使用专业的工业相机对晶圆进行图像数据采集，以光电领域的实际设备为例，相机一般单次采集（即相机单次拍照）能够获取约 1mm × 1mm 区域的数据。

②在采集图像数据的同时，使用测距传感器（一般使用脉冲激光）获取对应区域的一个距离数值。

③当完成整个晶圆（以 4in 为例，1in ≈ 2.54cm）的图像数据采集与距离数据采集后，

可以得到约 8000 组数据。

④使用数据融合的算法，将图像数据与传感器的数据融合，得到一个深度图，这个深度图即为目标结果。

上述过程的示例如图 4-6 所示，其中的每个点表示传感器采集的距离数值，*X* 与 *Y* 组成的每一个网格表示一张图，连续的曲面图为图像数据与传感器数据融合后的深度图数据。

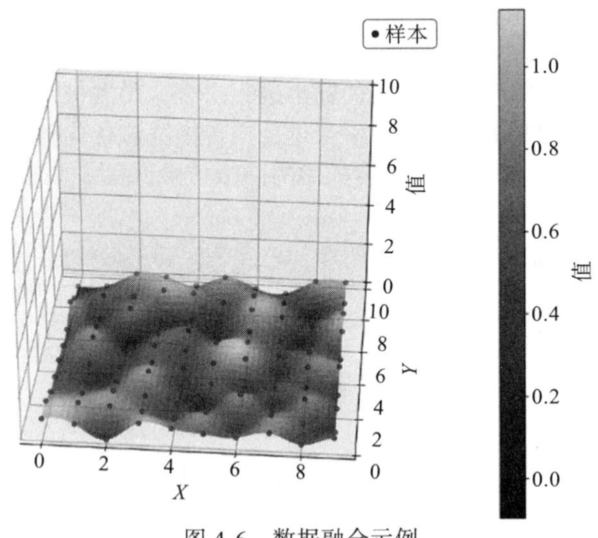

图 4-6　数据融合示例

4.1.3　不同视觉端的图像融合

不同视觉端的图像融合是指将来自不同传感器或不同光谱范围的图像信息进行融合，以获取更全面、更准确的信息。

常见的融合方法如下。

（1）可见光与红外图像融合

可见光图像提供了环境的视觉信息，而红外图像则提供了物体的热信息。将这两种图像融合可有助于在光线暗的环境下进行目标检测和识别。

（2）多光谱图像融合

多光谱图像通常包含多个波段的信息，每个波段对应不同的光谱范围。通过融合多光谱图像，可以提取出更多的地物特征，如材料层析、内部结构检测。

（3）高光谱图像融合

高光谱图像包含了数十甚至数百个非常窄的光谱波段，可以提供更加细致的光谱信息。将高光谱图像与其他光谱图像（如可见光、红外）融合，可以帮助分析和识别材料的材质和化学成分。

（4）雷达与光学图像融合

雷达图像可以穿透部分干扰，提供目标物体反射率的信息，而光学图像则提供了目标物体表面的纹理和形状信息。将雷达图像与光学图像融合，可以综合利用两种图像的优势，用于表面测量、目标检测等场景。

（5）深度图像与可见光图像融合

深度图像可以提供场景中物体的距离信息，而可见光图像提供了物体的表面纹理和颜色信息。将深度图像与可见光图像融合，可以实现更准确的物体定位和三维重建。

4.2　如何利用不同信息源的数据学习目标知识

在现代数据科学和机器学习的领域中，数据的多样性和复杂性给大众提供了更丰富的信息源。利用来自不同信息源的数据，结合多种学习方法，模型可以更全面地理解数据背后的模式和规律，从而学习到更有价值的目标知识。

4.1 节介绍了数据融合的概念，本节将基于此进一步讨论如何将来自不同信息源的数据进行集成和融合，包括主成分提取、相关性分析、建模等技术，以提高学习模型的性能和泛化能力。此外，本节还将介绍一些常见的跨信息源学习方法——多模态学习，包括相关概念、关键原则、典型任务。

4.2.1　对不同信息源数据进行主成分分析

主成分分析技术是一种十分常用的数据分析手段，它主要的作用是将高维度数据转换为低维度数据，去除部分噪声；还有一个作用是去除数据中的相关性，减少数据中的冗余信息。

此处提到的“去除数据中的相关性”，是指去除同组数据中的相关性，一般在做数据分析时，减少同组数据中的相关性可以避免很多不必要的运算。主成分分析中的经典算法 PCA 的原理已在 2.3.2 节所讲的降维算法的内容中有详细介绍，本节均基于 PCA 算法进行演示或介绍。

---

1. 传感器数据的主成分分析

对传感器数据进行主成分分析具有以下几个作用。

（1）特征提取与降维

传感器通常会收集大量的数据，包括温度、压力、湿度等多种维度的信息。利用主成分分析可以从这些数据中提取最重要的特征，将数据进行降维，减少数据的维度，提高数据的可解释性和处理效率。

（2）数据可视化

将高维数据映射到低维空间中，实现数据的可视化。通过可视化传感器数据的主成分可以直观地观察数据的分布情况、聚类情况以及异常情况，帮助理解数据的结构和特点。

例 8：

如图 4-7 所示，左边的图为正态随机模拟的 5 个传感器数据，可以发现在左图中 5 个数据看起来十分混乱无序，至少人眼主观判断是无法直接找到关系的。右图是经过主成分提取后的数据，可以看到这时的数据是一个簇状数据，簇的中心在（0, 0）点，且该簇数据近似成一个二维高斯分布。

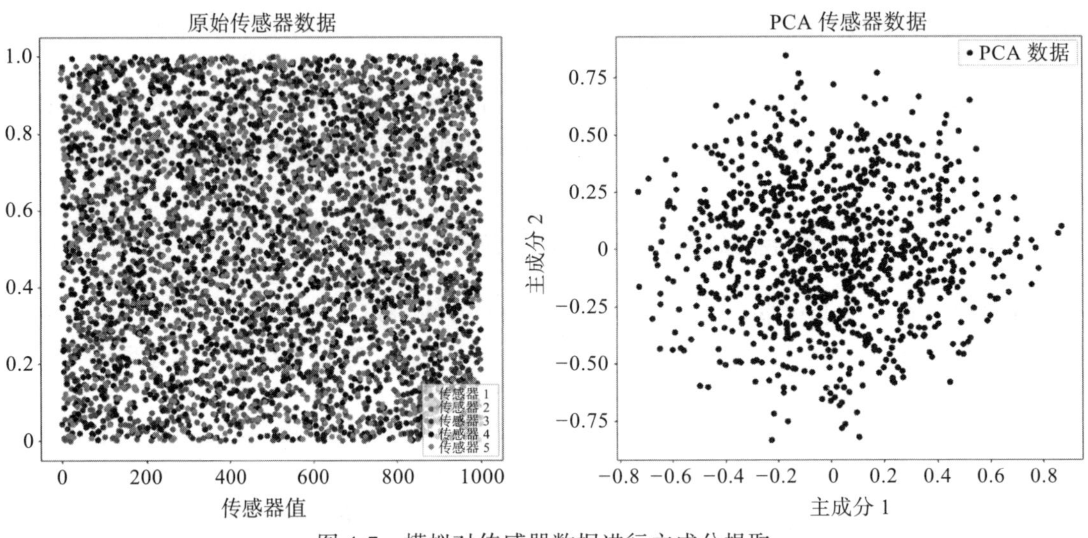

图4-7　模拟对传感器数据进行主成分提取

对模拟数据进行主成分分析的实现代码，参考附件“10.传感器数据主成分分析模拟”。

（3）数据分析和建模

这一过程帮助人类理解传感器数据中不同维度之间的相关性和重要性，为后续的数据分析和建模提供参考。通过选择主成分作为建模的输入变量，可以提高模型的预测性能和泛化能力。

如图4-8所示，对一组包含5个传感器数据分别使用原始数据直接训练线性回归模型，以及对原始数据进行主成分提取后训练线性回归模型得到的结果进行比对。

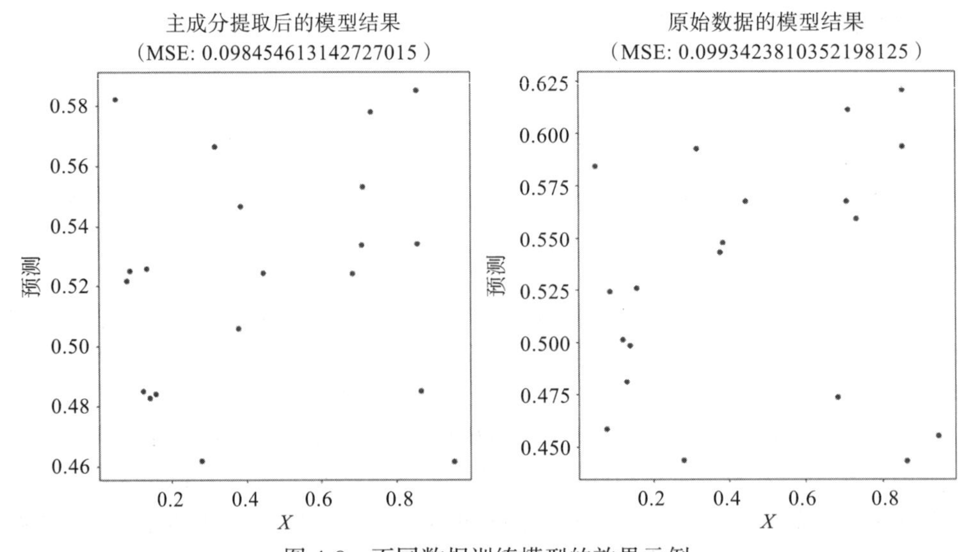

图4-8　不同数据训练模型的效果示例

图 4-8 中左图为经过主成分提取后的数据（对应图 4-7 右图）训练模型得到的预测结果，右图为直接使用原始数据（对应图 4-7 左图）训练模型得到的预测结果。

从得到的预测结果上看（即图中的散点），基于左右两边图中展示的预测结果，无法直观评价模型的效果差异。但是从 MSE 指标上看，左图的 MSE 为 0.098，右图的 MSE 为 0.099，证明左图模型相对于右图更加收敛。

MSE 是衡量模型预测结果与实际观测值之间差异的常用指标之一。它计算了预测值与真实值之间的平均平方误差，是回归模型评估指标之一。MSE 的计算公式如下：

$$\text{MSE}=\frac{1}{n}\sum_{i=1}^{n}(y_i-\hat{y}_i)^2$$

其中 $\hat{y}_i$ 表示第 i 个样本的预测值，y_i 表示第 i 个样本的真实值。

（4）异常检测与故障诊断

主成分分析辅助识别数据中的异常情况和故障信号。通过监测主成分得分的变化可以及时发现传感器数据中的异常模式和故障信号，从而进行故障诊断和预测维护，保证设备的正常运行。

如图 4-9 所示，对图 4-7 左图的数据进行主成分提取后，将数据转换成信号模式（即一维数据），从而可以轻易发现其中的异常信号（如分数＞ 0.6）。

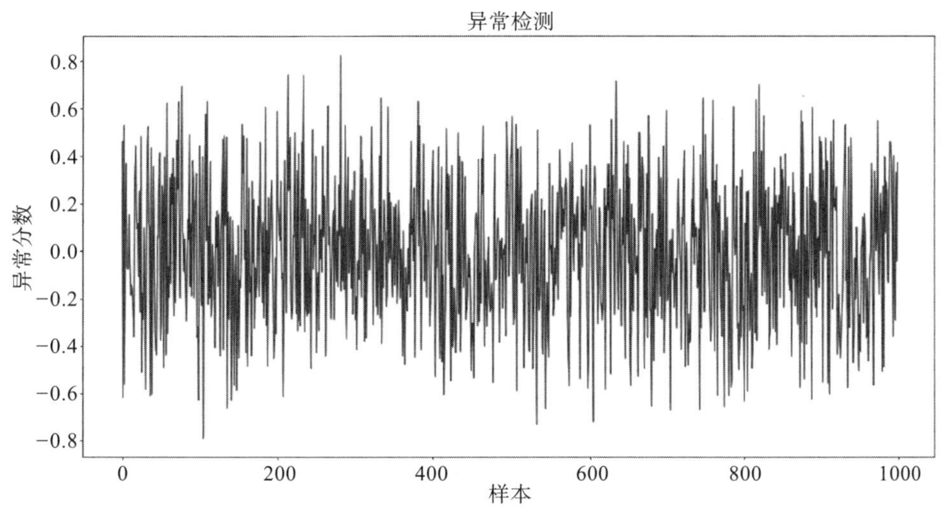

图 4-9 对传感器数据进行主成分提取后分析异常信号

2. 图像数据的主成分分析

图像数据从位图的角度理解，其本质是一个二维的数组。因此，对图像数据同样可以进行主成分分析，通过提取图像中的重要特征帮助人或者程序“理解”图像数据中的主要变化模式。在图像处理领域中，主成分分析不仅起到降维数据提取特征的作用，还可以用于图像压缩及去噪等。以下是主成分分析技术在图像处理中的几种用途。

（1）图像压缩

利用图像中像素之间的相关性，将图像从高维空间投影到低维空间，并尽可能地保留图像的主要特征，从而实现对图像数据的压缩。其应用原理：通过线性变换将原始数据转换为一组新的坐标系，使得在新的坐标系中数据的方差最大化。

利用主成分分析技术进行图像压缩的示例如图 4-10 所示。原图的尺寸为 6000 × 3376 像素，压缩后的图像尺寸为 600 × 337 像素。通过示例可以明显看到图像的细节经过压缩后依然清晰。

图 4-10　利用主成分分析进行图像压缩

（2）图像去噪

利用主成分分析方法进行图像去噪的原理为以下几步：

①数据中心化。对图像矩阵进行数据中心化处理，即每个像素值减去图像像素值的均值，以确保数据的均值为零。这一步骤有助于消除数据中的偏移，使得 PCA 能够更好地捕捉数据之间的方差。

②计算协方差矩阵。使用中心化后的图像数据计算协方差矩阵。协方差矩阵反映了不同像素之间的相关性和变化趋势。

在矩阵形式中，假设有一个 $m \times n$ 的数据矩阵 $\boldsymbol{X}$，其中每行是一个样本，每列是一个特征，那么协方差矩阵 $\boldsymbol{C}$ 可以表示为

$$\boldsymbol{C} = \frac{1}{m-1}(\boldsymbol{X} - \bar{\boldsymbol{X}})^{\mathrm{T}}(\boldsymbol{X} - \bar{\boldsymbol{X}})$$

其中：

$\boldsymbol{X}$ 是数据矩阵，每行代表一个样本，每列代表一个特征。

$\bar{\boldsymbol{X}}$ 是数据矩阵的每列（特征）的均值向量。

$(\boldsymbol{X} - \bar{\boldsymbol{X}})^{\mathrm{T}}$ 表示数据矩阵每个元素减去对应特征的均值，然后转置。

$(\boldsymbol{X} - \bar{\boldsymbol{X}})$ 表示数据矩阵的中心化矩阵。

$\frac{1}{m-1}$ 是用于无偏估计的修正因子。

---

③ PCA 变换。对协方差矩阵进行特征值分解，得到特征值和特征向量。特征向量构成

了一个新的正交基，称为主成分。这时可以选择保留前几个主成分，从而实现降维，去除图像数据中的噪声。

④去噪处理。使用选定的主成分对图像数据进行投影，将原始图像空间投影到主成分空间。在主成分空间中就去除了对应噪声的低方差成分，从而实现图像的去噪处理。

⑤逆转换。将去噪后的数据通过逆转换从主成分空间映射回原始图像空间。

上述一过程的实现示例如图 4-11 所示，其中左图为带有噪声的图像，右图为经过主成分分析技术去噪后的图像。

图 4-11　使用主成分分析方法进行图像去噪

4.2.2　对各信息源知识进行相关性分析

在数据融合的过程中，了解不同信息源之间的相关性是至关重要的。其一，通过分析不同信息源之间的相关性，可以发现数据之间潜在的关联关系，有助于理解数据之间的联系，发现隐藏在数据背后的规律和模式，从而更好地利用数据资源。其二，合理地融合相关性高的信息源可以提高数据的丰富程度和准确性，从而更好地支持分析和决策。其三，通过分析相关性消除冗余信息，有助于简化数据结构和模型，减少数据处理和存储的成本，提高数据的效率和可用性。

相关性分析的方法有很多中，此处将介绍较为常用的三种方法。

1. 皮尔逊相关系数

皮尔逊相关系数（又称 Pearson 相关系数）是一种用于衡量两个变量之间相关联程度的统计量，通常用符号 r 表示。它的取值范围在 -1 到 1 之间，表示变量之间的线性关系程度。

皮尔逊相关系数公式为

$$r=\frac{\sum_{i=1}^{n}(x_i-\overline{x})(y_i-\overline{y})}{\sqrt{\sum_{i=1}^{n}(x_i-\overline{x})^2\sum_{i=1}^{n}(y_i-\overline{y})^2}}$$

其中 n 是样本的大小，x_i 和 y_i 是第 i 个样本的值，$\overline{x}$ 和 $\overline{y}$ 分别是 x 和 y 的均值。

皮尔逊相关系数的值表达了两个变量之间的关系强度和方向：

- 当 r=1 时，表示完全正相关，即两个变量呈线性正相关关系。
- 当 r=−1 时，表示完全负相关，即两个变量呈线性负相关关系。
- 当 r=0 时，表示无相关关系。

两个变量无相关关系，意思为其中一个变量变化对另一个变量无影响；正相关表示其中一个变量增大，另一个变量也相应增大；负相关指其中一个变量增大，另一个变量相应减小。

如图 4-12、图 4-13 所示，从左到右分别为 X 与 Y 正相关、负相关、无相关的情况。其中图 4-12 的 X 与 Y 均为一维的数据，图 4-13 的 X 与 Y 均为二维的数据。

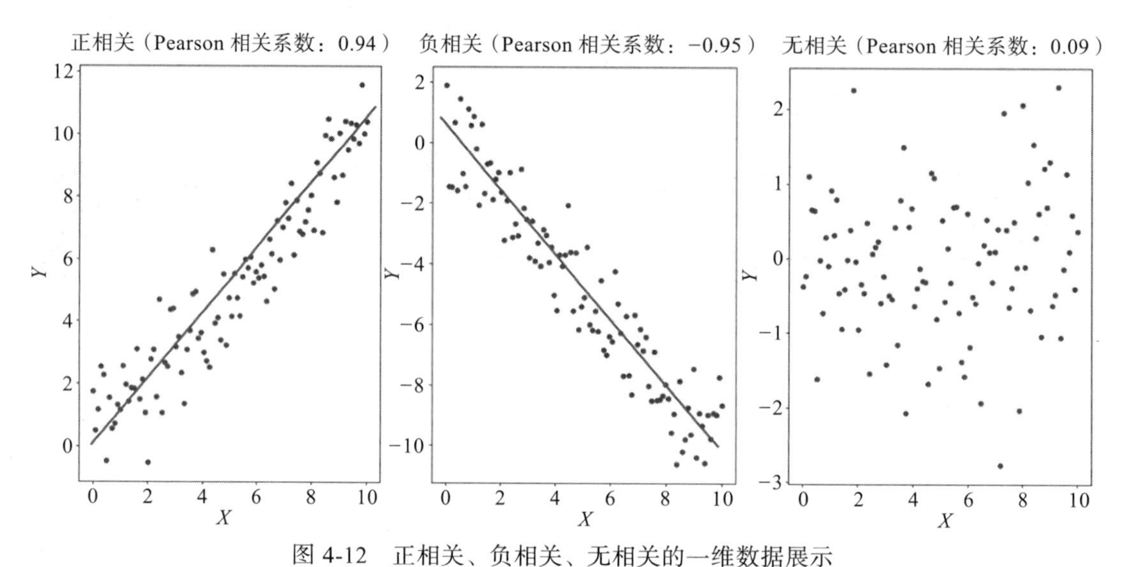

图 4-12　正相关、负相关、无相关的一维数据展示

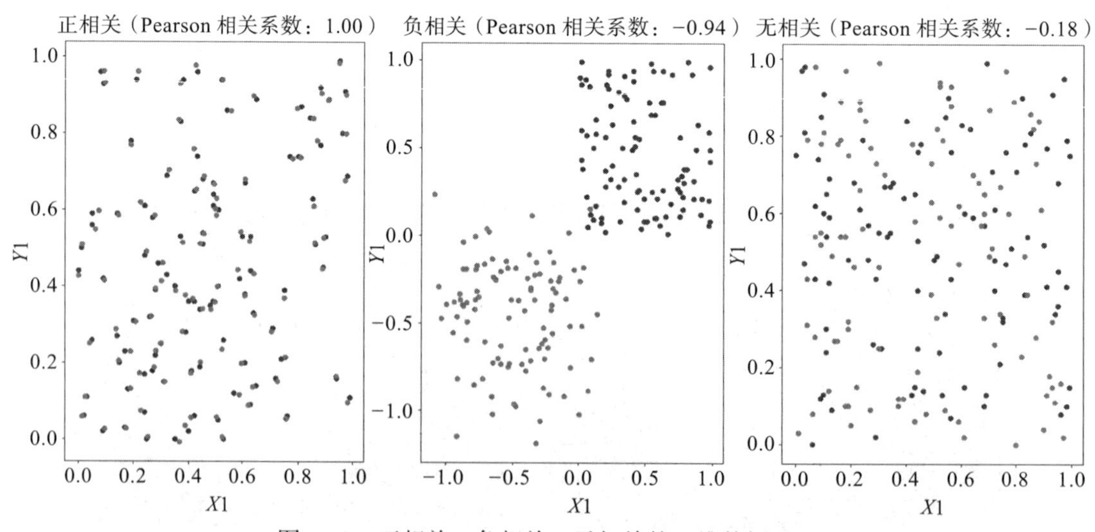

图 4-13　正相关、负相关、无相关的二维数据展示

在图 4-12 中，轻易即可发现 X 与 Y 的相关性。在图 4-13 中，可以发现在将二维数据转换成点坐标后，正相关的数据图中点与点近似呈现一一对应的关系；负相关的数据图近似以某一个点为中心镜像翻转；无相关的数据图中两组点的分布看起来毫无规律。

2. 斯皮尔曼秩相关系数

斯皮尔曼秩相关系数（Spearman 秩相关系数）简称斯皮尔曼相关系数，是秩相关的一种非参数度量，是用于衡量两个变量之间的相关性的一种非参数方法，它基于变量的秩次而不是原始数值来计算。

秩相关系数（Coefficient of Rank Correlation），又称等级相关系数，反映的是两个随机变量的变化趋势方向和强度之间的关联，是将两个随机变量的样本值按数据的大小顺序排列位次，以各要素样本值的位次代替实际数据而求得的一种统计量。

斯皮尔曼秩相关系数一般用以弥补无法适用皮尔逊相关系数的场景。例如，数据展现的是非线性关系；或者数据就是序数类型的数据，如两个销售人员的业绩，A 在一年间的月销售排名为 {1, 2, 4, 5, ⋯, 2}，B 在一年间的月销售排名为 {2, 1, 3, 6, ⋯, 4}。诸如这样的数据就无法使用皮尔逊相关系数。

斯皮尔曼秩相关系数的计算步骤如下：

①对两个变量的观测值分别进行排名，得到它们的秩次。

②计算秩次差，即两个变量对应的秩次之差。

③计算秩次差的平方和，并得到斯皮尔曼秩相关系数。

其中的秩次可以理解为位次，为将所有数据从小到大的顺序排列得到的次序。

斯皮尔曼秩相关系数的取值范围为 [−1, 1]，其中：

- 当两个变量的秩次完全一致时，斯皮尔曼秩相关系数为 1，表示完全正相关。
- 当一个变量的秩次与另一个变量的秩次顺序完全相反时，斯皮尔曼秩相关系数为 −1，表示完全负相关。
- 当两个变量的秩次之间没有线性关系时，斯皮尔曼秩相关系数接近于 0，表示无相关性。

斯皮尔曼秩相关系数适用于样本量较小、数据不服从正态分布或存在异常值的情况。它是一种鲁棒性较强的相关性测量方法，常用于非线性关系的分析和排名数据的相关性分析。

例 9：

有一条生产线，对其中两个工艺的产品质量进行不定期的抽检，每次抽检同样的样本数量。假设工艺 A 在一周内抽检出不合格产品的频次为 {1, 2, 3, 3, 7, 4, 5}，工艺 B 在一周内抽检出不合格产品的频次为 {5, 9, 4, 3, 2, 1, 1}。通过计算得到斯皮尔曼秩相关系数为 −0.8363636363636363，表示工艺 A 与工艺 B 具有负相关性。

计算步骤如下：

①对工艺 A 与工艺 B 得到的数据进行排名得到秩次，结果如表 4-1 所示。

表 4-1 对工艺 A、工艺 B 数据进行排名

工艺 A	1	2	3	3	7	4	5
工艺 A 的秩次	2	4.5	7	7	13	9.5	11.5
工艺 B	5	9	4	3	2	1	1
工艺 B 的秩次	11.5	14	9.5	7	4.5	2	2

将 A、B 两组数据进行排名为 A1, B1, B1, A2, B2, A3, A3, B3, A4, B4, A5, B5, A7, B9，其中字母表示数据属于 A 还是属于 B，数字为具体的频次值。比如：数值为 1 的数据为前三位，分别为 A1, B1, B1，那么数值 1 代表的秩次就为 $\frac{1+2+3}{3}=2$。同理，数值 2 的数据排位为第 4 位与第 5 位（分别为 A2, B2），那么其秩次为 $\frac{4+5}{2}=4.5$。原理即为根据对应数值的排序号计算均值则为该数值对应的秩次。

②根据下面的公式计算秩相关系数。其中 $R(x_i)$、$R(y_i)$ 为 x 与 y 第 i 位置的秩次，$\overline{R(x)}$ 与 $\overline{R(y)}$ 分别为 x 与 y 的平均秩次。

$$\rho=\frac{\frac{1}{n}\sum_{i=1}^{n}(R(x_i)-\overline{R(x)})(R(y_i)-\overline{R(y)})}{\sqrt{\left(\frac{1}{n}\sum_{i=1}^{n}(R(x_i)-\overline{R(x)})^2\right)\left(\frac{1}{n}\sum_{i=1}^{n}(R(y_i)-\overline{R(y)})^2\right)}}$$

对应表 4-1 中，第 2 行对应的值为 $R(x_i)$，它们的均值为 $\overline{R(x)}$；第 4 行对应的值为 $R(y_i)$，它们的均值为 $\overline{R(y)}$。

3. 肯德尔秩相关系数

肯德尔秩相关系数（Kendall 秩相关系数）与斯皮尔曼秩相关系数的概念相似，也常用于处理序数类型的数据，即其计算对象是如表 4-1 所示的秩次类型的数据。

肯德尔秩相关系数的取值范围为 [−1, 1]，绝对值越大，表示相关性越强；取值为 0 时，表示完全不相关。

肯德尔秩相关系数的计算步骤如下：

①对两个变量的观测值分别进行排名，得到它们的秩次。

②计算一致对数与不一致对数。对于每一对数据对 (x_i, y_i) 和 (x_j, y_j)，其中 $i \neq j$：

- ❑ 如果 $x_i > x_j$ 且 $y_i > y_j$，或者 $x_i < x_j$ 且 $y_i < y_j$，则该对是一致对，记为 C。
- ❑ 如果 $x_i > x_j$ 且 $y_i < y_j$，或者 $x_i < x_j$ 且 $y_i > y_j$，则该对是不一致对，记为 D。
- ❑ 如果 $x_i=x_j$ 或 $y_i=y_j$，则该对是相同对。

③利用一致对数和不一致对数计算肯德尔秩相关系数。其计算公式为

$$\rho=\frac{C-D}{C+D}$$

其中，C 与 D 分别表示一致对的数量（两个元素组成一个对）、不一致对的数量。

4. 相关性分析的应用

在工业设备、自动化生产线上，往往需要对多种传感器进行状态监测。如对电压、电流的监测需要电能表，对温度监测需要温度传感器，对振动的监测需要振动传感器，机械对位需要光传感器，采集图像需要相机等。

当一台集成化、自动化程度较高的设备或者生产线，出现异常时如何快速定位问题或者出现预警时如何安排运维等都是极其复杂的问题。

像半导体这类比较精密的行业，其设备的复杂度更高，需要监测的数据更多，以比较简单的半导体晶圆缺陷监测设备为例，这样一台设备需要集成几千个零件、几十个不同类型的传感器。

如果不进行合理的数据融合或者划分，当出现异常时就需要人工一一排查传感器数据对应的设备状态，这就使得其操作人员（或者维护人员）必须得对设备精通。但是往往这种人才是极难培养与获得的。因此在半导体这类比较精密的行业中，国内的厂家遇到设备问题时，往往需要几周的时间才能得到解决；如果购买的是海外的设备，那么问题解决的时间更长，少则两三个月、多则一年半载，这都是比较正常的事。

因此，对这些大量的、来自不同信息源的数据进行融合、分区处理或者分析是十分有必要的。通过对这些传感器数据进行相关性分析，找到具有相关性的数据，再将这些具有相关性的数据进行融合处理，避免人或者机器处理冗余数据。

例 10：

已知设备的机械手上有 A, B, C, D, E, F, G 共 7 个传感器，在设备的检测单元上有 a, b, c, d, e, f 共计 6 个传感器，在设备的电气单元上有 α, β, γ 共计 3 个传感器。

很多人在面对这种情景的时候，均会下意识地将传感器按照条件中描述的概念分为 3 类处理。如果真这样处理那么就陷入误区了。

假设设备检测单元上的传感器数据反映的问题是物体对位不准（即被检测目标没有被标准地放置到目标位置去），那么这一定是机械手放置的问题吗？答案是不一定。

针对这种情况，就可以对具有相关性的数据进行分析得出答案。假设与问题相关性最高的传感器有 A, B, c, e, α，分别表示机械手的对位数据、机械手的振幅、检测单元的相机、检测单元的激光传感器、电气单元的气压数据。那么就可以通过对这几个传感器数据特定解析，初步判断出问题大概是因为机械手放置不准，还是因为气压不稳导致移位，或者是检测单元自身机械轴产生了偏差造成的误判。

4.2.3 多模态学习原理

多模态学习全称为多模态机器学习，旨在通过整合多种交互方式（包括语言、听觉、视觉、触觉等）信息来设计具有理解、推理和学习等智能能力的计算机智能体。通过融合不同类型的感知数据，多模态机器学习能够更全面地理解复杂场景，提高模型的准确性和鲁棒性。例如，在自动驾驶中，摄像头提供视觉信息，雷达提供距离信息，麦克风捕捉环境音，这些数据的结合使得系统可以做出更可靠的决策。此外，多模态学习还在医疗诊断、人机交互、情感分析等领域展现出巨大的应用潜力，通过不同模态的信息互补，提升了智能体的感知和决策能力。

1. 多模态的相关概念

模态是指表达或感知事物的方式，每一种信息的来源或者形式都可以称为一种模态。例如，人有触觉、听觉、视觉、嗅觉；信息的媒介有语音、视频、文字等；工业上有多种多样的传感器，如雷达、红外传感器、加速度计等。其中的每一种都可以称为一种模态。模态是一个较为细粒度的概念，同一种媒介下可存在不同的模态。比如，可以把两种不同的语言当作两种模态，甚至将两种不同情况下采集到的数据集认为是两种模态。

多模态即是从多个模态表达或感知事物。多模态可归类为：同质性的模态，如从两台相机中分别拍摄的图片；异质性的模态，如图片与文本的关系。

常见的多模态有以下三种概念形式：

（1）描述同一对象的数据

对同一个对象，使用不同的信息方式或者媒介表示出来。例如，对一辆车的信息表示可以有如下几种方式：

- 图像数据：图像数据可以提供形状、颜色、设计风格等视觉相关的信息，它们可以来自不同角度、不同型号的相机或者摄像头。
- 文本数据：如操作手册、技术手册、网站或论坛的评论等文本类型的数据，可以提供关于车性能、体验、规格等方面的信息。
- 传感器数据：车上安装的各种传感器可以提供关于车速、转向、加速度、温度、湿度等方面的数据。这些传感器包括车速传感器、转向传感器、加速度传感器、温度传感器等。

总的来说，描述同一对象的多模态数据可以提供丰富、多角度的信息，相互之间可能存在相关性和互补性。

（2）不同传感器的同一类型数据

这是指来自不同传感器或数据源的相同类型的数据。比如，在生活中随处可见监控，由不同的摄像头所拍摄的图像（或视频）组成的数据，就是来自不同传感器的同一类型数据。

（3）具有不同的数据结构特点、表示形式的数据

- 描述同一对象的结构化、非结构化的数据。
- 描述同一数学概念的公式、逻辑符号、函数图及解释性文本。
- 描述同一语义的词向量、词袋、知识图谱以及其他语义符号单元等。

2. 多模态学习的关键原则

在多模态学习中，有几个概念性的关键原则是非常重要的，它们分别是数据融合、信息互补、跨模态表示和跨模态关系建模。

（1）数据融合

数据融合是指将来自不同传感器或数据源的多模态数据进行整合和组合的过程。这种

整合可以是简单的拼接或叠加，也可以是更复杂的特征提取、特征融合或决策融合。数据融合的目标是利用不同数据源的信息优势，提高模型的性能和鲁棒性。

（2）信息互补

信息互补是指利用一个数据源中的信息来填补另一个数据源中缺失或不足的信息。在多模态学习中，某些数据源可能会缺乏某些特定方面的信息，而其他数据源可能具有这些信息。通过信息互补，可以利用多模态数据之间的互补性，提高模型的表现。

（3）跨模态表示

跨模态表示是指将不同数据源中的信息映射到统一的表示空间中。这种表示空间可以是低维的特征空间，也可以是高维的语义空间。跨模态表示的目标是使不同数据源之间的信息具有一致的表达形式，从而便于模型进行学习和推断。

此处可以通俗理解为统一量纲的作用。比如“1 元 +1 毛”在程序中无法直接运算，那么统一量纲变成“10 毛 +1 毛”就可以运算了。

（4）跨模态关系建模

跨模态关系建模是指在不同数据源之间建立有效的联系和映射关系，以实现跨模态数据的学习和表示。这种学习方式使模型能够从不同数据源中学习到通用的特征或表示，从而提高模型的泛化能力和适应性。

跨模态关系建模就像换购，如白菜和猪肉（不同的数据源），一个是蔬菜，另一个是肉类，虽然不属于同一类，但是它们均可以用人民币的价格进行统一表示（联系或映射关系），如白菜 1 块钱一斤，猪肉 10 块钱一斤。如此即实现了不同数据源之间建模，完成了跨模态数据的表示，如 10 斤白菜可以换一斤猪肉。

上述内容介绍了概念性的关键原则，接下来再介绍多模态学习在技术实现上的几个原则。

3. 多模态学习的技术性要点

（1）模态异构

模型异构指的是模型中包含不同类型或不同结构的组件或子模型，通常用于处理具有多样性数据或任务的场景。其中模型需要具备处理不同类型数据或任务的能力，并能够有效地整合和利用这些不同类型的信息。模型异构可以体现在多个方面：

- 数据异构性：模型需要处理来自不同数据源或不同数据类型的数据，包括图像、文本、声音等多种类型的数据。
- 结构异构性：模型由不同类型或不同结构的组件组成，这些组件可以是卷积神经网络（CNN）、循环神经网络（RNN）、注意力机制等。
- 特征异构性：模型需要处理来自不同数据源的异构特征，这些特征可能具有不同的尺度、分布或语义。
- 任务异构性：模型需要同时处理多种不同类型的任务或目标，这些任务可能涉及不同的数据类型、学习目标或评估指标。

- 学习异构性：模型需要适应不同类型的学习方法或策略，如监督学习、无监督学习、半监督学习和强化学习等。

（2）模态关联

模态关联是考虑不同模态之间的相关性和相互作用，以提高模型的性能和泛化能力。在多模态学习中，不同模态之间的相互联系与信息交互对于模型的有效性和效果至关重要。以下是多模态学习中模态之间相互联系的几个重要原则：

- 信息共享原则：不同模态之间可能存在一定的相关性和共享信息。模型应该利用这些共享信息，促进模态之间的相互联系和交互，以增强模型对于数据的综合理解和学习能力。例如，通过共享参数或共同学习的方式，实现模态之间的信息共享。
- 信息融合原则：多模态学习模型应该具备合适的信息融合机制，将来自不同模态的信息有效地整合在一起，以产生更全面和准确的表示。这可以通过加权融合、特征融合或模型融合等方式实现，从而充分利用不同模态之间的相关性和互补性。
- 跨模态学习原则：模型应该具备跨模态学习的能力，即能够利用一个模态的信息来辅助学习另一个模态的表示。这种跨模态学习可以通过注意力机制、对抗学习或迁移学习等方式实现，以增强模型对于数据之间的相互联系和依赖关系的理解。
- 一致性约束原则：不同模态之间的表示应该具备一定的一致性和相似性，以确保模态之间的相互联系和一致性。模型可以通过引入一致性约束或相似性损失来促进不同模态之间的表示一致性，从而提高模型的稳定性和泛化能力。
- 自适应学习原则：模型应该具备自适应学习的能力，即能够根据数据和任务的特点，自动调整模态之间的相互联系和权重分配。这可以通过引入自适应注意力机制、自适应融合策略或自适应正则化技术等方式实现，以提高模型的灵活性和适应性。

4. 多模态学习的典型任务

多模态学习有几种典型的任务，很多常见的功能均是基于这些典型任务进行设计的。

（1）情感分析任务

从多种模态的数据中识别和分析用户的情感倾向。这些模态可以包括文本、图像、音频等数据。情感分析任务通常包括以下几个方面：

- 文本情感分析：从文本数据中识别和分析用户的情感倾向。例如，判断评论区或社交媒体帖子中的情感态度，从而实现网页环境的净化。
- 图像情感分析：通过分析图像中的视觉特征来识别人脸表情、姿态等信息，从而推断用户的情感状态，进而实现虚拟聊天。
- 音频情感分析：从音频数据中提取声音特征，并利用这些特征来识别说话者的情感状态。例如，判断用户语音情绪，从而打造智能客服。

（2）跨模态检索任务

利用多种模态的信息来实现检索相关内容的目的。典型的跨模态检索任务包括：

- 文本到图像检索：通过文本描述检索相关的图像，如在图库中查找与给定描述相匹配的图像，一般应用于大型数据库检索，工业中可以应用于设计图库等场景。
- 图像到文本检索：通过图像检索相关的文本信息，如在图像数据库中查找与给定图像相匹配的描述，一般用于写作，工业中可以应用该技术实现报告生成。

- 跨模态视频检索：从视频中检索相关的文本、图像或其他媒体信息。

（3）图像标注任务

图像标注任务旨在通过自动化方式为图像添加描述性的标签或注释。典型的图像标注任务包括：

- 自动图像描述生成：利用图像内容生成描述性的文本标注，描述图像中的场景、对象和活动。
- 图像标签分类：根据图像内容对图像进行分类，并为图像添加适当的标签。

（4）跨模态生成任务

跨模态生成任务涉及将一个模态的数据转换为另一个模态的数据，通常利用生成式对抗网络（GAN）等技术实现。典型的跨模态生成任务包括：

- 图像到文本生成：根据图像生成描述性的文本，如根据图像生成故事情节或图像描述。
- 文本到图像生成：根据文本描述生成图像，如根据文本描述生成相应的图像。

4.3 多模态感知案例拆解

传感器和视觉作为两种主要的信息源，能够提供丰富的环境感知数据，包括物体的位置、形状、颜色、温度等多种信息。通过结合传感器和视觉数据，可以实现更全面、准确的环境感知和理解，为智能系统提供更强大的感知能力和决策支持。本节将介绍如何利用传感器和视觉数据实现环境感知、场景理解、智能控制等任务。

本节的案例选择具有一定的泛化性，它基于标准步骤进行逐步介绍。因此本节内容不局限于单纯的实现案例的讲解，读者还可以根据这些案例横向迁移，将其步骤拓展应用到其他场景上去。

4.3.1 案例场景描述

有一条零件生产线，需要对产线上的零件进行表面缺陷检测以及内部结构缺陷检测。在传统的模式中，由于检测的效率低下，如检测表面缺陷需要以人工目检的方式进行，进行内部结构缺陷检测需要进行破坏性实验。这不仅仅是一个耗时的过程，还是一个浪费成本的事情。更关键的点在于，抽样检测的方式只能得到一个统计概率值，无法准确区分哪个产品有问题。另外，如果抽样方式存在偏差，则会造成整个批次的产品得到异常的判定结果。

为了解决上述问题，很多工厂均开始引入多模态感知技术进行质检，即结合传感器数据与视觉信息，实现同时对产品的表面缺陷与内部结构缺陷进行检测。

要实现这项技术，需要在生产线上安装一系列传感器及相机，当产品通过生产线时，传感器会实时采集产品的各项数据，同时视觉检测设备会拍摄产品表面的图像。这些数据或被送到中央控制系统进行处理和分析，或在中台进行处理然后汇集至中央控制系统。系统会根据预先设定的标准和算法，对产品进行质量评估和分类。如果发现有不合格品，系统会自动触发报警并进行相应的处理，比如将不合格品分拣出来或停止生产线。

引入这项技术可以带来多方面效益：

- 提高产品质量：通过实时监测和自动判别，可以及时发现产品质量问题，减少次品率。
- 提高生产效率：自动化的质量检测和分拣可以减少人工干预，提高生产效率。
- 降低成本：减少次品率和人工成本，降低生产成本。
- 增强竞争力：提高产品质量和生产效率，可以增强企业的市场竞争力，提升品牌形象。

4.3.2　需求分析

由于此处案例项目为展示说明，因此没有按照需求分析的标准流程进行展示，仅展示说明了其中与本节相关度较高的几个部分的内容。

1. 需求清单与需求分析

（1）传感器要求

- 在生产线上安装适量的传感器，以实时采集产品的各项数据，包括但不限于温度、压力、振动等信息。
- 传感器需要具备良好的稳定性和精准度，能够在高速生产线上准确采集数据。
- 传感器需要具备远程监控和管理的能力，可以通过网络连接到中央控制系统。

（2）视觉检测设备要求

- 安装足够数量的视觉检测设备，用于拍摄产品表面的图像。
- 视觉检测设备需要具备高分辨率和高速拍摄能力，确保能够捕捉到产品表面的细微缺陷。
- 视觉检测设备需要与传感器数据同步，确保采集到的图像与传感器数据相匹配。

（3）中央控制系统要求

- 中央控制系统需要具备数据处理和分析的能力，能够对传感器数据和图像数据进行实时处理和分析。
- 中央控制系统需要具备良好的用户界面，便于操作人员进行监控和管理。
- 中央控制系统需要具备报警和自动处理功能，能够根据预设的标准和算法对产品进行质量评估和分类，并在发现不合格品时自动触发报警并进行相应处理。

以下将中央控制系统以及功能（多模态相关的功能）合并简称为“系统”。

（4）系统性能要求

- 系统需要具备高可靠性和稳定性，能够持续稳定运行并保证数据采集和处理的准确性。
- 系统需要具备高效率和高速度，能够在高速生产线上实现实时监测和自动判别。
- 系统需要具备一定的灵活性和可扩展性，能够根据实际需求进行定制和扩展。

（5）数据安全和隐私保护要求

- 系统需要具备良好的数据安全保护机制，确保传感器数据和图像数据的安全性和机密性。

- 系统需要遵循相关的数据隐私保护法律法规，保护用户的个人信息和商业机密。

2. 需求说明

（1）表面缺陷检测

- 产品是立体结构，因此需要检测的表面不止一个面。需要相机（1个相机）与机械装置配合获取产品的整个外表面信息，使用视场角配准的方式完成所有面的拼接对齐。
- 视觉检测设备采集的数据是单通道的灰度图，因此对应的表面缺陷检测功能接收到的输入信息，相较于常规的RGB三通道图的信息少很多，需要降低对色彩信息的关注度，着重关注视觉图像的结构信息。
- 产品上比较难检的缺陷大部分情况下是以两种形式出现的：小的形式（如小坑洞、气泡、斑点、毛刺），如图4-14所示；低对比度的形式（如色差、划痕），如图4-15所示。

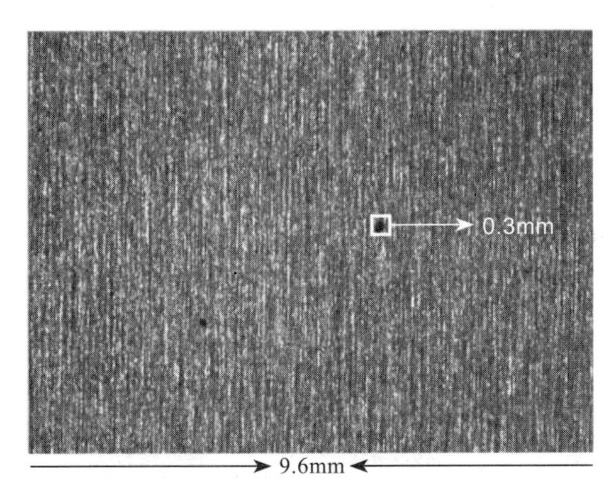

图4-14 小缺陷示例

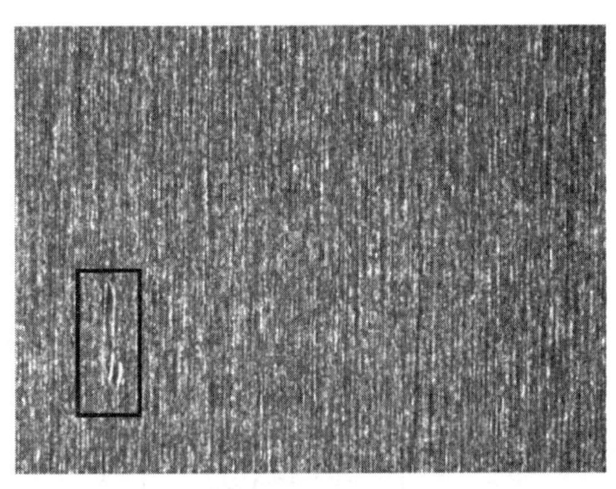

图4-15 低对比度缺陷示例

（2）内部结构缺陷检测

- 使用X射线源和探测器获取产品的X射线投影数据。
- 利用采集到的X射线结合逆向投影算法进行图像重建，生成三维图像数据（即CT图像）。
- 对三维图像数据进行结构异常检测。

（3）涉及的数据融合方式

- 决策融合：使用决策融合进行产品OK/NG判断。如当产品发现内部结构异常，直接判定为NG；或者内部结构无异常，表面缺陷大于某种程度后，判定产品为NG（参考4.1.1节）。
- 特征融合：使用特征融合技术将产品的表面成像合并成同一维度（量纲单位）下的数据，便于技术处理或分析（参考4.1.1节）。简化原理如图4-16所示。

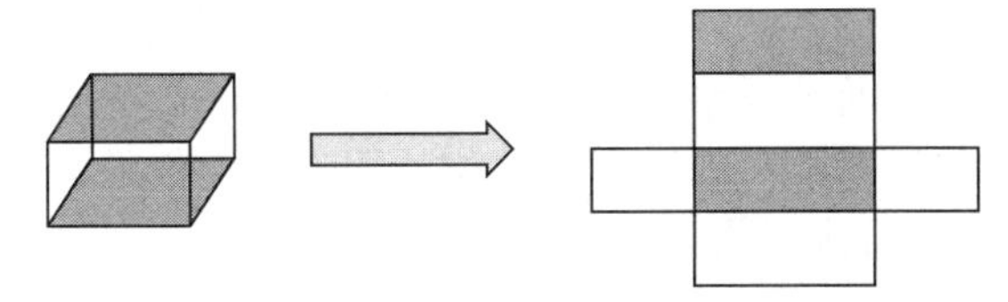

图4-16 案例场景的特征融合的简单示例

- 数据融合算法：使用特定的数据融合算法将 X 射线重建的图像进行融合，得到三维图像数据（参考 4.1.2 节）。简化原理如图 4-17 所示。

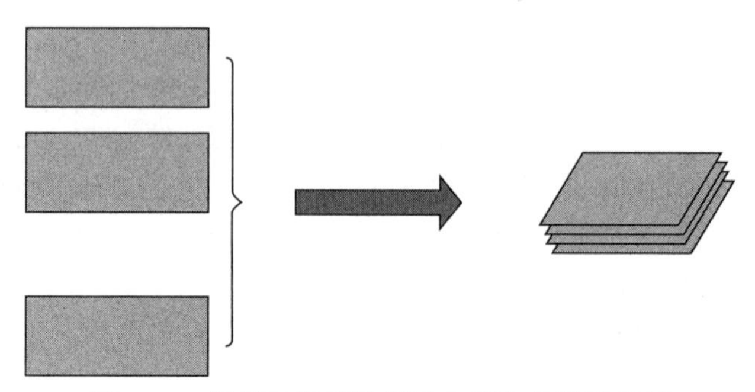

图 4-17　案例场景的数据融合算法的简单示例

4.3.3　数据处理

1. 数值传感器数据处理

（1）过滤异常值

传感器的数据在传递到系统上时可能因为各种原因造成异常值。因此，需要先将数据的异常值进行删除。

1）系统将获取到的数据全部转换为 numpy.ndarry 格式。该数据结构是一种标准的结构化数据，形如表 4-2 所示。

表 4-2　numpy.ndarry 数据结构示例

时序	传感器 A	传感器 B/N	传感器 C	传感器 D/℃
时序 1	0.50987155	123	0.21089971	26
时序 2	0.53350336	322	0.95605452	27
时序 3	0.46604219	Nan	0.53350336	28

2）如时序 3 对应的传感器 B 的数据为“Nan”（这种数据不同于 0 值，0 值可以被系统处理，但是“Nan”是无法被系统处理的），对应的就是一种异常值。这可能是数据异常导致的，也可能是数据缺失造成的。因此这一步便是对这样的异常数据进行处理。

由于此处每个时序对应好几种传感器的数据，因此可以采用的方式有两种（实际使用时根据具体情况进行二选一）：

- 删除整个时序 3 对应的一整行数据。
- 将对应的“Nan”值改为可以被系统处理的特殊值，比如 0（本案例选择该方式）。

（2）统一量纲

通过观察表 4-2 的表头可以发现，不同传感器数据对应的单位是不一样的，传感器 A 与传感器 C 的数据无单位，即表示它们的数据已经被单位归一化了。而传感器 B 与传感器 D 的数据均是有单位的。

此处的单位归一化可以理解为消除量纲，例如：传感器可以测量的最大温度是 100℃，

那么对一个 30℃的值可以表示为 0.3。

对于这样一组数据，最直接、也是最好的方法就是统一量纲，对全部数据都进行单位归一化。假设传感器 B 的最大可测值为 1000N，传感器 D 的最大可测值为 100℃。那么将表 4-2 所示的数据，经过过滤异常值、统一量纲的步骤处理后得到的数据如表 4-3 所示。

表 4-3　数据处理后的结果示例

时序	传感器 A	传感器 B	传感器 C	传感器 D
时序 1	0.50987155	0.123	0.21089971	0.26
时序 2	0.53350336	0.322	0.95605452	0.27
时序 3	0.46604219	0	0.53350336	0.28

表 4-3 的示例数据可以直接用于系统中进行处理或者分析了。表 4-3 仅为数据展示，实际的数据还是以 numpy.ndarry 格式进行处理。

2. 图像数据处理

在本案例中，由于获取图像数据的案例场景为“相机（1 个相机）与机械装置配合获取产品的整个外表面信息，使用视场角配准的方式完成所有面的拼接对齐”，因此图像数据均来自同一个数据源。因此，在本案例中所有的图像数据基础参数（如光照度、图像宽度与高度、曝光时间等等）是保持一致的。

本案例中的图像数据是典型的“描述同一对象的数据”，参考 4.2.3 节中对多模态相关概念的介绍。

抛开数据来自不同信息源的干扰后，对图像数据的融合仅需要做好一点即可：标注数据，供系统进行学习。具体的标注工具以及方式，参考 3.2.2 节中图像裁剪与拼接、图像标注的内容。

3. CT 数据处理

CT 数据产生自计算机断层扫描技术。它的数据也是来自同一个信息源，但是与上一段内容中的图像数据不同，CT 图像在处理时需要进行配准。因为在表面缺陷检测中，图像数据可以先单独处理，最终把结果合并即可，但是 CT 数据需要综合图像的特征（即进行特征融合）才可进行相应的异常检测。因此对 CT 数据的处理，需要以下几步：

①预处理。此步骤需要对 CT 图像进行降噪与增强对比度，因为实际应用中传感器接收到的数据含有较大的噪声，以及峰值信噪比也偏弱。因此预处理需要重点关注降噪与增强对比度的操作。

②特征匹配。此步骤是通过特征点检测（如 SIFT 算法）找到特征点，方便后续的配准操作（特征点可以理解为一个明显的、不变的标记点）。

③透视变换。使用步骤②中得到的特征点，进行变换关系的测算，并结合测算结果对

图像进行相应的逆变换，最终得到配准后的图像数据。经过上述①～③这三个步骤处理后，得到的效果如图 4-18 所示。

因为数据不便展示，此处使用与案例不相关的图像数据进行效果演示，相关的代码参考附件“11. 数据配准案例代码”。

---

④使用经过步骤③处理的数据，进行通道相加即可得到对应的融合图像（即 4.3.2 节中提到的三维图像）。

图 4-18　数据配准

至此，案例中的数据处理工作完成，继续进行下一步骤。

4.3.4　主成分提取与相关性分析

1. 对传感器数据进行相关性分析

在本案例中整个生产线上的传感器只有三种，即温度、压力、振动传感器。可以肯定的是这三种数据肯定与产品的好坏有关，但是具体的关联程度事先并不清楚。因此需要先对传感器数据进行相关性分析，然后才能进行系统设计。

此处截选三种传感器数据在相同时序、同样采集频率条件下得到的数据，并均使用归一化后的数据进行展示。

（1）传感器数据之间的相关性分析

对如图 4-19 所示的数据进行相关性分析，得到的结果为一个混淆矩阵（矩阵的行列分别都对应传感器 1、传感器 2、传感器 3）：

$$
\begin{matrix}
1 & 0.90067522 & 0.07611595 \\
0.90067522 & 1 & 0.08933751 \\
0.07611595 & 0.08933751 & 1
\end{matrix}
$$

该矩阵是从左上到右下对称的，因为相关性计算满足交换律原则，即 A 与 B 的相关性和 B 与 A 的相关性是一样的。通过结果矩阵可以发现，传感器 1 与传感器 2 的相关性系数很大，很接近 1，表示两者呈强烈的正相关关系。传感器 3 与传感器 1、传感器 2 的相关系数都很低，很接近 0，因此可以认为传感器 3 的数据是独立、不相关的。

（2）传感器数据与产品良率的相关性分析

之后可以将 3 个传感器的数据分为两份，一份数据由传感器 1 与传感器 2 组成，传感器 3 的数据独立为一组。

然后加入产品的良率信息（来自事先采集的人工检测数据），分别比对两份数据与产品良率的关系。良率的数据可视化出来如图 4-20 所示（其中 0 表示正常，1 表示 NG）。

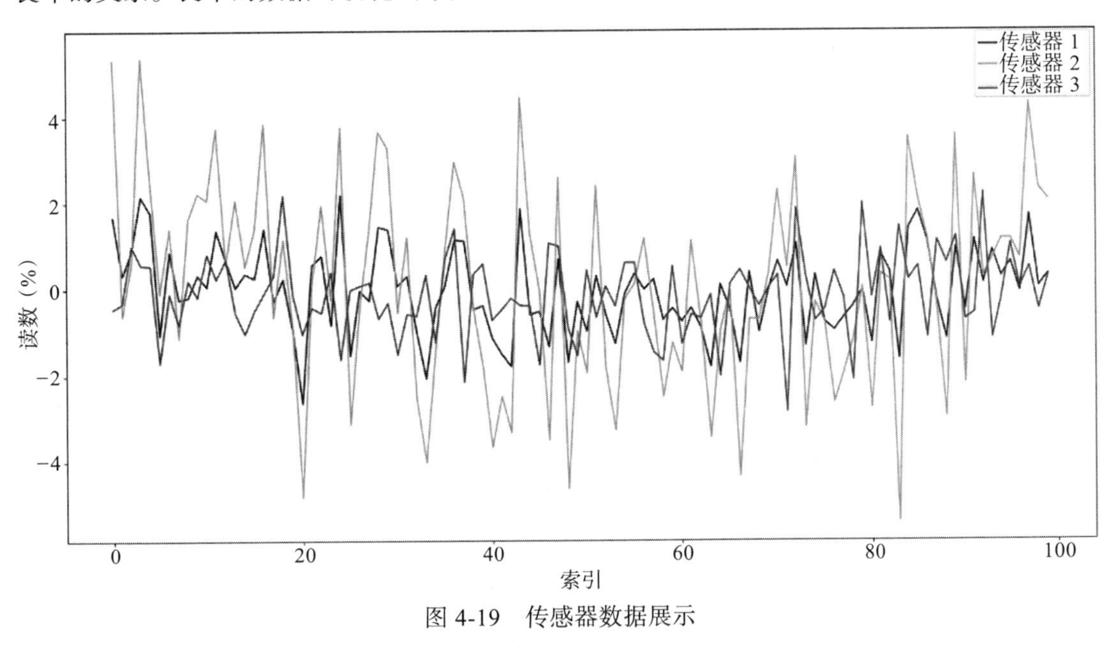

图 4-19　传感器数据展示

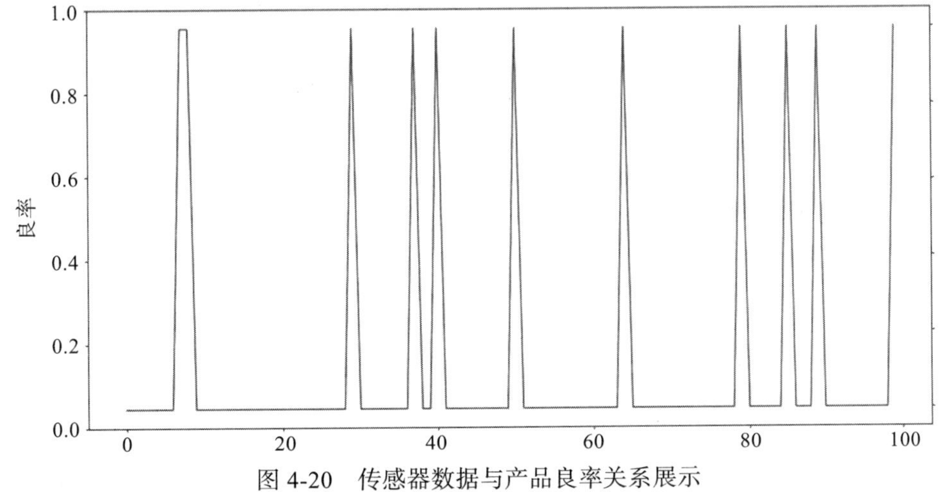

图 4-20　传感器数据与产品良率关系展示

将传感器 1 与传感器 2 组成的数据、传感器 3 的数据分别与图 4-20 所示的产品良率信息进行相关性分析，得到结果（矩阵的行列分别对应传感器 1 与传感器 2 组成的数据、传感器 3 的数据、良率）：

1	0.08722235	0.08887609
0.08722235	1	0.00598004
0.00598004	0.08887609	1

发现两组数据与良率的相关性均接近于 0。因此得出初步结论：传感器的数据与产品的良率相关性很低，在本案例中可以忽略不计。

严谨来说，此案例中传感器数据虽然与产品良率无关系，但是与生产线的状态是强相关的。

---

2. 对图像数据进行主成分分析

此步骤有如下几个方面的目的。

（1）得到图像标签分布信息

例如：气泡的缺陷标签很多，但是毛刺的缺陷标签很少，两者数据比例悬殊，容易造成系统在学习的过程中出现欠拟合。

（2）得到标签中比较相关的类别

在设计系统的学习机制时，根据相关性将对应的知识（标签信息）一起进行交叉学习，以实现在数据量偏少的情况下，依据相似的信息完成新知识的学习。

如图 4-21、图 4-22 所示，为随机截选自数据集中的三种缺陷、共计 100 个样本的主成分分析与相关性分析结果展示。

通过图 4-21 与图 4-22 可以直观地发现几点辅助系统设计的信息：

- 缺陷的样本数据失衡，坑洞的比例远大于毛刺、气泡的比例。
- X-Coordinate（即水平横向 x 的坐标）与缺陷标签、面积与缺陷标签的相关性相对较高。
- Y-Coordinate（即竖直纵向 y 的坐标）与面积的相关性相对较高。

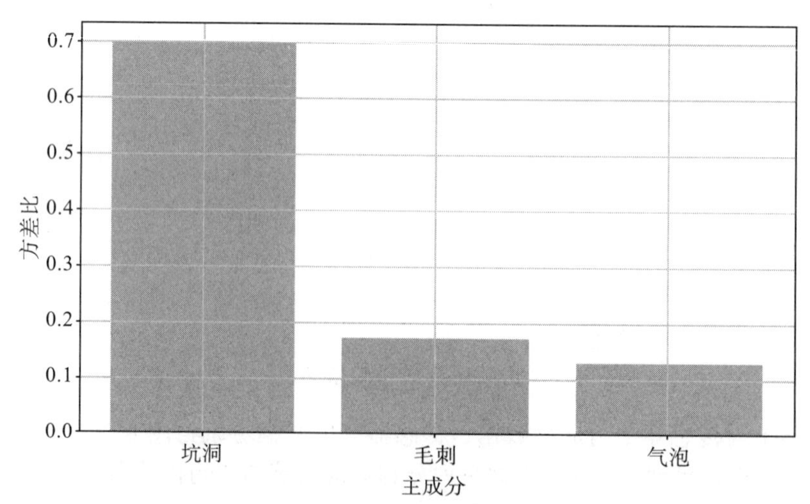

图 4-21 数据集主成分分析

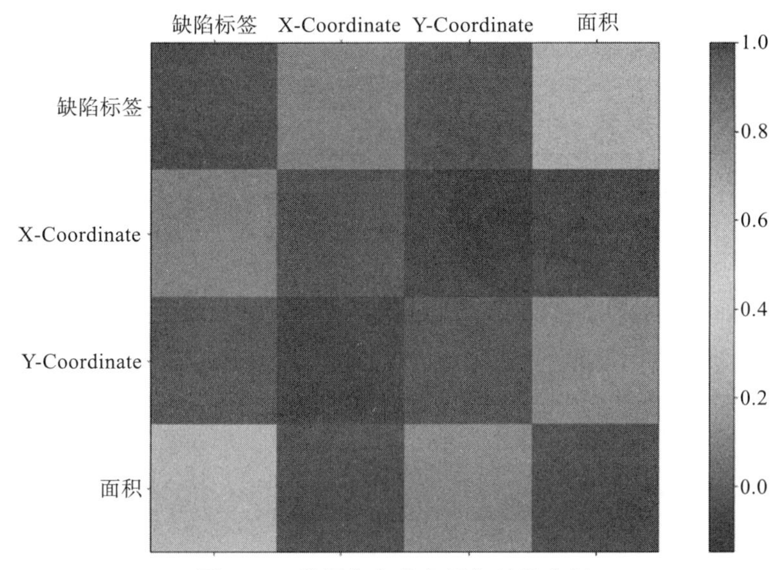

图 4-22　数据集各信息的相关性分析

4.3.5　实现模型学习的过程

经过上述主成分分析和相关性分析，确定了本案例中多模态学习功能的输入。根据 4.3.4 节得出的初步结论，传感器数据与产品良率的相关性很低，因此可以忽略传感器数据的影响。本案例将重点放在图像数据的融合上，通过结合表面成像的图像和 CT 图像来实现多模态学习。

具体而言，表面成像的图像和 CT 图像的融合将是主要关注点。表面成像提供了产品外观的细节，而 CT 图像则展示了产品的内部结构。通过融合这两种数据，可以更全面地检测产品的缺陷，提高检测的准确性和可靠性。这种多模态数据融合技术将大大增强质量控制的效果，确保生产过程中的高良率和产品的高质量。

（1）数据准备与预处理

首先，加载并预处理表面成像图像和 CT 图像。表面成像图像是 RGB 三通道图像，而 CT 图像是经过数据预处理被转换成了单通道灰度图像。为了使得模型的学习效果更加好，对这两种图像分别添加高斯噪声。

在机器学习、深度学习的过程中，很多时候为了让模型更具有鲁棒性，会对用于训练的数据集添加一点点噪声。

```
import numpy as np
import cv2
import matplotlib.pyplot as plt
from sklearn.decomposition import PCA
from skimage.util import random_noise
from ultralytics import YOLO
```

```
def add_noise(image, mode='gaussian', var=0.01):
    noisy_image = random_noise(image, mode=mode, var=var)
    noisy_image = np.array(255*noisy_image, dtype='uint8')
    return noisy_image

# 加载图像
surface_image = cv2.imread('surface_image.png')  # 表面成像的图像
ct_image = cv2.imread('ct_image.png', cv2.IMREAD_GRAYSCALE)  # CT 图像，假设是灰度图

# 将表面图像转换为灰度图
surface_image_gray = cv2.cvtColor(surface_image, cv2.COLOR_BGR2GRAY)

# 调整图像大小，使它们相同
ct_image_resized = cv2.resize(ct_image, (surface_image_gray.shape[1], surface_
    image_gray.shape[0]))

# 添加高斯噪声
noisy_surface_image = add_noise(surface_image_gray)
noisy_ct_image = add_noise(ct_image_resized)

# 将图像展开为 1D 向量
surface_image_flatten = noisy_surface_image.flatten()
ct_image_flatten = noisy_ct_image.flatten()
# 合并两个图像的 1D 向量
combined_data = np.vstack((surface_image_flatten, ct_image_flatten)).T
```

在上述代码中，surface_image 和 ct_image 分别表示加载的表面成像图像和 CT 图像。通过添加高斯噪声来模拟真实环境中的噪声。为了进行特征融合，将图像展平为一维向量，并将它们合并成一个二维数据矩阵。

（2）特征融合

使用主成分分析（PCA）对合并后的数据进行降噪和融合，生成融合后的图像。

```
# 使用 PCA 进行图像降噪和融合
pca = PCA(n_components=1)
fused_image = pca.fit_transform(combined_data)
fused_image = fused_image.reshape(surface_image_gray.shape)

# 保存融合后的图像以便 YOLO 使用
cv2.imwrite('fused_image.png', fused_image)
```

PCA 是一种有效的降维方法，通过将高维数据投影到低维空间中，可以有效地去除噪声并提取主要特征。经过 PCA 处理后，得到的 fused_image 即为融合后的图像。

（3）训练 YOLOv8 模型

使用预训练的 YOLOv8 模型，并进行微调训练。

```
# 加载 YOLOv8 模型
model = YOLO('yolov8s.pt')  # 使用预训练的 YOLOv8 模型

# 训练模型
model.train(data='path/to/dataset', epochs=50, imgsz=640)
```

这里使用了 YOLOv8 模型。首先，加载预训练的 YOLOv8 模型，然后使用包含缺陷标注的训练数据集对模型进行微调训练。其中数据集的制作参考 3.2.2 节中的内容，当然制作好的数据集还需要参考 YOLOv8 的需求格式进行格式化处理。

YOLOv8 是一个成熟的、开源的大型项目，包含的源码、API 很多，本书不进行详细介绍，感兴趣的读者可以在 GitHub 上查阅相关的资料。

（4）缺陷检测

使用训练好的 YOLOv8 模型对融合后的图像进行缺陷检测，并绘制检测结果。

```
# 使用训练好的模型进行检测
results = model('fused_image.png')

# 绘制检测结果
result_image = results.render()[0]

# 显示检测结果
plt.imshow(cv2.cvtColor(result_image, cv2.COLOR_BGR2RGB))
plt.axis('off')
plt.title('Detection Results')
plt.show()
```

在上述代码中，使用训练好的 YOLOv8 模型对融合后的图像进行缺陷检测，并将检测结果绘制出来。通过这种方式，可以直观地展示检测到的缺陷位置和类型。

（5）总结

通过上述步骤，本节展示了如何在多模态学习中使用特征融合和 YOLOv8 进行缺陷检测。首先，加载并预处理图像数据，添加噪声。然后，使用 PCA 进行特征融合，生成融合后的图像。最后，使用 YOLOv8 模型进行缺陷检测。这种方法能够有效地提高缺陷检测的准确性和鲁棒性，为实际生产中的质量控制提供了可靠的技术支持。

第二部分

智能设备上的 AIGC 系统设计

在数字经济蓬勃发展的今天，AIGC 技术正引领着内容创作的革命。随着用户需求的不断增长，各行各业的企业对高效、精准的内容生成系统的需求也日益增强。AIGC 技术不仅能够提高生产效率，还能为个性化内容定制提供支持，在市场上变得愈加重要。

AIGC 系统设计不仅涉及技术的先进性和实用性，还要关注用户体验、应用场景的合理性。在系统设计过程中，需要综合考虑数据的获取与处理、算法的选择与优化、系统架构的搭建以及用户界面的友好性。这一系列环节的有效整合，将决定系统的整体性能与用户满意度。

本部分深入探讨 AIGC 系统的设计思路与实践，主要包括以下几个关键方面：

- 系统架构：分析 AIGC 系统的整体架构设计，包括云端、本地以及边缘的部署策略，确保系统能够高效处理大量数据并保持稳定性。
- 算法选择：介绍适用于 AIGC 的核心算法，如深度学习、自然语言处理和计算机视觉等，探讨如何根据不同应用场景选择合适的算法。
- 数据处理：探讨数据采集、清洗与标注的流程，以及如何利用高质量数据提高生成内容的准确性和丰富性。
- 应用场景：举例说明 AIGC 系统在工业领域的实际应用，展现其灵活性和专业性。

本章通过对这些关键要素的全面分析，为读者提供一个清晰的设计框架，以便在实际应用中更有效地发挥 AIGC 技术的潜力和价值。

CHAPTER 5

第 5 章

AIGC 系统的功能框架设计

AIGC 功能设计的核心在于设计一个高效灵活的功能框架，使得系统能够智能地处理输入数据，并输出相应的控制指令或结果。功能框架设计包括确定功能输入与输出、设计功能的数据流、制定功能接口规范，以及结合硬件环境预留功能节点。通过这些设计，AIGC 能够灵活适应不同的任务需求和硬件环境。

面对各种数据，AIGC 采用多种数据处理技术，根据数据特点选择合适的处理方法。针对中文文本信息，采用语义分析和术语库设计来实现智能处理。此外，AIGC 还能生成各类任务，并通过用户反馈机制不断优化学习，实现智能化的功能输出。

本章主要涉及的知识点：

- 设计功能输入输出及数据流的方法：这决定了 AIGC 系统如何接收输入数据，并根据设计的数据流，进行相应的处理和输出。
- 各种数据处理技术在 AIGC 中的应用：对不同类型的数据（如文本、图像等）进行处理，是 AIGC 实现智能化的关键，因此这部分的设计和应用至关重要。
- 任务生成的策略选择和标准设计：AIGC 需要能够根据实际情况生成各种任务，因此任务生成的策略选择和标准设计直接影响系统的智能化水平和效果。

5.1 如何设计 AIGC 功能框架

5.1.1 设计功能输入与输出

首先解释一下什么叫作功能的输入与输出，从字面意思理解，输入就是指“投喂”给功能的 something，输出就是指功能“产出”的 something。其中，“something”用来表述泛量数据，以与后续出现的特定类型数据进行区分。Something 可以是任何数据源、任何定义、任何类型的数据，如一张图、一段视频、一句话、一个文件等。

有句俗语叫作“无规矩不成方圆”，它在系统设计里面也是一个重要的理论。一个 AIGC 系统，往往由多个（从几十到成百上千不等）子功能组成，这些子功能往往会在不同的时间节点由不同的人员 / 团队产出。如果没有一个标准进行约束，那每个人、每个团队均按自己的想法去做，最终得到的就是一堆零零散散的功能，根本无法形成一个有效的系统。

1. 功能输入的设计原则

功能输入的设计原则，目的是确保系统能够及时接收到准确、完整的输入数据，以满足后续处理和分析的需要。以下是功能输入设计的一些基本原则：

- 准确性：输入数据应该准确反映实际情况，避免数据错误或失真。数据的来源应可靠，并采取必要的校验和验证措施确保数据准确性。
- 完整性：输入数据应包含系统所需的所有信息，涵盖关键的特征和属性。确保数据的完整性可以防止信息缺失或不完整导致的分析错误。
- 及时性：输入数据应该及时地传输到系统，以保证系统能够及时响应和处理。延迟的数据传输可能会影响系统的实时性和效率。
- 一致性：确保输入数据的格式和结构保持一致，便于系统对数据进行处理和分析。一致的数据格式可以简化数据处理流程，并减少错误的可能性。
- 可扩展性：设计输入接口时要考虑系统未来的扩展性和变化性。系统应该能够灵活地适应新的数据源和数据类型，以应对不断变化的需求。
- 安全性：确保输入数据的安全性和隐私性，防止数据被未经授权地访问和篡改。对此可采取必要的安全措施，如数据加密、身份验证等，保护输入数据的安全。
- 可靠性：设计输入接口时要考虑系统的可靠性和稳定性。系统应该能够在面对异常情况时自动进行错误处理和恢复，确保系统的正常运行。

从实际的技术实现角度层面来看，设计输入规则时需要考虑几个方面，包括数据源有哪些、数据类型有哪些、数据会经过哪些应用、数据的安全等级、数据的特征等。

2. 输入数据源

一个智能设备会有很多的传感器、应用，为了方便理解，将这些传感器、应用统称为 element。每一个 element 均会产生数据，因此每一个 element 也是一个数据源。

常见的数据源按频率分类可以被分为如下类别：

（1）实时数据源（数据流）

实时数据源（数据流）的显著特点在于“实时”两个字。对于视频监控、自动驾驶中的雷达数据以及其他的实时数据，它们的最大特点是产生的数据是时间间隔极小的时序数据，即时间维度上数据采集点间隔极小的分布数据。在如图 5-1 和图 5-2 所示的两个截断数据的示例中，横轴均表示数据获取的时间，纵轴均表示经过处理得到的结果数据。图 5-1 表示的数据可以被认为来自实时数据源，而图 5-2 表示的数据不能被认为来自实时数据源，它们的区别在于图 5-1 展示的数据时间间隔很小（0.5s），图 5-2 展示的数据时间间隔很大（10h）。

从技术层面理解，如果要获取实时数据源的数据，则需要通过长连接实现；而获取非实时数据源的数据，使用短连接即可轻易实现。不同的连接方式，与系统的资源、业务逻辑等有很强的相关性，从而影响系统的效率、稳定性等。

长连接是一种持久连接，即通信一旦建立连接就一直保持畅通状态。短连接是一种即连即断的连接，即每次通信都需要建立连接并在通信结束后立即断开连接。长连接适用于连接频繁但通信内容量较小的场景，而短连接适用于连接不频繁但通信内容量较大的场景。

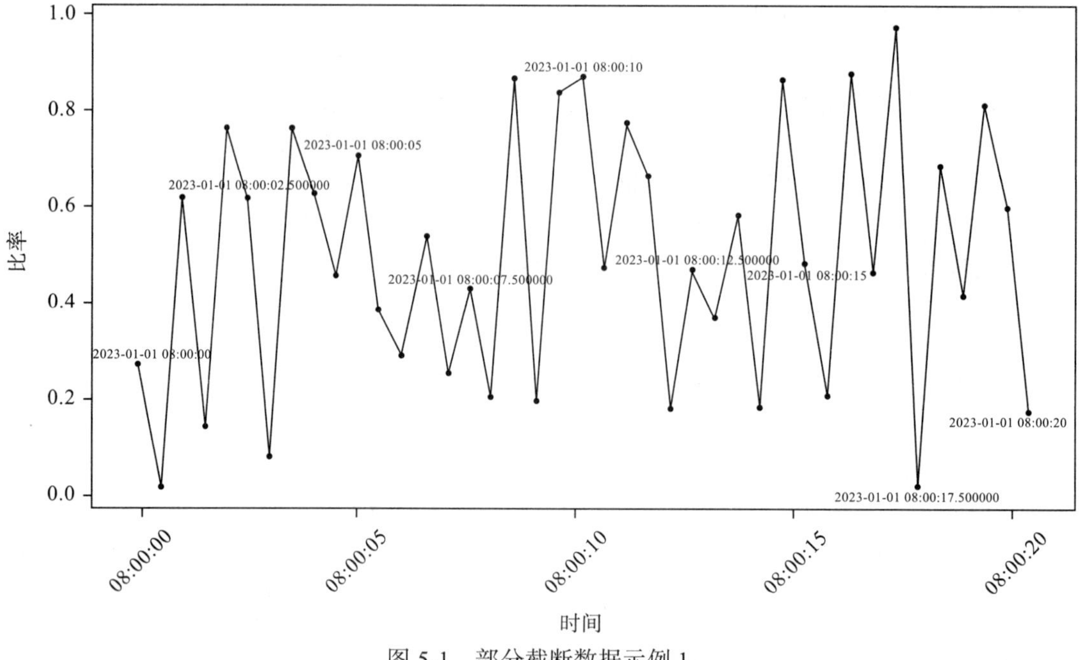

图 5-1　部分截断数据示例 1

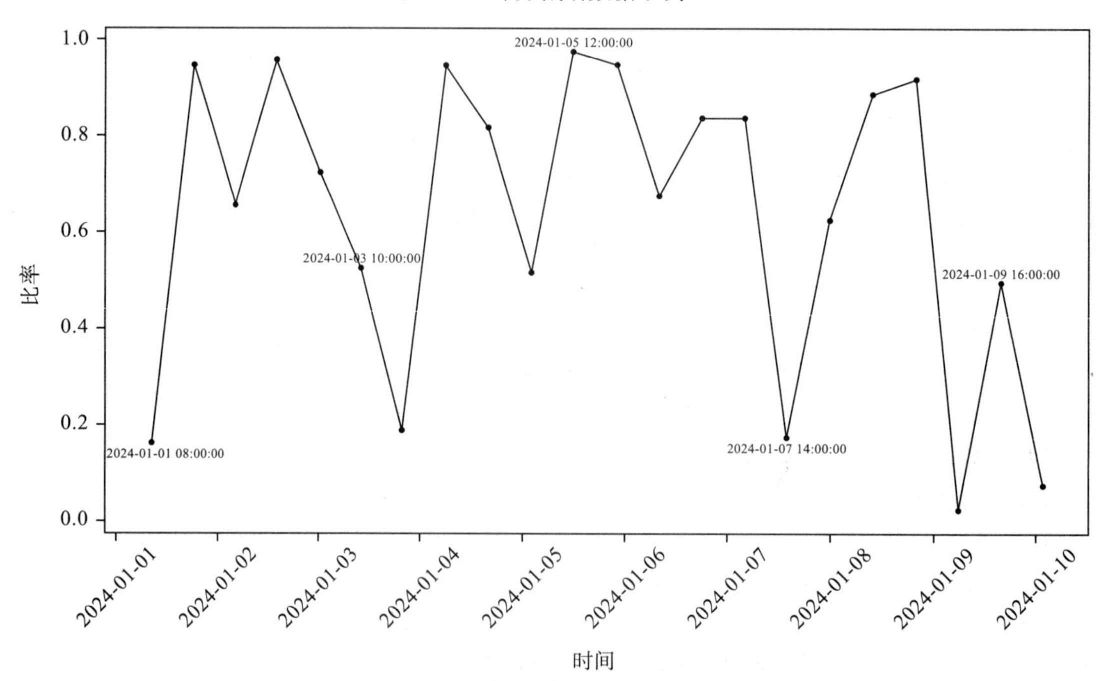

图 5-2　部分截断数据示例 2

从需求层面理解，如果需要某种数据是实时数据，那么其极大可能需要被作为实时数据源进行技术处理或者方案设计。

（2）结构化数据源

结构化数据如 Excel 表格、MySQL 数据库、温湿度传感器、日志等数据，它们的显著特点是有明确定义的结构，可以用表格的行、列来组织。如图 5-3 所示的是截取自某一个系统的运行日志数据（核心信息被隐藏），在这个实例数据中具有极其明显（显眼）的数据结构，通过这个结构，可以很快、很清楚地了解到不同时间点系统执行了什么操作。

```
2023-09-28 08:20:15 pool.py[line:125] INFO: 执行image_file_path为 ... 的任务
2023-09-28 08:20:15 routing.py[line:161] INFO: 获取到 ...
2023-09-28 08:20:15 pool.py[line:125] INFO: 执行image_file_path为 ... 的任务
2023-09-28 08:20:16 pool.py[line:125] INFO: 总fov数量841, 已完成数量1
2023-09-28 08:20:16 pool.py[line:125] INFO ... 执行完毕
2023-09-28 08:20:16 routing.py[line:161] INFO: 获取到 ...
2023-09-28 08:20:16 pool.py[line:125] INFO: 执行image_file_path为 ... 的任务
2023-09-28 08:20:16 pool.py[line:125] INFO: 总fov数量841, 已完成数量2
2023-09-28 08:20:16 pool.py[line:125] INFO ... 执行完毕
2023-09-28 08:20:16 pool.py[line:125] INFO: 总fov数量841, 已完成数量3
2023-09-28 08:20:16 pool.py[line:125] INFO: ... 执行完毕
```

图 5-3　部分截断系统运行日志示例

从技术层面理解，这类数据的处理方式十分简单，不需要很烦琐的处理流程，也不用花费较多的系统资源。通过技术把这种数据整理成一个表格（或者数组），那么它的每一行、列均有固定的含义，直接读取表格指定的行、列（或者数组的索引）就能获取对应的数据。

从需求层面理解，如果某种数据可以轻易转化成表格的形式，或者通过确定的逻辑关系被描述出来，那么就可以将这种数据作为结构化数据源进行技术处理或者方案设计。

结构化数据源是工业大行业中最常见的一种数据源，很多传感器、自动化设备、系统产生的数据均属于结构化数据源。

（3）半结构化数据源

半结构化数据如 JSON 文件、XML 文件、DB 文件等，它们的显著特点是具有一定的结构，但是又没有完全遵从表格的形式（即不能将其中的数据转换为表格）。将这种数据源与结构化数据源进行对比理解，如图 5-4 与图 5-5（两者均来自系统的运行结果）所示。两张图展示的数据均有结构，即每个数值均能知道其含义，但是图 5-4 的数据无法被转换成表格的形式并通过指定行列的方式得到值；而图 5-5 的数据可以被转换成表格的形式，其中每个值也均可以通过指定行列的方式被得到。

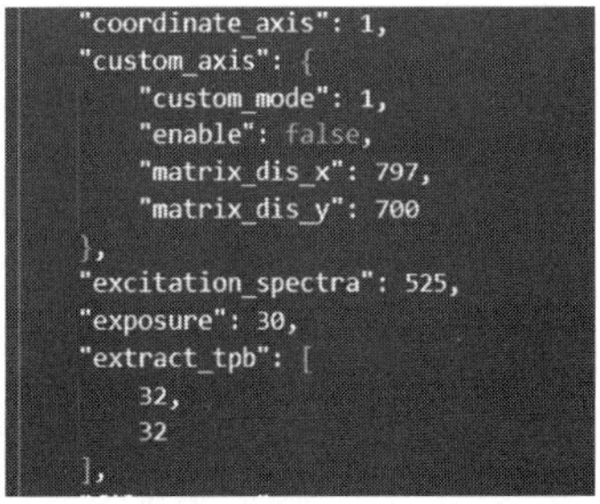

```
"coordinate_axis": 1,
"custom_axis": {
    "custom_mode": 1,
    "enable": false,
    "matrix_dis_x": 797,
    "matrix_dis_y": 700
},
"excitation_spectra": 525,
"exposure": 30,
"extract_tpb": [
    32,
    32
],
```

图 5-4　系统运行结果部分示例 1

```
"spectrum_fit": false,
"spectrum_start": 560,
"spectrum_step": 1,
"template_x_start": 15,
"template_y_start": 14,
"threshold": 101,
"threshold_d": 33,
```

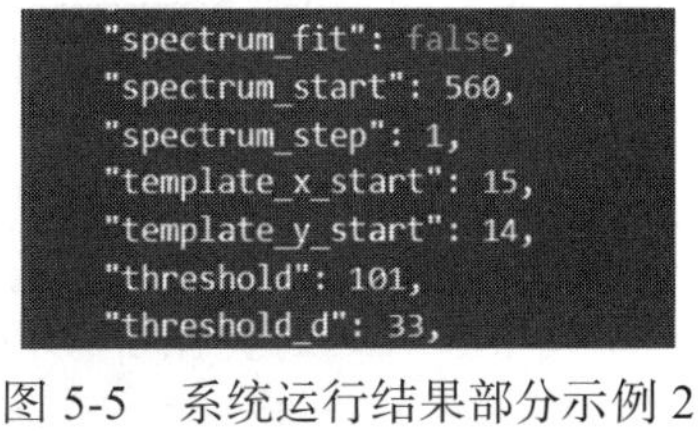

图 5-5　系统运行结果部分示例 2

结构化数据源与半结构化数据源之所以需要被区别对待，是因为所有软件程序的实现都是由可被量化的逻辑组成的。两者虽然均具有结构，但是结构化数据源的结构单一，而半结构化数据源的结构比较复杂。

从技术层面理解，半结构化数据源虽然具有结构，但是因为其结构不固定，当需要读取其中的某个数据时，需要先分析其数据结构，再通过技术将对应的结构解析实现。相比于结构化数据源的技术实现方式，明显处理该类数据源的技术更复杂一些。

从需求层面理解，如果某种数据是层层嵌套的或者是具备两种及以上数据结构的，即可将其作为半结构化数据源进行技术处理或者方案设计。

（4）非结构化数据源

非结构化数据如图像文件、音频文件、自由文本（即内容没有固定规律）、视频文件等，它们的特点就是没有明确的数据结构。应对这种数据，需要依靠高度定制化的技术手段。如软件要读取图像文件，则需要调用专业的库去实现，这个库文件就是通过定制化的技术手段实现的。

无论是从技术层面还是从需求层面理解，当面临这种数据源时，需要付出的成本往往是最高的，因此在技术处理或方案设计的时候，这种数据源是需要重点关注的，需要结合实际应用的数据类型进行专业的技术选型以及方案定制。

3. 输入数据类型

当确定数据源后，为何还需要考虑数据类型呢？首先理解一下什么是数据类型，数据类型是一个值的集合与定义在这个值上的一组操作的总称，简单理解，它定义了数据的性质与操作。

从技术设计的角度去理解，数据类型影响系统 / 功能的因素包括：存储性能、内存消耗、运算速度、运算精度、通信效率（数据传输效率）。

（1）存储性能

不同的数据类型均有不同的底层操作原理，所以用不同的数据类型处理同样的数据，其存储性能是不一样的。在实际的应用中，需要结合数据量以及存储需求选择合适的数据类型。如图 5-6 展示的数据为数据量、数据类型与存储耗时的关系，其中横轴为数据量（10 的指数），纵轴为数据存储的耗时（单位为秒），浅色的线表示数据类型为 64 位整型，深色的线表示数据类型为 64 位的浮点数。

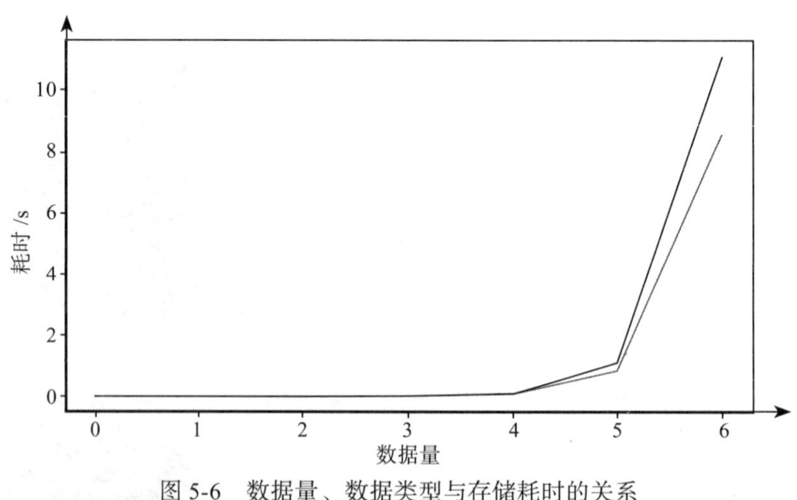

图 5-6　数据量、数据类型与存储耗时的关系

图 5-6 所示的关系并不具备唯一性，它在不同的技术栈、不同的硬件设备上的表现均不一样，此图仅作为示例，展示概念设计阶段需要关注的问题与需要经历的步骤，以及引

导我们分析问题并选择符合实际需求的方案。

（2）内存消耗

不同的数据类型，消耗的内存不一样。在计算设备中，每一种数据类型均有其对应的固定内存消耗。如“float32”“int32”形式的 32 位数据，表示每一个数值需要消耗 4 个字节。8 位数据、16 位数据、64 位数据同理。

（3）运算速度

由于不同数据类型消耗的内存不一样，因此在运算时，读写内存的速度不一样就会直接影响运算速度。另外，在系统设计中，选用的策略、算法也与数据类型有关，有的适合整数运算，有的适合浮点数运算。

做好输入数据类型的设计，也能从另一种角度保障输入数据的质量，避免出现垃圾数据。另外，此步骤限制了输入，减少因为系统处理能力达到边界条件而产生的问题。

例如，已知某一个功能的设计方案是以 float32 类型的数据结构进行数值运算的，现在对其输入两个 float64 的数值 a=0.000000001,b=1.111111111，计算 $a+b$。原则上计算结果应该是等于 1.111111112 的，但是实际运算出来为 $a+b$=1.1111111120000001。出现这种情况的原因就是输入的数据类型与实际功能设计的类型不对，造成运算异常。

同理，针对其他多样化的数据，也需要限制好数据类型：

- 对图像数据，需要确定图像数据的通道数、分辨率、宽高比等信息。
- 对文本数据，需要确定文本数据的文件格式（如 .txt 文件、.md 文件等）、编码以及文本中数据的结构等信息。
- 对音频数据，需要确定数据的文件格式、协议规则等。
- 其他数据，需要确定数据的结构、有无解析编码或者协议、有无时效性等信息。

4. 功能输出的设计原则

功能输出的设计原则，目的是要保证结果的可解释性、准确性以及适用性等。它同样需要满足上述功能输入设计原则中的基本设计规则，即准确性、完整性、及时性、一致性、可扩展性、安全性、可靠性。相关设计规则已在前面介绍过，以下内容将仅从技术实现的角度进行阐释。

（1）可解释性

- 清晰易懂。结果应该以用户易于理解的方式呈现，避免使用过于专业化或复杂的术语和表达方式。可以通过可视化、图形化或文字描述等方式使结果直观易懂。如深度学习中常用的一个指标 mAP（mean Average Percision，均值平均精度），表示在数据集的训练集中对所有类别的预测正确率的平均值，将其含义转换为清晰易懂的描述方式为“模型预测所有类别目标的平均准确率”。
- 提供上下文。结果应该提供相关的上下文信息，帮助用户理解分析的背景、方法和意义。这包括数据来源、分析方法、结果解释等内容。例如，有一个功能的结果为“某产品上的缺陷面积 =1mm²”。单凭这个结果，无法判断该产品为 OK（通过）还是 NG（不通过）。因此需要引入其他信息，比如缺陷面积需要大于 2mm² 才为 NG。

- ❑ 层次呈现。结果可以以多层次的方式进行呈现，从整体到细节逐步展示，让用户可以根据自己的需求选择不同层次的信息。如一个产品缺陷检测的结果不仅是 OK/NG，还应该包含其他信息，方便用户选择。

如图 5-7 所示，这是为一个划痕缺陷检测的多层次结果结构。其中“name”表示缺陷的名字，“confidence”表示 AIGC 功能检测出缺陷的置信度（例如，机器对这个结果的准确性有 93% 的把握），“position”表示缺陷的起始坐标点和结束坐标点，“length”表示缺陷的长度，“width”表示缺陷的宽度，“depth”表示缺陷相较于表面的深度，“result”为 AIGC 功能最终对该产品做出的判断。

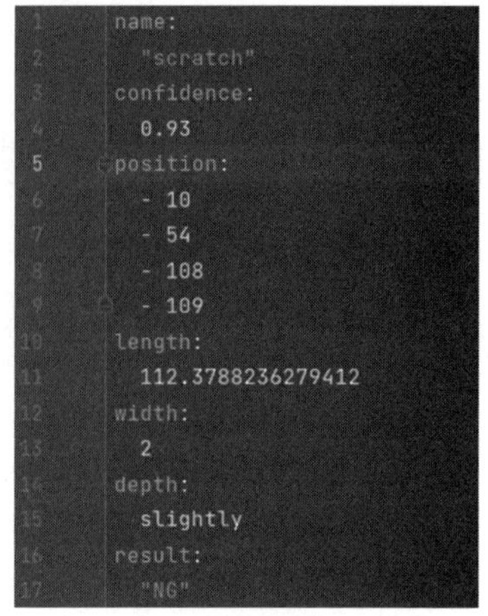

图 5-7　划痕检测的多层级结果示例

（2）准确性

- ❑ 数据质量：确保输出的数据不存在缺失、错误、重复或者偏差等问题。其中需要重点关注的是重复与偏差的问题。因为AIGC功能技术本质上是深度学习模型，模型输出的结果肯定会存在重复的情况，所以保障输出数据准确性的第一步是要做好去重，常用 NMS 算法进行处理。而对于偏差问题，一般在涉及机械运动相关功能的时候进行处理，目的是避免这一偏差带来结果的异常，造成后续依赖该结果的一些生产工序出现异常。
- ❑ 合适的评估方式：使用深度学习相关技术时，评估的方式也会影响输出结果的准确性。一般条件允许的情况下，均需要创建一个标准的参考数据集（类似于参考答案），对 AIGC 功能的输出结果均以该标准的参考数据集进行评估，并根据评估结论反向修正过程，以保证输出结果的准确性。

（3）适用性

- ❑ 用户需求：结果应该能够满足用户的具体需求，解决用户面临的实际问题。可以通过调研和用户反馈等方式了解用户的需求，并根据需求进行定制化设计。例如，工业系统为了严谨，往往会记录、保留特别多数据，以笔者在半导体行业的经验，一个检测业务会产生至少 20 种数据。当面向用户时，不能直接输出这几十种数据，因为用户看到这么复杂大量的数据会感到无从下手，因此实际笔者所设计的系统，均会结合实际的用户需求或者场景需求给出符合期望的数据，而将其他的数据保留在文件中，由其他操作人员或者用户按需去查找即可。
- ❑ 领域适用性：结果应该在特定领域或行业中具有一定的适用性和实用性，能够支持用户在特定场景下进行决策和行动。例如对某一个机加件产品进行自动化的检测，假设设备得出的结果是“该产品与设计图相差 2px”（px为在视觉系统中的像素单位），对于一个机加件行业中的从业者，看到这个结果肯定是无法理解的。如果将结果转换成行业领域中可理解的“该产品的公差为 IT8”，那么行业中相关的从业者就可以根据这个结果进行判断或者后续处理了。
- ❑ 可扩展性：结果应该具有一定的可扩展性，能够适应未来可能的变化和扩展，保持长期的有效性和适用性。

5. 输出数据类型

输出的数据类型更多是面向用户角度进行设计。常用的面向用户的输出数据类型如下：

- 表格，如 CSV、XLSX 文件等。
- 记录日志，如 .log、.txt 文件等。
- 配置，如 .json、.md 文件等。

除了上述的文件类型，还需要确定不同文件内容对应的数据结构等。大部分实际应用场景中的数据都是半结构化数据，即文件中的数据结构不止一种。

6. 案例分析

例 1：

有一个自动化检测设备需要设计一个 AIGC 系统，该系统的概念拓扑图如图 5-8 所示。在这个系统中有一个子功能（即图 5-8 中的处理单元，以下简称 F）需要实现根据接收的指令完成对产线上产品的分拣功能。

说明：所有的 AIGC 功能均无法直接控制机械进行运动，均是基于一系列标准的机械指令输出来间接实现机械控制的。

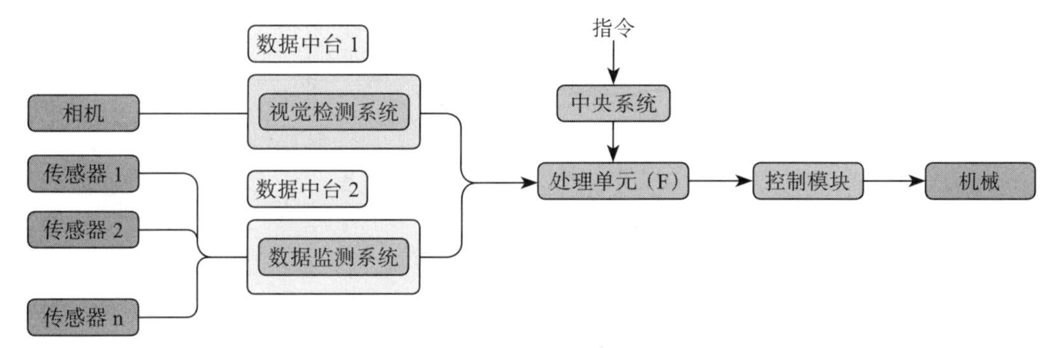

图 5-8　案例中的 AIGC 系统概念拓扑图

在本案例中，输入的是指令，输出的是机械指令。不过需要注意的一点，输入的指令可能来自多个地方，例如：

- 检测设备的视觉系统。当视觉系统发现有异常的产品时，需要给出对应的指令与坐标到 F，F 接收到指令后根据坐标下发机械指令。
- 人为介入。任何自动化的设备、系统，其操作控制权限不能高于人，即人可以介入干预操作，因此整个 AIGC 系统接收到人为介入的信息后，需要给出对应的指令与坐标到 F，F 接收到指令后根据坐标下发机械指令。
- 其他检测系统。在工业行业中，为了使产品生产过程更加严谨，不会仅用单一检测系统。因此设备中除了视觉系统进行异常检测，还会有其他传感器进行配合检测。当其他传感器检测到异常时，也需要通过给出指令与坐标到 F 以完成对应的机械动作。

在本案例中，输出端只对接 1 个功能，故输出端只设计一种标准即可。由于输入端对应 3 个上游输入，很多人会误以为需要设计 3 种输入标准，实际却不用。结合图 5-8 来看，F（即处理单元）在概念拓扑图上直连的逻辑输入为 2 个点，其中视觉检测系统与数据监测系统公用一个接入点，因此对于这两个系统到 F 的输入，仅需要设计一个标准。然后，对于中央系统到 F 的输入，再设计一个标准即可。

实际设备中，由于整体设备的硬件空间布局限制，如图 5-9 所示，传感器或者相机的数据获取时间有提前量，即可能视觉检测系统或者数据监测系统已经发现异常了，但是产品还没到机械手的工作范围。对于这种情况，输入到 F 的指令需要设置一个提前量（通常是一定的延时）。但是中央系统接收到人为输入的情况不一样，人为介入的前置条件是人已经发现问题且产品在机械手工作区了，因此不需要延时。

通常视觉检测系统或者数据监测系统输入 F 的延时是根据产线的传送速度设定的，并不是随意设置的。

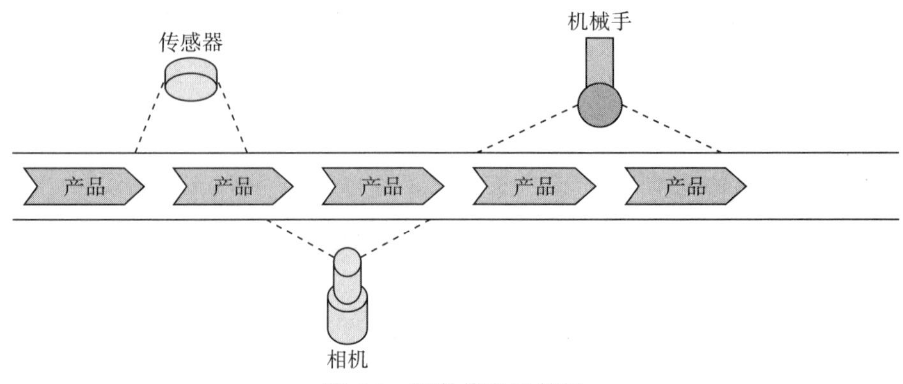

图 5-9　硬件模块示例图

结合上述分析，F 的输入、输出具有如下特点：

- F 是系统里面的一个子功能，即 F 位于系统内部，因此在系统内部的输入、输出交互均以结构化数据进行流转，目的是尽量避免一个系统内部出现过多零散的数据方案。
- F 功能的应用场景是“告诉”机械手什么时候该分拣产品，因此 F 的输出需要明确“时间”“动作”。另外，结合行业属性，需要明确输入与输出的指令产生时间。
- F 的输入需要是实时的，以及能够直接支持 F 进行决策。
- F 的输入虽然有两个接入点（两种情况），但是两种输入的差异不能过大。
- F 的输出需要是实时的。
- F 的输入与输出均是指令，因此数据量很小，可以不用考虑传输的问题。
- 由于 F 涉及多端对接，因此需要在输入中明确信息来源。

结合上述几点进行输入标准与输出标准的设计，代码示例如下（其中展示的数据在真实数据的基础上做了部分删减，仅作为示例使用）：

```
输入的标准：
{
```

```
    "state": 1,
    "time": "2023-12-1-12:00:02",
    "delayed": 2,
    "source": 0,
    "class": 1
}
输出的标准:
{
    "time": "2023-12-1-12:00:03",
    "start": "2023-12-1-12:00:04",
    "do": 0
}
```

其中：

- 输入标准中的“state”为 F 输入指令对应的状态，0 表示正常（机械手不用处理），1 表示异常（机械手需要进行分拣动作）。“time”为当前输入指令的时间。“delayed”表示动作需要等待的延时，如果有人为介入的需要立马执行的指令，则此处延时为 0 即可。“source”表示指令的来源，0 表示来自视觉检测系统，1 表示来自数据监测系统，2 表示来自人为介入。“class”表示需要将产品分拣到哪一类。
- 输出标准中的“time”表示当前输出指令的时间。“start”表示机械手应该执行动作的时间。“do”表示应该执行的动作，不同的值表示将产品分拣到不同的地方。

在完成上述的输入与输出标准设计的基础上，还需要额外进行一项输出——日志。工业系统要求严谨，因此所有与动作、指令相关的事件均需要进行日志记录。因此 F 还需要一个日志，示例如下：

```
2023-12-01 12:05:40 - INFO - 接收到输入指令****
2023-12-01 12:05:40 - INFO - 输出指令*****
2023-12-01 12:05:41 - INFO - 接收到输入指令****
2023-12-01 12:05:41 - INFO - 输出指令*****
2023-12-01 12:06:00 - ERROR - 下游设备离线
```

5.1.2　设计功能的数据流

数据流（也称信息流）指的是数据在整个系统中的流动路径，包括数据的来源、处理、传输和存储等方面。可以将数据流形象地理解为系统中“流动的数据结构”，它可以描述软件、系统中数据处理过程。从数据传递和加工的角度出发，数据流刻画了数据从输入到输出的移动和变换过程。由于它能够清晰地反映系统必要的逻辑功能（业务逻辑），因此它已经成为系统设计过程中的一个关键项。

1. 数据流的特征及属性

- 数据流抽象地描述了数据流的起点和终点，即数据流的来源和去向。数据可以来自外部实体、系统内部的加工过程或数据存储空间，也可以流向外部实体、系统内部的加工过程或数据存储空间。
- 数据流所携带的内容或信息可以是各种形式的数据，如文本、数字、图像、音频等。数据流的内容或信息决定了数据流在系统中的用途和影响。

- 数据流在系统中的传输路径可以是直接的点对点传输，也可以是经过多次加工过程或数据存储后再传输。其传输方式可以是同步传输或异步传输，也可以是批量传输或流式传输。
- 数据流自身的属性和特征描述，如数据流的速率、频率、容量、时效性等，决定了数据流在系统中的处理和管理方式，对系统性能和效率有重要影响。
- 数据流所携带数据的数量或大小，通常以数据量或数据包数量等指标来表示。数据流的容量决定了数据在系统中的处理和传输的负荷。
- 数据流传输和处理的安全性要求，包括数据的保密性、完整性和可靠性等方面。数据流的安全性要求决定了数据在系统中的加密、认证和访问控制策略。

2. 绘制数据流图

数据流是一个抽象的概念，在实际的系统、功能设计过程中，需要使用一种方式将这种抽象的概念具象出来，这种方式就是绘制数据流图。

首先，数据流图可以直观地展示系统、功能中的数据流各种属性，既能帮助分析系统中不同模块之间的数据交互关系，又能帮助优化系统设计，包括优化数据流程、简化数据传输路径和改进数据处理算法等。

其次，通过绘制数据流图，可以识别系统中的数据交互点和关键路径，一方面有助于发现数据流程中的潜在问题和瓶颈，以及定义系统中每个模块的功能和责任，另一方面有助于规范和统一数据处理流程，提高系统的可维护性和可扩展性。

另外，在团队协作中，数据流图可以作为沟通和协作的工具，帮助团队成员之间共享和理解系统设计和功能实现。通过绘制数据流图，可以清晰地传达系统设计的思路和逻辑，促进团队成员之间的沟通和合作，提高团队的工作效率和协作效果。

数据流图的绘制遵循自上而下、由外向内的顺序。简化的绘制步骤如下：

①确定系统、功能的输入与输出。

②明确系统、功能中的实体（也可称为模块）。

③定义实体（模块）间的交互。

④自上而下、由外向内进行分解。

为了操作便捷性，推荐步骤②与步骤③同时进行。另外，此处提到的“实体”，是指组成处理单元中的小功能（小模块）。

以 5.1.1 节中提到的案例为例进行数据流图绘制。

第一步，确定功能 F 的输入与输出，则可得到如图 5-10 所示的数据流图（该图为顶层图，一般是用以描述系统、功能中的最大概念层级关系的数据流图）。

第二步，明确 F（即处理单元）中的实体，并定义实体间的交互关系。参考 5.1.1 节中的输入标准与输出标准设计，此处简化 F 的实体为输入数据解析功能、业务逻辑计算功能、输出数据功能、记录功能。它们之间的交互关系如图 5-11 所示。根据图 5-11 所示的交互关系，可以得出如图 5-12 所示的简单的实体交互数据流图（仅限于第一层实体交互关系）。

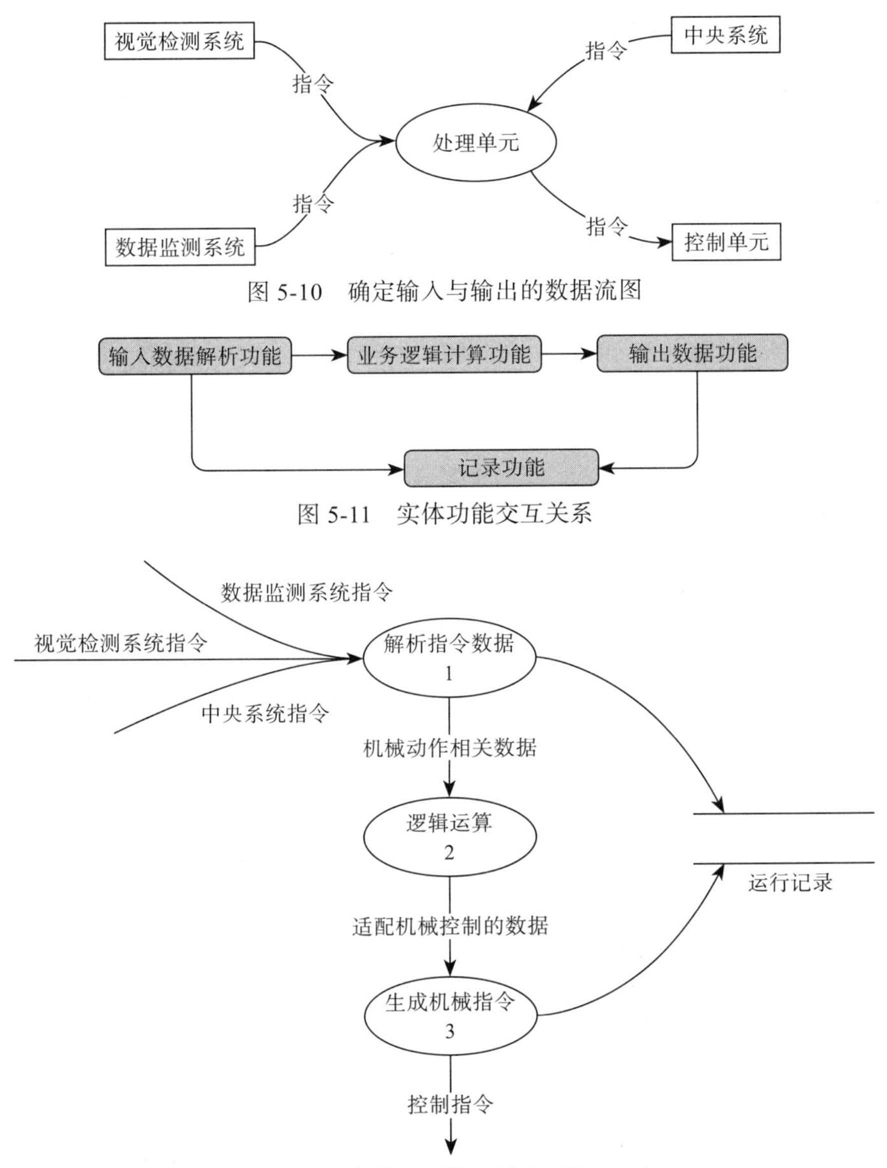

图 5-10 确定输入与输出的数据流图

图 5-11 实体功能交互关系

图 5-12 实体交互数据流图（第一层）

在图 5-12 中，实体并不是按照前面提到的“输入数据解析功能、业务逻辑计算功能、输出数据功能、记录功能”这些功能名标识的，而是采用的加工数据的方式进行描述的。这样做是为了方便团队协作过程中相关人员之间更容易理解。在实体上标识的数字表示的是一个正常流程执行过程中各实体的执行顺序，这在复杂的系统、功能设计中十分重要。最后，在实体间的有向连线上，尽量注明数据的类型、属性、特征、大小、描述等信息，此处展示比较简洁，仅注明了数据的描述信息。运行记录的两个输入均没有明确的信息标识，代表此地方可自由发挥，无明确的限制条件。

5.1.3 制定功能接口规范

在一个复杂的系统中，设计功能接口十分重要，它有助于确保系统各模块、功能之间有效地通信和协作，同时间接助于系统解耦、提升系统的维护性与扩展性。在设计功能接口时需要参考如下步骤：

①确定系统模块、功能间的关系与通信方式，从而确定接口的类型。

②确定系统模块、功能间的依赖关系，从而确定接口的功能。

③确定异常处理机制。

在接口设计中，也需要依赖 5.1.1 节设计的输入与输出标准，它们直接为接口设计提供了开发依据。

---

1. 选择接口类型

在一个 AIGC 系统内涉及的接口会有很多，将这些接口按照功能与作用进行分类，可以分为以下几种。

（1）应用程序接口（API）

API 是指用于不同软件组件之间进行通信和数据交换的接口。API 通常定义了函数、方法或协议，允许其他程序、模块通过预定义的方式访问或操作某个软件组件的功能。常见的 API 包括操作系统 API、网络 API、数据库 API 等。

（2）用户界面接口（UI）

UI 是指用于系统与用户之间进行交互的接口。UI 通常包括图形用户界面（GUI）、命令行界面（CLI）、语音界面等。用户通过这些界面与系统进行交互，并通过输入命令、点击按钮等方式操作系统或应用程序。

（3）数据接口（Data Interface）

数据接口是指用于不同系统或模块之间进行数据交换和共享的接口。数据接口定义了数据的格式、传输方式和访问权限等规范，确保数据能够准确、高效地在系统间传递和共享。常见的数据接口包括文件接口、数据库接口、消息队列接口等。

（4）服务接口（Service Interface）

服务接口是指用于系统内部或系统间提供服务和功能的接口。服务接口定义了服务的接入点和调用方式，允许其他模块或系统通过调用服务接口来访问和利用系统提供的功能与服务。常见的服务接口包括 Web 服务接口、RESTful 接口、SOAP 接口等。

（5）硬件接口（Hardware Interface）

硬件接口是指用于系统与硬件设备之间进行通信和控制的接口。硬件接口定义了系统与硬件设备的连接方式、信号传输规范和控制命令等，允许系统通过硬件接口来读取传感器数据、控制执行器动作等。常见的硬件接口包括串口接口、USB 接口、以太网接口等。

（6）编程接口（Programming Interface）

编程接口是指用于不同编程语言或开发工具之间进行交互和集成的接口。编程接口定义了编程语言或开发工具提供的库、类、函数等，允许开发人员通过编程接口来调用和使用相关功能与服务。常见的编程接口包括标准库接口、第三方库接口、框架接口等。

2. 确定接口的功能

此步骤很大程度上依赖 5.1.1 节设计的功能输入与输出。在设计功能的输入与输出的时候，确定了相关的数据结构、数据类型等信息，接口设计直接依赖这些信息就可以完成。

需要额外关注的一点就是，设计阶段的工作属于是概念层面、理论层面的工作，这个阶段肯定会出现细节层面的遗漏。因为在实际功能、模块的开发过程中存在大量的细节，其中直接与接口相关的就是参数的输入与输出，而这些参数在没有实际完成开发之前，都是无法完全确定的。

因此，还需要进行接口上的冗余设计，即预留一个可扩展的空间。比如，某一个功能模块的作用是“分析传感器数据是否存在异常”，在设计阶段可以确定该功能模块的输入是传感器数据（时序数据），输出是分析的结果。但是，在实际的功能开发阶段，还需要考虑传感器的不同型号或者不同的数据频率。所以，还需要在接口中实现对传感器型号、数据频率等信息的获取。

简单地理解，确定接口功能的步骤就是在 5.1.1 节的设计基础上，额外留一部分接口功能以备拓展。

---

3. 接口的异常处理机制

这个步骤需要定义接口可能出现的异常类型，根据具体业务需求和接口功能，确定异常的分类和类型。常见的异常类型包括参数错误、权限不足、数据不存在、系统错误等。

根据异常类型采取相应的处理措施，返回特定的错误码或错误信息，记录异常日志，或者进行适当的异常转换和处理。

在接口响应时，将捕获的异常以清晰明了的信息反馈出来，以便调用方能够理解异常原因并采取相应的措施。这一错误信息常包括错误码、错误描述、可能的解决方案等。

4. 案例实现

例 2：

以 5.1.1 节中提到的案例为例进行接口设计。F（图 5-8 中的处理单元）有 1 个输入标准和 1 个输出标准，因此仅需要两个接口：一个主动接口（输出）与一个被动接口（输入）。

在图 5-8 所示的功能中，F 的输出需要对接控制模块，这是一个主动接口（F 通过指令主动调用控制模块）；而 F 的输入则是一个被动接口，因为对于 F 的上游功能而言，F 是一个条件触发的功能（如果上游不给指令，那么 F 将无法运行）。

主动接口：

- 通常由调用方发起调用，请求服务或数据。
- 主动接口的调用者控制调用的时机和频率。
- 主动接口的响应通常是即时的，调用方需要等待接口的返回结果。
- 主动接口的设计者需要考虑调用方的需求和行为，提供符合预期的接口服务。

被动接口：

- 被动接口等待外部的请求或事件触发，然后响应这些请求或事件。

- 被动接口的调用者通常是外部系统或事件触发器。
- 被动接口的调用是由外部系统或事件触发器决定的，被动接口无法主动控制调用的时机和频率。
- 被动接口的设计者需要考虑外部请求的类型和格式，提供相应的响应逻辑和处理机制。

（1）输入接口（被动接口）

输入接口的主要作用是接收外部系统或事件触发器发送的请求，并根据请求类型和内容做出相应的处理与响应。

输入接口方法的描述如表5-1所示。

表5-1 输入接口方法描述

请求类型	功能	输入参数	输出结果
接收请求	接收上游系统、功能或事件触发器发送的请求	请求内容，即输入标准所要求的全部内容	无
处理请求	根据接收到的请求内容执行相应的处理逻辑。此处为解析参数时会检查输入指令的时间“time”加上延时“delayed”的时间是否超过当前时间。如果超过当前时间，那么这个请求就表示已经过期了	无	处理结果
发送响应	将处理结果发送回上游系统、功能或事件触发器	处理结果，需要包含接口是否成功接收到请求的信息、接口接收到的信息是否完整、接口对信息处理的结果是什么等	无

值得注意的是，如果接口出现异常，还需要将异常的信息全部发送回上游。

接口基于HTTP协议实现，监听指定的端口，接收上游发送的HTTP请求。接口收到请求后，解析请求内容，并根据请求类型和内容调用相应的处理函数。处理完成后，将处理结果通过HTTP响应的方式发送回上游。

如下为一个用Python的Flask架构实现的基于HTTP协议的被动响应接口（即输入接口）示例。其中在处理请求的process_request函数中，可以自定义实现自己的处理逻辑。

```
from flask import Flask, request, jsonify
app = Flask(__name__)

# 接收请求
@app.route('/receive_request', methods=['POST'])
def receive_request():
    request_data = request.json  # 获取请求数据
    print("Received request:", request_data)
    process_response = process_request(request_data)  # 处理请求
    return jsonify(process_response)

# 处理请求
def process_request(request_data):
    # 在这里编写处理逻辑
    # 这里只是一个示例，实际业务逻辑根据需求进行编写
    response_data = {"message": "Request processed successfully!"}
```

```
    return response_data

if __name__ == '__main__':
    app.run(debug=True, port=5000)
```

（2）输出接口（主动接口）

输出接口的主要作用是向外部系统或事件触发器发送请求，从而实现对 F 下游机械手的控制。

输出接口方法描述如表 5-2 所示。

表 5-2　输出接口方法描述

请求类型	功能	输入参数	输出结果
发起请求	主动向下游系统或服务发送请求	请求内容，包括所需的数据或指令，如本案例中输出标准的 3 个数据	无
接收响应	接收来自下游系统或服务的响应	响应内容，包括下游系统对请求的处理结果、数据等	无
处理响应	根据接收到的响应内容执行相应的处理逻辑	响应内容	处理结果，如将响应中的数据提取出来，用于后续的操作或展示

基于 HTTP 通信协议实现，通过向下游系统发送 HTTP 请求来触发相应的操作或获取数据。接口需要向下游系统提供认证信息或访问权限，以确保安全性和合法性。接收到下游系统的响应后，接口会解析响应内容，并根据需要进行相应的处理，如提取数据、记录日志等。

如下为一个用 Python 的 Flask 架构实现的基于 HTTP 协议的主动响应接口（即输出接口）示例。其中在处理请求的 process_request 函数中，可以自定义实现自己的处理逻辑。

```
from flask import Flask, request, jsonify

app = Flask(__name__)

# 模拟运动控制
def control_motion(params):
    # 在这里编写对接运动控制模块的逻辑
    # 这里只是一个示例，实际运动控制逻辑根据需求进行编写
    return {"status": "success", "message": "Motion controlled successfully!"}

# 接收请求
@app.route('/control_motion', methods=['POST'])
def receive_request():
    request_data = request.json  # 获取请求数据
    print("Received request:", request_data)
    control_response = control_motion(request_data)  # 控制运动
    return jsonify(control_response)

if __name__ == '__main__':
    app.run(debug=True, port=5000)
```

5.1.4 结合硬件环境预留功能节点

实际上在一个系统、功能的设计过程中，预留功能节点的核心是对接口进行预留设计。对于任何拓展性的功能来说，只有能够通过接口对接上原系统、原功能，它才被认为是可用的。

1. 流程介绍

（1）确定需求

首先需要明确系统的整体需求和目标。这包括对所需功能和性能的具体规格及要求的明确定义。根据这些需求，确定需要预留的功能节点类型和数量。

（2）分析硬件环境

对硬件环境进行全面分析，包括现有的传感器、执行器、控制器等设备，以及它们之间的连接方式和通信协议。理解硬件环境的特点和限制，对于合理设计功能节点至关重要。

（3）标识关键节点

根据系统需求和硬件环境的分析结果，确定哪些功能节点是关键的，它们需要在设计中进行预留。这些关键节点可能涉及数据采集、控制指令发送、故障诊断等方面。

（4）设计接口和协议

针对每个预留的功能节点，设计相应的接口和通信协议。这些接口和协议应该能够与现有的硬件设备兼容，并能够实现数据的可靠传输和命令的有效执行。

（5）考虑扩展性

在设计功能节点时，需要考虑系统的扩展性和灵活性。预留的功能节点应该具有一定的通用性和可配置性，以便在后续的系统升级或扩展中能够方便地进行调整和适应新的需求。

（6）测试和验证

设计完成后，需要对功能节点进行测试和验证，确保其能够正常工作并满足系统的要求。这包括对接口的兼容性测试、通信协议的可靠性测试等。

2. 案例解析

例3：

设计一个AIGC功能用于监控工业机器的运行状态并进行智能诊断和预测维护。

（1）明确需求

该功能需要实时采集机器的各种传感器数据（如速度、压力、振动等），并能够根据数据分析出机器的运行状态和健康状况，同时能够发送控制指令给机器进行调整和维护。

（2）分析硬件环境

工业机器上已经安装了各种传感器，包括速度传感器、压力传感器和振动传感器，以及相应的数据采集模块和控制器。这些传感器通过现有的工业总线（如Modbus、CAN等）与控制器通信，控制器则负责接收传感器数据并根据需要控制机器的运行状态。

（3）标识关键节点

在这个例子中，关键节点包括传感器数据采集、数据处理和控制指令发送等模块。因此该功能需要预留接口用于接收传感器数据，处理数据并进行智能分析，然后根据分析结果生成控制指令并发送给控制器。

（4）设计接口和协议

对于数据采集功能设计一个通用的数据接收接口（参考 5.1.3 节设计功能接口的内容），用于接收各种传感器发送的数据，并根据数据类型进行解析和处理。对于控制指令发送功能，可以设计一个标准的控制指令格式，并通过工业总线与控制器进行通信。

（5）考虑扩展性

设计接口和协议以支持多种类型和品牌的传感器，并提供配置选项以适应不同的工业环境和生产需求。此外，预留一些接口用于将来的功能扩展，比如添加新的传感器或算法模块。

（6）测试和验证

在设计完成后，对接口和协议进行严格的测试和验证，确保其与现有硬件设备兼容，并能够满足系统的性能和可靠性要求。这包括对接口的功能、性能和稳定性进行全面测试，并进行实际场景的验证和调试。

5.2 如何处理各种数据

5.2.1 数据的特点

3.2.1 节介绍了工业数据在宏观概念上的一些特点。本节将会从另一个层面（实际操作层面）进行工业数据特点的介绍，以及讨论在面对这些数据时应该怎么规划与设计技术方案。

（1）数据实时性

在工业生产、智能设备运行过程中，一些数据需要实时采集和处理，以支持实时监控和控制，比如设备运行状态数据、生产线实时质量数据等。

面对实时性要求高的数据，可以利用实时数据库、消息队列、异步通信等技术，实现数据的快速采集、传输，以及利用轻量级的算法、搭配适合的硬件条件，实现对数据的高效处理。

（2）数据量大

工业生产过程中产生的数据量通常很大。对于连续作业的生产线，数据量可能以每秒数千甚至数百万条的速度增长。在检测类的设备中，图像数据可能以百兆甚至千兆为单位进行增长。

针对大数据量的情况，需要采用分布式存储和计算技术，将数据分布存储在多个节点上，并利用并行计算进行数据处理和分析。

（3）数据质量和准确性

工业数据的准确性对于生产过程的监控和控制至关重要。对数据质量，可以采用数据清洗、异常检测、滤波降噪等手段进行提高；对数据准确性，可以采用先验信息校验、动态修正、补偿等手段进行准确性保障。

数值类的数据、图像类的数据、文本类的数据、音频类的数据，从技术定义上讲是归属于不同的技术领域的，因此它们各自有不同类型的技术手段进行数据质量与准确性保障。此处由于篇幅原因无法一一列举，如果对详细的细节感兴趣，可以查阅相关的专业领域资料。

（4）安全性和隐私保护

工业数据涉及生产过程中的关键信息，包括设备状态、产品质量等，需要保证数据的安全性和隐私性。对此可以采用数据加密、访问控制等技术，限制数据的访问和传输，并确保数据的机密性和完整性。

例 4：

计划实现一个比较复杂的自动光学检测（AOI）设备，设备上搭载了AIGC系统，现需要完成这个系统的核心——缺陷检测功能的软硬件方案设计。其中因为需求，已经确定了数据采集的速率约为10GB/s，采集数据的关键元件确定为2台16K线扫相机。

说明：16K线扫相机采集到图像数据的宽度为16384像素。

1. 传输层面

假设设备的处理系统与数据采集模块之间是以CXP-12（CoaXPress）协议标准传输的，CXP的单路传输速率如表5-3所示。

表 5-3 CXP 单路传输标准

模式	CXP-1	CXP-2	CXP-3	CXP-5	CXP-6	CXP-10	CXP-12
速率（Gbps）	1.25	2.5	3.125	5	6.25	10	12.5

数据传输单位Gbps表示每秒可完成传输的数据量为1Gb（千兆比特），转换成GB单位则为0.125GB。常用的单位中，小写b代表bit，大写B代表Byte，1Byte=8bit。

在这个案例场景中，要实现描述的需求，需要按照以下步骤进行设计：

① CXP-12的已知速率是12.5Gbps，换算成常规单位GB为1.5625GB/s。

②数据的产生速率为10GB/s，这个速度远超过CXP-12的单路传输速度。因此，如果不考虑其他的情况，仅考虑满足数据传输需求，则需要7路CXP-12同时运转才可行。

CXP是基于物理线缆进行通信的，所以实际情况中还需要考虑设备的物理接口数量，即并不能实现理论数量的搭载。

2. 硬件层面

在基于上述情景中，假设经过硬件层面的评估，设备中用以进行数据处理的硬件模块（工控机）只有4个物理接口可供对接。那么在这种情况下，就需要做分布式处理了。

工控机是一种特殊用途的计算机，可以直接将其理解为一台计算机。

①结合已知信息，确定需要两个进行数据处理的工控机。

②当一个系统中存在两个工控机时，需要有一个主从设计。假设将两台工控机分别命

名为 A 与 B，其中 A 作为主机，B 作为从机，那么硬件层面的结构拓扑如图 5-13 所示。

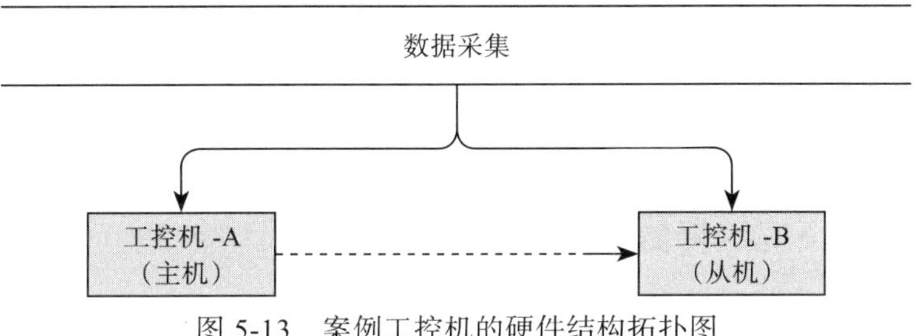

图 5-13　案例工控机的硬件结构拓扑图

在计算机系统、软件系统等相关的设计中，如果存在一个系统需要在多台设备（此处指工控机、计算机）上运行，就需要将控制权集中到 1 台设备上，即一台设备为主机，其他的设备配合主机运行，为从机。

---

3. 算法层面

设本案例中所用的数据全是图像数据，需要实现的目标功能为缺陷检测，采用的技术手段为深度学习 YOLOv5 目标检测模型，以及高斯滤波降噪算法。

1）首先，由于采用的相机为 16K 线扫相机，使用的相机数量为 2，因此可以估算出每个相机每秒可产生的图像数据约为高度为 220000 像素、宽度为 16384 像素的图像。对应整个案例而言，每秒需要处理约 440000×16384 分辨率的图像（此处按照常用的 12bit 图进行测算）。

2）接下来的算法步骤如下：

①需要对图像进行高斯滤波降噪，该算法的原理是在 $K \times K$ 范围内应用二维高斯分布对数据进行加权均值计算。一般在工业领域中均是使用 K=3 进行计算，因此可以粗略测算出此步骤需要运算的次数约为 $440000 \times 16384 \times 9 \approx 648$ 亿（它也是工业中的 QPS 指标），这个指标对于 2 台工控机而言能够轻松完成。

②对经过降噪处理的图像进行目标检测。YOLOv5 可处理的最佳图像在 1000×1000 分辨率以内，因此处理上述的数据，需要将这样两张很大分辨率的图，裁剪成至少 7100 张小图进行处理。对于这样一个量级的数据，按照常规方式，2 台工控机是无法完全消化的。

工业中使用的工控机配置相较于软件互联网行业、AI 行业使用的服务器，是存在客观差异的。

3）即使模型经过优化处理后可以 1ms 处理一张图，那么 7100 张图也需要 7s，2 台工控机一起运行需要 3.5s 完成。因此在模型功能上，需要做如下几个改进设计：

①模型功能需要做基于管道的封装设计，便于进行多任务并发。

②业务设计（代码层面）整体采用“生产者 – 消费者”模型，便于及时释放资源。

③裁图的功能（代码层面）需要进行流操作，保障数据送入模型的实时性。

常规的裁图操作，在代码层面理解是将图像全部读取到计算机内存中，通过内存访问机制实现裁图。而在本案例中数据量过大，将这样庞大的数据量完整读取到计算机内存中是很费时的，工控机根本无法在 1s 内完成这样的动作。因此需要通过对数据流操作进行裁图。

5.2.2　结合硬件环境选择数据处理技术

不同的硬件环境也会对数据处理的效率和性能产生显著影响。结合实际的设备或者现场应用的硬件条件，挑选适合的数据处理技术，可以将整个系统的设计与开发难度降低很多。例如下面的几种场景。

（1）并行计算技术

如果系统的硬件条件具有多核处理器或 GPU 的硬件环境，肯定要优先考虑使用并行计算技术，如 CUDA、OpenCL 等，以同时处理多种数据。这种技术适用于需要大量计算的任务，如图像处理、深度学习等。

例 5：

有一台对接自动化生产线的智能检测设备负责对产品进行质量检测，该设备系统上需要有一个数据分析功能，需要将指定任意时间段内的产品检测结果进行汇总统计分析。

假设需要对 100 万个结果进行均值计算，那么使用常规的 Python 代码和 CUDA 代码实现，分别需要花费时间：0.0010004043579101562s 与 0s。

CUDA 运算花费时间 0s 并不意味着完全不耗时，其实是真实耗时太短，无法被常规代码捕捉到。

示例的代码如下（其中使用 CuPy 库封装好的 CUDA 函数仅作为示例）：

```
import numpy as np
import cupy as cp
import time

# 生成随机数
n = 1000000
np_data = np.random.rand(n).astype(np.float32)
cp_data = cp.asarray(np_data)

# 使用 NumPy 计算均值
start_time_np = time.time()
mean_np = np.mean(np_data)
end_time_np = time.time()
np_time = end_time_np - start_time_np

# 使用 CuPy 计算均值
for _ in range(2):
    start_time_cp = time.time()
```

```
        mean_cp = cp.mean(cp_data)
        cp.cuda.Stream.null.synchronize()  # 等待 GPU 计算完成
        end_time_cp = time.time()
    cp_time = end_time_cp - start_time_cp

    print("NumPy 均值 :", mean_np, " 耗时 :", np_time, " 秒 ")
    print("CuPy 均值 :", mean_cp.get(), " 耗时 :", cp_time, " 秒 ")
```

在使用 CuPy 计算时，循环了 2 次。这是由于 CUDA 运行的机制需要申请内存及其他资源，因此代码层面上要让逻辑热启动一次来分配好计算资源。

（2）分布式计算技术

如果设备或者应用环境具有多台计算机或服务器的硬件条件，则可以考虑使用分布式计算技术，如 Apache Hadoop 或 Spark，以将数据分布到多个节点上并行处理。这种技术适用于处理大规模数据集的任务，如大数据分析。

这类技术一般用于互联网的数据中心，在工业行业中的应用频率较低，了解即可。

（3）边缘计算技术

如果设备或者应用环境具有边缘计算设备（嵌入式系统）的硬件条件，则可以考虑使用边缘计算技术，将部分数据处理任务移至设备端进行处理，以减少数据传输和降低延迟。这种技术适用于对实时性要求较高的任务。

例如，线扫相机搭配采集卡组成一个成像的数据采集系统。相机负责不停地采集数据，采集卡负责对相机采集到的数据进行整理，然后通过接口（网络协议、硬件协议均可）将数据发送到主系统中。

线扫相机每秒可采集数百张图像，而每张图像的分辨率为几千万像素值，数据量非常庞大（实际应用中线扫相机一般每秒可产生的数据量级为 GB）。在这种情况下，如果每张图像都传输到主系统再进行降噪处理（即中央处理技术），则可能会导致数据传输延迟过高，影响实时性能。因此，将部分降噪任务移到采集卡或者线扫相机设备端进行处理。

具体操作是在采集卡或者线扫相机上安装适用于边缘计算的嵌入式系统（实际大部分采集卡内部都搭载有可供边缘计算的嵌入式系统），并部署适合的降噪算法。

这种方法的优势在于能够有效降低主系统的计算负担和数据传输延迟，提高系统的整体性能和实时性能。同时，利用边缘计算技术，可以更好地应对数据量庞大、实时性要求高的场景，为数据采集系统的性能提升提供了有效的解决方案。

假设线扫图的图像宽度为 10000 像素，总共需要处理的线扫图图像长度为 100000 像素。测试对总数据进行高斯滤波降噪，以及模拟边缘计算的方式进行高斯滤波降噪，其耗时分别为 7.210035085678101s 与 3.378910541534424s。

鉴于实际应用中，本案例描述的方案不能可视化，无法直接感受到边缘计算技术的优势，因此本案例采用 Python 进行逻辑模拟以展示这一过程，来比对边缘计算技术与中央处理技术（即将全部数据传到主系统后再进行处理）的区别。

需要注意的是示例中都没有考虑通信的耗时。

```
import cv2
import numpy as np
import time

# 降噪处理函数
def edge_denoise(image):
    image = cv2.GaussianBlur(image, (3, 3), 1)
    # 返回降噪后的图像，这里简单地返回原始图像
    return image

# 生成随机图像数据
image_width = 10000
image_height = 10000

random_image = np.random.rand(image_height * 10, image_width)
random_image1 = np.random.rand(image_height, image_width)
print(random_image.shape, random_image1.shape)

# 模拟传输到主系统进行降噪处理
start_time_main_system = time.time()
# 在这里模拟传输到主系统进行处理，忽略通信耗时
edge_denoise(random_image)
end_time_main_system = time.time()
main_system_processing_time = end_time_main_system - start_time_main_system
# 模拟边缘设备端进行多批次小数据量降噪处理，忽略通信耗时
start_time_edge_device = time.time()
for i in range(10):
    edge_denoise(random_image1)
end_time_edge_device = time.time()
edge_device_processing_time = end_time_edge_device - start_time_edge_device

print("主系统降噪处理耗时：", main_system_processing_time, "秒")
print("边缘设备端降噪处理耗时：", edge_device_processing_time, "秒")
```

（4）轻量级算法和模型

对于资源受限的硬件环境，需要考虑使用轻量级算法和模型，以降低计算和内存消耗。例如，可以选择小型的神经网络模型或者基于规则的算法，以适应较低的计算资源要求。

例如，如果要提取一个图像上目标的轮廓，很多算法工程师都会首先想到使用语义分割模型，因为这种模型具有很强的鲁棒性。但是在工业中，尤其是在很多的智能设备中，实际的成像环境都是很标准的，且图像上元素单一，图像为单通道的灰度图。结合这些特性就可以适当降低语义分割模型的使用频率。

再进一步结合硬件环境进行分析，如果硬件支持的可搭载算法的设备具有性能较强的处理器（即 CPU），那么可以直接使用一些公开的函数库、依赖文件进行设计与开发；如果处理器的性能不强，但是内存比较充足，那么可以适当地多使用一些基于内存、缓存运算的方式进行设计与开发；如果处理器与内存的性能都比较弱，那么在条件允许的情况下需要将算法运算转移到其他可支持相关资源的设备上。

5.3　如何处理中文文本信息

5.3.1　语义分析

通过语义分析处理中文文本信息，从而实现“自主”获取信息，是 AIGC 系统与常规 AI 技术的最大区别。AIGC 系统可以通过与用户“对话”从而实现对自己“认知”的调整。因此，语义分析在整个 AIGC 系统中十分重要。

1. 语义分析的定义

语义分析（Semantic Analysis）是指对自然语言文本进行深度理解和分析，从而识别文本中的实体、关系、情感等语义信息的过程。通俗理解该技术就是让机器能够理解自然语言的含义。它之所以在 AIGC 系统中很重要，是因为 AIGC 的交互特性，系统需要通过语义分析技术从而明白需要实现的需求，继而生成相关的任务实现需求（后续会逐步介绍这一过程）。

语义分析是自然语言处理（NLP）领域中的一个技术分支。它不是一个单一的技术，涉及大量自然语言处理领域中的其他相关概念，如语法分析、词义分析等。

例如，一个智能工厂使用各种传感器来监测设备的状态和运行情况。这些传感器每秒都会生成大量的数据，其中包含关于设备运行状态、温度、湿度、振动等方面的信息。

在智能设备的生产和维护过程中，普通的工厂工作人员要理解和解释这些数据可能是一项烦琐且困难的任务。通过语义分析技术，工作人员可以通过自然语言的方式向系统给出指令，如“我需要最近一周的设备运行状态分析结果”，智能设备的系统通过语义分析理解需求，然后自动解析这些传感器生成的数据，并推断出设备的运行状态和潜在问题。当系统分析到一系列传感器数据显示某设备温度急剧上升，并且发现同时期检测到振动频率异常增加时，系统可以推断出可能存在设备故障的情况。接下来，系统可以向工厂工作人员发出警报或者通过其他交互方式通知工厂工作人员，并提供相关的解决方案和维修建议。

这样，即使是普通的工厂工作人员也可以轻松地理解设备的运行状况和潜在问题，并采取相应的措施。语义分析技术的应用使得智能设备的生产和维护过程更加高效和智能化，提高了工作效率和设备的可靠性。

2. 基本原理

要实现语义分析功能，大体上可以遵循下面的步骤。

（1）词法分析

首先将文本进行分词，将连续的字符序列划分成有意义的词或短语。这一步骤通常会去除停用词、标点符号等无意义的信息，并将词汇转化为标准格式（如词干化或词形还原）。下面用一个实际的案例进行介绍。

例 6：

有一段文本：“我喜欢吃水果，特别是苹果和香蕉。”

对这段文本进行词法分析如下：

- 将文本划分成词或短语。分词结果为 ["我","喜欢","吃","水果","，","特别","是","苹果","和","香蕉","。"]。
- 将词汇转化为标准格式。词干化/词形还原结果为 ["我","喜欢","吃","水果","，","特别","是","苹果","和","香蕉","。"]。
- 确定每个词的词性。词性标注结果为 [("我","代词"),("喜欢","动词"),("吃","动词"),("水果","名词"),("，","标点"),("特别","副词"),("是","动词"),("苹果","名词"),("和","连词"),("香蕉","名词"),("。","标点")]。

（2）句法分析

接着对分词后的文本进行句法分析，即确定词之间的语法关系，如主谓宾关系、修饰关系等。这有助于理解句子的结构和语法。

在完成词法分析的基础上，继续进行句法分析如下：

- 成分分析：确定句子中的各个成分及其相互之间的关系，通常以短语结构文法为基础。得到的句子结构为：(S (NP 我) (VP (VP (V 喜欢) (NP (V 吃) (N 水果))) (，) (ADVP (ADV 特别) (V 是)) (NP (N 苹果) (CC 和) (N 香蕉))) (。))。
- 依存分析：确定句子中各个词之间的依存关系，即词与词之间的修辞关系。得到的依存关系为：{"喜欢":"我","吃":"喜欢","水果":"吃","是":"特别","苹果":"是",“和”:“苹果”,“香蕉”:"苹果"}。

在成分分析中各字母组成的词组含义如下。

```
S：整个句子，即“我喜欢吃水果，特别是苹果和香蕉。”
NP：名词短语，由“我”组成，表示句子中的主语
VP：动词短语，包含句子中的谓语部分
    内层的 VP：“喜欢吃水果”这个动作
     V：动词，“喜欢”
     NP：名词短语，“吃水果”，用来描述动作的对象
        V：“吃”
        N：“水果”
    外层的 VP：包含“特别是苹果和香蕉”这个修饰部分
        ADVP：副词短语，“特别是”
            ADV：副词，“特别”
            P：“是”
     NP：名词短语，“苹果和香蕉”
        N：“苹果”
        CC：连词，连接两个名词，“和”
        N：“香蕉”
。：句号，表示句子结束
```

（3）语义分析

在句法分析的基础上，进行语义分析，即理解句子的含义和意图。这一步骤可以通过多种方式实现（此处仍然根据上述例 3 进行说明）。

1）词义消歧：解决词语多义性问题，确定每个词在特定上下文中的确切含义。以“苹果”为例，该词可以指一种水果，也可以指一家名叫苹果的科技公司或其产品。那么在此步骤就可以使用词义消歧法，结合上下文信息，降低词“苹果”不合理含义的权重，从而

得出结论“此处的词‘苹果’很可能是指一种水果”。

词义消歧是一个很重要的课题。是 NLP 领域中的基础研究之一。

词义消歧中的“消”并不是指完全“消除”，实际是通过调整不同含义的权重实现的，比如此处的词“苹果”被认为是一种水果，那么在技术层面就是将词“苹果”的另一种含义权重降低。假设两个含义的总权重和为 1，那么将含义“一种水果”的权重调整为 0.9，将含义“一家叫苹果的科技公司或其产品”的权重调整为 0.1，通过这种比例失衡的方式达到近似“消歧”的目的。其中权重较低的一方，它的权重可以无限趋近于 0，但是不会为 0。

2）语义角色标注：识别句子中的主谓宾等语义角色，帮助理解句子的结构和含义。对上述示例使用语义角色标注的方式进行语义分析，可以得到如下的结果：

- “我”：主体角色，表示动作的执行者，即喜欢吃水果的人。
- “喜欢”：动作角色，表示主体执行的动作。
- “吃”：动作角色，表示主体执行的动作。
- “水果”：客体角色，表示动作的承受者，即被吃的对象。
- “特别”：程度角色，表示对动作的程度或方式的修饰。
- “是”：连接角色，用于连接主体和客体。
- “苹果”：客体角色，表示动作的承受者，即被特别喜欢的水果之一。
- “和”：连接角色，用于连接并列的客体。
- “香蕉”：客体角色，表示动作的承受者，即被特别喜欢的水果之一。
- “。”：标点角色，表示句子的结束。

3）实体识别：识别文本中具有特定意义的命名实体，如人名、地名、组织机构名等。这样做可以帮助系统 / 程序更好地理解句子中提到的具体对象，并进一步分析句子的含义和结构。例如，“我”“水果”“苹果”和“香蕉”就是实体。

4）语义解析：将自然语言句子转换为标准化的逻辑形式或查询语言，以便计算机能够理解和执行。

通过对前述句法分析中的结果进行语义解析，可以得到：

- 句子的主要内容是关于主语（我）对特定对象（苹果和香蕉）的喜好。
- 主语（我）的行为（喜欢）是指对特定动作（吃）的倾向。
- 修饰语（特别）加强了行为的程度。
- 句子的结构是简单的主谓宾结构，但使用了连词“和”来连接两个并列的宾语。

（4）上下文理解

考虑文本的上下文信息，包括历史对话、背景知识等，有助于更准确地理解句子的含义，进而消除歧义。

在示例给定的句子中，首先可以识别出“我”作为主语，表示动作的执行者；“喜欢”作为谓语，表示主语的喜好或态度；“吃”作为动词，表示具体的行为；“水果”作为宾语，表示动作的对象。因此，句子的基本含义是“我喜欢吃水果”。

在句子的后半部分，“特别是”作为副词短语，进一步说明喜好的程度；“苹果”和“香蕉”作为名词短语，表示具体的水果种类。因此，句子的进一步含义是“特别喜欢吃苹果和香蕉”。

综合以上分析，整个句子的语义是“我特别喜欢吃苹果和香蕉”。这个句子传达了一个人对吃水果的喜好和偏好，特别是对苹果和香蕉的喜爱。

（5）推理与推断

基于已有的语义信息和逻辑规则，进行推理和推断，以填补信息缺失、解决歧义性、回答问题等。它的核心作用就是让系统 / 程序可以通过逻辑推理和概率推断从已知信息中得出新的结论或预测结果。一般实现它的步骤如下：

1）知识表示：将问题领域的知识以合适的形式表示出来，可以是规则、知识图谱、概率图模型等形式。

2）推理引擎：设计推理引擎来执行推理过程，根据给定的知识和问题，推理引擎可以应用逻辑规则、概率模型等方法进行推理和推断。

3）推理方法：根据具体问题选择合适的推理方法。

- 逻辑推理：基于规则和逻辑关系进行推理，常用的方法包括基于规则的推理、谓词逻辑推理等。
- 概率推断：基于概率模型进行推断，常用的方法包括贝叶斯推断、马尔可夫链、蒙特卡洛方法等。
- 数值推理：基于数值计算和优化方法进行推理，常用的方法包括线性规划、整数规划、动态规划等。
- 推理过程：根据推理引擎和推理方法，执行推理过程，逐步推导出问题的答案或预测结果。
- 结果解释：对推理结果进行解释和评估，验证推理过程的正确性和合理性，并将推理结果转化为可理解的形式输出。

在实现一个语义分析功能的过程中，实际上涉及的技术包含 NLP 领域中的其他很多概念。就像是做一道美味的菜肴，不仅仅与烹饪的方法有关，还与选材、处理材料的方式甚至调味品有关。

---

3. 简单案例实现

上述概念性描述可能使人难以理解机器如何处理自然语言，以及技术背后的具体实现方式。因此，下面将以一个简单的问答功能为例，详细解析实现过程。我们具体将使用检索式对话模型来实现语义分析这一功能，从而展示其实现原理和应用方法。

例 7：

实现一个简单的问答功能。

检索式对话模型是一种基于预先定义的问答对或语料库的对话系统。其工作原理是通过搜索预定义的问题和对应的答案，找到与用户输入最相似的问题，并返回相应的答案。相较于复杂的自然语言理解或生成过程，检索式对话模型简单地基于相似度匹配来选择最合适的答案。

在工业领域中，系统需要针对特定领域的专业问题进行处理与解决。相较于通用的自然语言处理模型（如 GPT），工业领域的应用场景通常需要更加精准和可控的结果。因此，采用检索式对话模型可以更好地满足工业领域的需求。这种模型基于预先定义的问题与答案对构建，并依赖于专业知识库或规则引擎，能够提供更准确、可解释性更强的结果，从而更适用于工业领域中的智能设备应用。

（1）创建 QA

QA 即 Question 与 Answer（问答对），要实现检索式对话模型，第一步就是创建 QA，这个 QA 并不是随意创建的，而是需要基于很多规则进行（5.3.2 节将会详细介绍如何创建术语库，即包含 QA）。此处为了方便实现案例，创建 3 个 QA 如下：

```
qa_pairs = [
    {"question": "What is the capital of China?", "answer": "Beijing"},
    {"question": "What your name?", "answer": "Lucky"},
    {"question": "What kind of fruit do you like?", "answer": "Banana"}
]
```

（2）实现对输入问题的理解

在问答系统中，理解用户输入的问题是至关重要的一步。这个过程一般分为两步：第一步是理解系统获取到的语言含义，第二步是根据理解的含义找到相应的问题答案。在第一步中，系统通常会利用 NLP 技术来对用户输入的文本进行分析和理解。这涉及前面介绍的分词、词性标注、实体识别、句法分析等过程，以确保系统能够准确地理解用户的意图和问题。

在本案例中，采用了比较简单的方式进行实现，跳过第一步，直接使用词向量相似度进行问题理解（因为检索式对话模型的特殊之处，所以可以选择性地跳过第一步骤）。

词向量是将词语映射到高维向量空间中的表示方法，通过测量词向量之间的相似度，可以判断两个问题是否具有相似的含义。因此，通过比较用户输入的问题与预先定义的问题库中的问题，可以找到最相似的问题，并直接使用该问题对应的答案作为回答。这种方法简化了问题理解的流程，并且在某些情况下能够提供较好的效果，因此在限制性强的场景中被广泛采用。

实现的代码如下：

```
class RetrievalBasedChatbot:
    def __init__(self, qa_pairs):
        self.qa_pairs = qa_pairs

    def answer_question(self, question):
        # 寻找与输入问题最相似的问题
        max_similarity = 0
        best_answer = None
        for qa_pair in self.qa_pairs:
            similarity = self.calculate_similarity(question, qa_pair['question'])
            if similarity > max_similarity:
                max_similarity = similarity
                best_answer = qa_pair['answer']
```

```
        return best_answer

    @staticmethod
    def calculate_similarity(question1, question2):
        # 将文本放入列表中
        corpus = [question1, question2]

        # 使用词袋模型将文本向量化
        vectorizer = CountVectorizer()
        X = vectorizer.fit_transform(corpus)
        # 计算余弦相似度
        similarity = cosine_similarity(X)
        # 返回相似度分数
        return similarity[0][1]
```

其中：

- __init__ 方法：初始化对话机器人对象，接受一个包含 QA 的列表作为参数，并将其保存在 qa_pairs 属性中。
- answer_question 方法：接受用户输入的问题作为参数，并返回与之最相似的预定义问题对应的答案。它遍历存储在 qa_pairs 属性中的 QA，计算每个问题与用户输入问题的相似度，并返回最相似问题对应的答案。
- calculate_similarity 方法：接受两个文本字符串作为参数，计算它们之间的相似度。在这里，相似度被定义为两个文本之间的余弦相似度，通过将文本向量化并计算向量之间的余弦距离来实现。

这段代码中使用了 sklearn 库中的函数和类来实现文本向量化和相似度计算的功能。CountVectorizer 用于将文本转换为词袋模型表示，而 cosine_similarity 用于计算文本之间的余弦相似度。这些功能使得机器人能够在预定义的 QA 中寻找与用户输入最相似的问题，并返回对应的答案，从而实现了基于检索的对话功能。

（3）实现输入问题与回答问题

这是最后一步，代码如下：

```
# 创建检索式对话模型
chatbot = RetrievalBasedChatbot(qa_pairs)

# 测试检索式对话模型
question = input("请输入你的问题：")
answer = chatbot.answer_question(question)
print("答案：", answer)
```

最后来试一试问答功能，如图 5-14 所示。

```
请输入你的问题：What fruit do you think tastes best?
答案： Banana
请输入你的问题：I'm sorry, don't you know your name
答案： Lucky
请输入你的问题：Do you know where the capital of China is?
答案： Beijing
```

图 5-14　问答案例实现

观察图 5-14，我们可以看到输入的问题与预定义的问题在字面上并不十分相似。然而，令人惊讶的是，模型仍然能够准确地根据语义理解输入问题，并找到相应的答案。这清楚地展示了语义分析在这种情境下的价值和功效。

相关的示例代码，参考附件“12. 基于检索式问答模型功能的案例代码”。

5.3.2 术语库设计

设计一个专业的术语库对于检索式对话模型而言至关重要。

首先，术语库能够帮助系统更准确地理解用户输入的问题，从而提高系统回答（以及生成任务）的准确性和效率。通过建立包含行业专业术语和常用语言表达的术语库，系统可以更好地匹配用户输入的问题与预定义的问题库中的问题，快速找到最合适的答案。这有助于缩短问题回答（以及生成任务）的响应时间，并提升用户体验。

其次，设计一个专业的术语库还可以帮助系统更好地适应特定领域的需求。在工业行业等特定领域，术语通常较为专业化和特定化，常常具有特定的含义和上下文。因此，建立一个专业的术语库可以确保系统能够理解和回答与该领域相关的问题，提高系统在特定领域的适用性和可靠性。

在设计术语库时，需要注意以下几点。

- 首先，术语库的建立需要充分考虑特定领域的需求和特点，尽可能包含领域内常用的术语和表达方式。
- 其次，术语库需要定期更新和维护，以确保其中的术语和表达与领域内的最新发展和变化保持一致。
- 此外，还需要注意术语的组织和分类，使其能够清晰地反映领域内的知识体系和逻辑关系。
- 最后，术语库的设计需要考虑到系统的扩展性和灵活性，以便根据实际应用需求进行调整和扩展。

下面以一个第三代半导体行业的相关设计案例进行说明。

1. 明确范围与目标

（1）定义第三代半导体领域的知识范围

第三代半导体是指使用新型材料和结构制造的半导体器件，具有更高的性能和更低的功耗。这一领域的知识涵盖了诸如碳化硅（SiC）、氮化镓（GaN）等材料，以及基于这些材料制成的器件，如功率器件、光电器件等。此外，第三代半导体的知识还包括与其相关的制备工艺、集成技术和应用领域。

（2）确定术语库的目标受众

本术语库旨在为第三代半导体领域的研究人员、工程师、学生以及相关行业从业者提供一个准确、全面的术语和概念参考，帮助他们理解和应用第三代半导体技术。

通过明确范围与目标，可以确保术语库的内容符合领域内的专业标准，同时能够满足目标受众的需求，提高术语库的实用性和可用性。

2. 搜集术语与概念

收集第三代半导体领域的相关术语和概念，这些内容需要综合考虑材料、器件、工艺、应用等多个方面的内容。此处选用3个术语作为示例，如表5-4所示。

表5-4　行业术语

术语	GaN（氮化镓）	SiC（碳化硅）	EFEM（设备前端模块）	叉手
概念	一种常用于第三代半导体器件的材料，具有较高的电子迁移率和较高的饱和漂移速度，适用于高频、高功率和高温应用	一种常用于第三代半导体器件的材料，具有优良的热稳定性和耐高电场特性，适用于高温、高频和高压应用	一种用以对晶圆进行处理、转移和运输的半导体晶圆自动化设备的模块	EFEM中的一个重要部件，用于在生产过程中对物料进行夹持、移动和定位

3. 组织与分类术语

组织与分类术语有助于更好地管理与理解特定领域的术语和概念，提高信息的可访问性和可理解性。当一个领域涉及的术语和概念数量庞大时，组织与分类显得尤为重要。

以下是进行组织与分类的一般步骤：

- 整理术语列表：将收集到的术语整理成一个清单或列表，包括术语名称和对应的解释或定义。
- 识别共性与区别：仔细审查术语列表，识别其中共性的特征和区别，如材料类别、器件类型、工艺步骤等。
- 建立层次结构：根据术语之间的关系，建立一个层次结构或分类体系，使得相似的术语归类到同一类别下，从而形成清晰的分类结构。
- 定义分类标准：确定分类的标准和依据，如根据材料类型、器件功能、工艺流程等进行分类，确保分类体系合理且易于理解。
- 编制分类索引：创建一个分类索引或目录，列出各个分类及其包含的术语，便于用户查找和浏览相关内容。
- 建立术语关联：在分类体系中建立术语之间的关联和联系，如使用交叉引用或链接，帮助用户理解术语之间的关系和作用。

对表5-4中的内容，按照上述的6个步骤进行组织与分类，可以得到如表5-5所示的信息，对应的关系图如图5-15所示。

其中，为了呈现更完整的关系图，图5-15对表5-5中的术语进行了适当的扩充，填补了关系图上的空白区域。虽然表5-5中的术语较少，但通过补充相关术语，图5-15可以清晰地展示术语之间的关系，从而提供相对更全面的信息，便于理解。

表5-5　进行组织与分类的效果

术语	GaN（氮化镓）	SiC（碳化硅）	EFEM（设备前端模块）	叉手
概念	一种常用于第三代半导体器件的材料，具有较高的电子迁移率和较高的饱和漂移速度，适用于高频、高功率和高温应用	一种常用于第三代半导体器件的材料，具有优良的热稳定性和耐高电场特性，适用于高温、高频和高压应用	一种用以对晶圆进行处理、转移和运输的半导体晶圆自动化设备的模块	EFEM中的一个重要部件，用于在生产过程中对物料进行夹持、移动和定位
类目	材料类	材料类	器件类	器件类
类目层级	1级	1级	1级	3级
详细类别	材料	材料	器件	器件模块

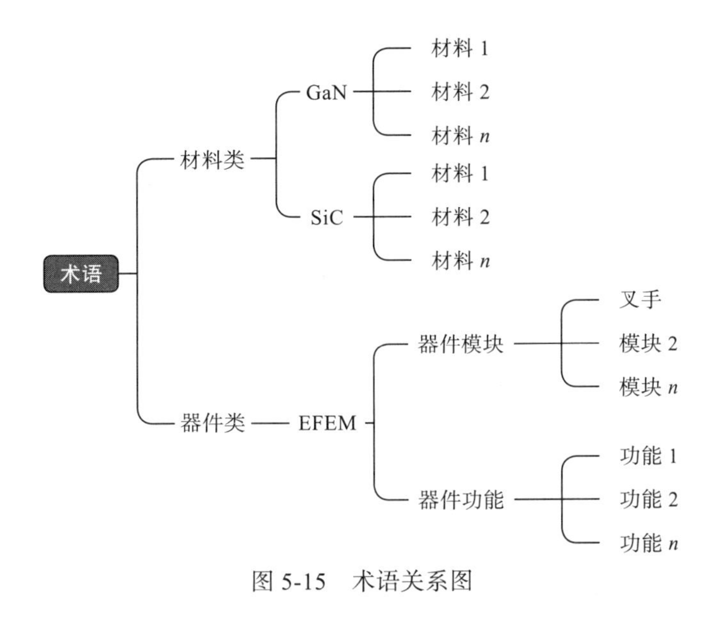

图 5-15　术语关系图

4. 结构与存储

这个步骤是术语库设计中直接与技术绑定、影响技术实现的关键步骤。在这一步骤中，需要确定术语库的具体结构和存储方式，以便有效地管理和利用术语信息。

以下是该步骤的详细说明。

（1）结构设计

①根据术语之间的关系和逻辑组织，设计术语库的层级结构。可以考虑采用树形结构、图形结构或其他层级结构，以便于组织和管理术语。

②为术语添加分类标签，以便根据特定主题或领域进行检索和过滤。分类标签可以基于术语的属性、用途、领域等进行设计，使用户能够快速找到所需的术语。

进行结构设计时一般是直接沿用前面组织与分类术语工作的成果，如图 5-15 所示。

（2）存储方式

①选择合适的数据库存储术语库，以支持高效的数据管理和查询功能。常用的数据库包括关系型数据库（如 MySQL、PostgreSQL）、非关系型数据库（如 MongoDB、Redis）等，根据需求和规模选择合适的数据库类型。

②对于小型术语库或数据量不大的情况，可以考虑将术语存储在文件中，如 JSON、XML、CSV 等格式。这种方式简单易用，但对于大规模术语库可能不够灵活和高效。

一般数据量（即术语条目）低于 100 时，可以优先考虑使用文件的方式存储。

（3）数据格式

①采用标准化的数据格式存储术语，以确保数据的可移植性和互操作性。常用的标准格式包括 JSON、XML、CSV 等，根据需求和系统兼容性选择合适的数据格式。

②确保术语数据以结构化的形式存储，便于查询和分析。可以采用键值对、表格或文档嵌套等形式进行结构化，以提高数据的可读性和管理性。

一般对于有层级关联的数据，优先考虑采用 JSON 格式。

（4）检索和索引

①对术语进行索引，以加快检索速度和提高检索效率。根据术语的属性和用途建立相应的索引，以便系统以及维护人员能够快速找到所需的术语。

②为术语库添加全文搜索功能，以便可以根据关键词进行搜索，并返回与搜索词相关的术语结果。通过全文搜索，可以提高用户的检索体验和效率。

综上，对图 5-15 所示内容进行标准的结构设计，并以最终程序 / 系统可直接读取访问的方式展示出来。结果如下：

```
{
    "材料类": {
        "GaN": ["材料1", "材料2", "材料n"],
        "SiC": ["材料1", "材料2", "材料n"]
    },
    "器件类": {
        "EFEM": {
            "器件模块": ["叉手", "模块2", "模块n"],
            "器件功能": ["功能1", "功能2", "功能n"],
        }
    },
}
```

此处示例存在一个限制条件，即术语的关系层级只有 3 级。如果存在第 4 级关系，则继续以结构化字典的形式向下扩展即可。但是，原则上一个这样的关系层级不要超过 5 级，如果超过这个级数了，就尽量改用其他方式进行存储。

5.4　如何生成任务

生成任务是 AIGC 技术的重要组成部分之一。通过 AIGC 技术，工业智能设备需要可以根据生产环境、设备状态和用户需求等信息，自动生成任务列表、工作计划，从而实现智能化的“行为”。

在工业智能设备中，生成任务的过程通常涉及以下两个主要方面。

（1）任务生成与规划

根据数据分析的结果和用户需求，使用 AIGC 技术生成任务列表和工作计划，明确每个任务的内容、优先级和执行时间，考虑任务之间的依赖关系和资源限制，制定合理的任务分配策略。

（2）任务调度与执行

将生成的任务列表和工作计划发送给相关设备、系统甚至人员，实现任务的调度和执行，监控任务执行的进度和效果，从而及时调整任务执行计划以应对突发情况和变化。

5.4.1 选择策略

1. 策略的作用

在工业的智能设备中，选择适当的策略在生成任务的过程中起着至关重要的作用。策略可谓扮演着“大脑”的角色，它所涵盖的一系列计划、方法或者行动方针，直接影响着任务生成和执行的各个方面。

首先，策略在目标确定方面起着关键作用。它帮助确定任务的最终目标和期望结果，指导任务的规划和设计，确保每个步骤都朝着实现这些目标的方向前进。此外，策略还考虑到资源的合理分配，以确保任务能够有效地利用可用资源并达成目标。

其次，策略为决策提供了重要的指导和依据。在任务生成的过程中，它指导确定任务的优先级、执行方式和时间安排，并指导任务执行中的各种决策。同时，策略还确保任务的执行过程得到监督和评估，以确保任务按计划顺利进行，并及时调整策略以应对变化和挑战。

综上，选择合适的策略对于任务的成功执行至关重要。它不仅影响着任务目标的明确性和资源的合理利用，还直接指导着任务执行中的决策和监督评估，从而确保任务顺利进行并实现预期的结果。

2. 常用策略

以下是一些在各种算法系统、软件程序中常用的策略。

（1）规则引擎策略

规则引擎策略是指使用事先定义的规则集来指导决策过程。这些规则可以基于专家知识、经验法则或者业务规定来定义，帮助机器系统快速作出决策。

这种策略应用逻辑类似于 5.3.2 节中介绍的术语库概念，均是基于事先定义好的信息进行辅助检索运算（或者决策）。

（2）优化算法策略

优化算法策略是指利用优化算法对任务进行建模和求解，以最大化或最小化某个特定的目标函数。常见的优化算法包括遗传算法、模拟退火算法、蚁群算法等。

以模拟退火算法为例，这种类型的算法就是以模拟固体退火的过程实现在搜索空间中寻找全局最优解或者局部最优解。它通过随机漫步搜索解空间来逐步优化目标函数的值。

其他的优化算法与模拟退火算法的逻辑大体相似，均是在一个包含最优解的空间中，以某种策略搜索最优解，从而实现对问题的求解。

（3）机器学习策略

机器学习策略是指基于历史数据和模型训练出来的机器学习模型，被广泛应用于 AI 领域中。它能够预测未来的状态或行为，并根据预测结果做出相应的决策。这种策略的魅力在于通过"学习"历史规律来预测新的状态和行为，操作简便，适用于非专业人士。

需要注意的是，该种策略最大的缺点就是需要依赖大量的历史数据。如果无法获得历史数据信息，则不要轻易使用此策略。

（4）协同决策策略

协同决策策略是指多个机器系统之间相互协作，共同完成任务，并基于协作结果进行决策。这种策略通常用于分布式系统或者多智能体系统中。

例如，如果涉及多种传感器，并且这些传感器的数据均需要以较高的优先级参与系统任务或决策，那么尽量优先考虑使用协同决策策略来应对这种情形。

（5）风险管理策略

风险管理策略是指在做出决策时考虑潜在风险因素，并采取相应措施来降低风险，确保任务的安全可靠性。这种策略涉及对各种不确定性因素的识别、评估和处理。首先，需要对可能出现的风险进行全面的识别和分析，包括内部和外部因素，以及它们对任务执行的潜在影响。然后，针对不同类型的风险，做出相应的应对策略，如避免、减轻、转移或接受风险。

严格来讲，风险管理策略属于规则引擎策略中的一种特例。

（6）实时调整策略

实时调整策略是指根据任务执行过程中的实时反馈信息，动态地调整决策策略，以适应环境变化和任务需求的变化。这种策略通常应用于需要快速响应和适应性强的场景，通过实时监控任务执行情况和环境变化，来及时发现问题和机会，并针对性地调整策略，以最大限度地提高任务执行效率和成功率。实时调整策略的关键在于及时收集和分析实时数据，以及快速做出决策和调整的能力，这对于保持组织的竞争优势和应对突发情况至关重要。

一般，当系统中有很多任务在同时间运行的时候，考虑到各种任务对系统硬件资源的占用，就需要引入实时调整策略对硬件的资源进行平衡调度。这种类型的策略大部分时候用于调度任务中。

3. 案例分析

例8：

已知设备上搭载了一台工控机，工控机上搭载了一个视觉检测系统，该系统的功能是通过直接从相机获取视频流数据，对其中的视频帧进行视觉检测，然后同步输出结果到指定的数据服务接口。

在上述情景中，将业务概念图绘制出来，如图5-16所示。

通过图5-16可以直观地看到，相机的数据需要占用内存缓存，检测的任务也需要占用内存。在这样一个业务中，如果检测任务不能及时地消化被缓存的相机数据，那么就会导致内存中积压数据，当积压到一定程度时，任务本身就无内存可用，那么这样一个系统就会崩溃。

因此，需要在此处内存资源上引入一个实时调整策略。以其中最简单的处理方式为例，当检测任务无法及时消化内存中的数据时，将数据导入其他地方进行保存，以减轻内存的压力。业务概念图如图5-17所示。

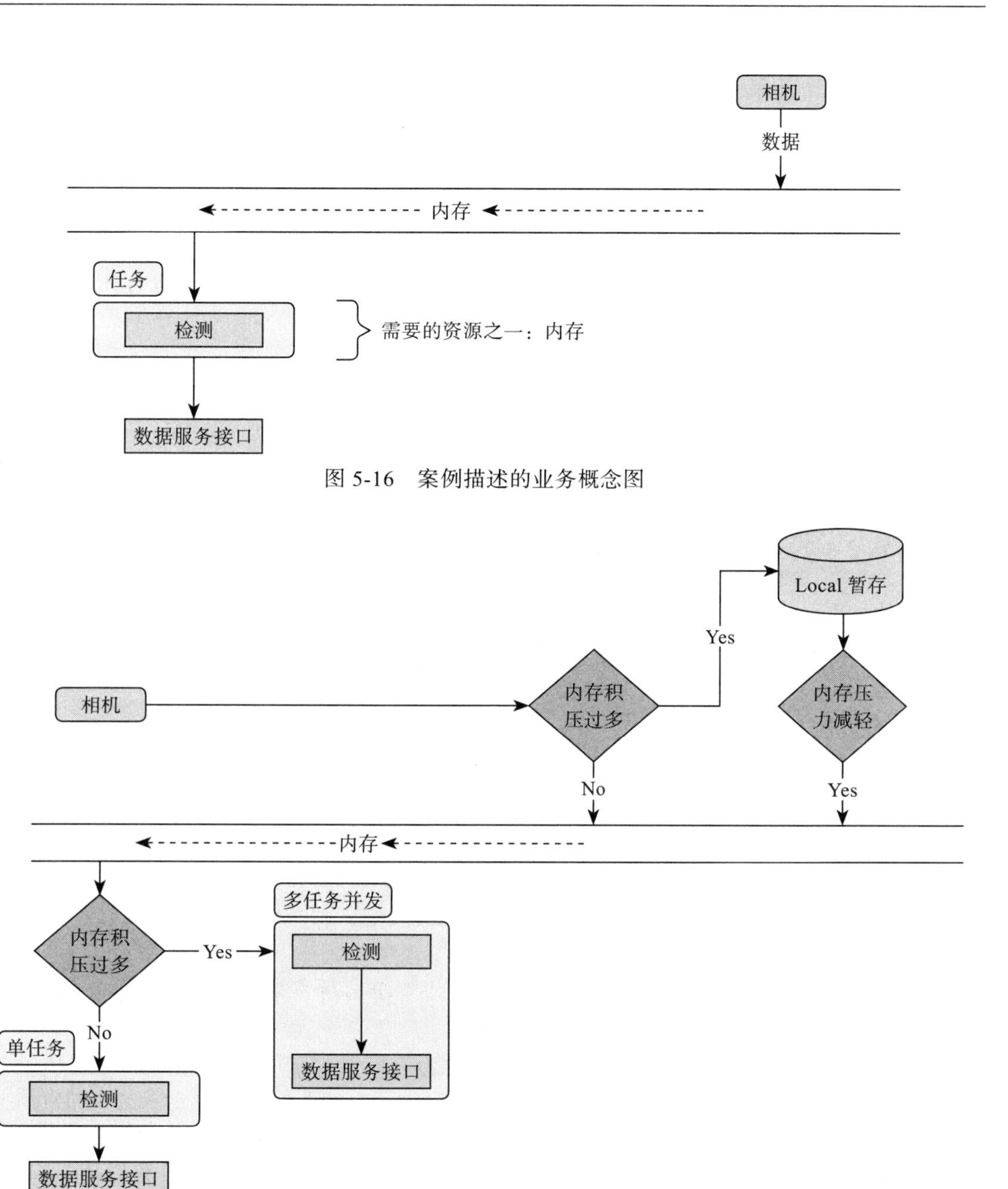

图 5-16　案例描述的业务概念图

图 5-17　引入实时调整策略的业务概念图

5.4.2　文本生成的标准设计

5.3.1 节强调了在解决特定领域的专业问题时，语义分析优先考虑基于预定义的问答对或语料库的对话系统（检索式对话模型）进行实现。因此，接下来的内容将在此基础上设计文本生成的标准。

AIGC最大的特点是实现人机交互，即“对话”功能。而在特定领域中，系统对问题的回答（即文本生成），也必须具备一定的专业性。

1. 概念理解

在正式开始前，先介绍一下为何要进行文本生成。虽然基于检索式对话模型实现的语义分析功能，可以较准确地完成对问题的解答甚至任务生成。但是，在特殊情况下，比如输入信息不全面的情况下，AIGC系统应该进行信息提示，指导操作人员进行相应的修正。可以简单理解为，AIGC系统不仅需要回答对与错，当发现错误的时候，还应该指出错误的原因以及改进建议。

（1）明确范围

与设计术语库时的第一步一样，文本生成功能设计需要明确应用的范围，在对应的领域就应该采用对应的标准。比如“苹果”在手机领域代表的是iPhone手机，而在水果领域代表的是一种水果。明确清楚范围，对系统、操作者而言就更容易完成信息交互。

通常，像GPT这样的大型语言模型可以自动结合上下文信息来区分词义，比如这里提到的“苹果”一词。这是因为检索式对话模型与像GPT这样的生成式对话模型有所不同。检索式对话模型只能基于预先设定的规则进行对话，而缺乏像GPT这样强大的上下文理解能力。GPT模型可以根据其训练数据中的丰富语境来理解和生成文本，从而更灵活地应对各种语境和词义的变化。

（2）设定生成规则

这是一种可以在一定程度上控制系统的输出，减小系统“自由发挥”的空间的有效方法。这种方法类似于老师要求学生回答问题的情境，其中包括两个主要方面：

- 问题理解与解答：当系统收到一个问题时，首先需要确保系统能够理解问题的含义。如果系统能够理解问题，那么按照预先设定好的规则和模板进行文本生成，给出问题的解答或者相关信息。如果系统无法理解问题，则需要有相应的处理机制，比如返回错误提示或者请求进一步的信息。
- 生成规则的设定：设定一套生成规则和模板，覆盖系统可能遇到的各种情况和问题类型。

生成规则可以包括语法规则、语义规则、逻辑规则等，以确保生成的文本符合预期的格式和语义。而在规则设定过程中，需要考虑到系统可能遇到的各种边界情况和异常情况，并做出相应的处理。

通过设定生成规则，可以使系统更加可控和可预测，同时可以提高系统对复杂问题的处理能力。然而，需要注意的是，生成规则的设定需要充分考虑到问题的多样性和复杂性，以确保系统能够在各种情况下都能够正确地生成文本。

（3）案例

例9：

设计一个AIGC系统中的关于生产设备运行状态监测的子功能。

①如果系统收到的问题包含关键词“设备状态”“运行情况”等，则系统识别该问题关于设备运行状态的查询。

- 如果问题关于特定设备的运行状态，则系统根据设备监测数据生成相应的回答，比如“设备 A 运行状态正常，无异常报警”。
- 如果问题关于整个生产线的运行情况，则系统综合分析各个设备的状态，生成相应的综合报告，比如“生产线运行良好，设备 A、设备 B 都处于正常状态，设备 C 有温度过高的风险”。

②如果问题不包含关键词“设备状态”“运行情况”等，则系统提示用户问题不清楚。比如“请指定需要查询的设备或者生产线”。

③如果系统无法理解问题，或者无法获取设备监测数据，则系统返回相应的提示以及建议，比如当无法获取设备的监测数据时可以向用户提示“抱歉，我暂时无法获取设备状态信息，请确认一下该设备是否离线”。

2. 技术设计

前面大致描述了文本生成的标准设计有何作用，以及如何应用。本节就从技术层面介绍如何实现。

（1）模型层面

对话模型是基于深度学习模型实现的，因此要完成对文本生成的标准设计，技术上的第一步一定是在模型层面做一定的处理工作。

任何一个深度学习模型，都可以大致分为 3 层，即输入层、隐藏层、输出层。对应本节的内容，输入层的作用就是接收用户的问题，并将其转换成系统可理解的信息；隐藏层的作用是完成对用户问题的理解，以及生成对应问题的回答；输出层的作用就是对问题进行回答，将系统可理解的信息转换为人类可理解的信息。

因此在模型层面，需要对模型的输出层进行标准设计。例如，设定规则为“主谓宾”的模式，不论模型在隐藏层产生的信息是什么，最后都会被限制输出为“主谓宾”的语法结构。

深度学习模型在实现文本生成时呈现端到端的特性，这意味着非专业人员通常难以理解模型内部的具体操作过程，因为其中涉及大量的抽象和复杂的数学运算。因此，在技术层面，本节将操作简单地描述为对模型的输出层进行特殊设计。

具体来说，技术人员（或者设计人员）关注的是如何设计模型的输出层，以确保生成的文本符合特定的结构和语法规范。比如，在设定规则为“主谓宾”的模式时，需要确保输出的文本按照这种模式构造，以提高文本的可读性和准确性。

尽管设计时着重在输出层进行设计，但深度学习模型具有端到端的特性，输入层和隐藏层也会通过相应的联动参数自适应地完成相应的调整。从非技术层面来看，只需关注设置好模型的输入与输出，而不必深入理解模型内部的具体运作机制。这种简化的描述方式有助于非技术人员更容易地理解文本生成系统的基本工作原理。

（2）异常处理

异常处理是用以弥补模型的一种特殊技术手段。原因之一是受限于检索式对话模型的技术基础模型，模型只能针对领域内特定的专业技术问题进行响应，如果模型面对的数据越界，那么模型就无法正确地做出响应；原因之二是一个成熟的 AIGC 系统，不仅能够被动处理信息，还需要具备“主动化解”问题的能力，这就是前面提到的老师要求学生回答问题的情景。

这种情况大致分为以下几类处理方式：

①当模型对问题的解答得分低于设定的阈值时，可以判定模型没有正确理解问题，因此无法提供有效的回答。在这种情况下，可以采取一种异常处理机制，例如，向用户返回一条提示信息，表明模型未能理解问题。

具体而言，可以设定一个阈值，当模型比对用户输入的问题与事先定义的问题库中的内容，发现匹配度低于这个阈值时，即判定模型没有正确理解问题。比如，用户提出问题“广东省的省会是哪里”，但事先设定的问题库中只包含了一个 QA 对，即“中国的首都是哪里”。在比对这两个问题时，模型发现它们之间的相似度很低，不足以确认用户问题的真实含义，因此向用户反馈类似于“抱歉，我没有理解您的问题”的提示信息，告知用户模型无法回答当前提出的问题，并表达出对此的歉意。这样的处理方式可以提高系统的用户体验，使用户在遇到模型无法处理的问题时能够及时得到反馈。

②当模型接收到用户的输入信息不全面时，模型也无法准确地做出响应，这种情况下也应该按照异常处理机制进行用户响应。

（3）案例

例 10：

在工业智能设备中，需要实现一个关于设备模块运行状态监测的子功能，其中包括用户通过人机交互查询设备各模块状态的功能。

假设设备中有模块 A、B、C，现在用户输入信息“查询模块 D 的运行状态”。当模型无法理解这种未事先定义的信息时，应该按照异常处理的机制给予用户相应的提示，如“没有查询到模块 D 的信息，检查到在线的模块有 A、B、C”。

CHAPTER 6

第6章

AIGC系统的迭代学习逻辑

在前面的内容中，反复在强调一个观念，即AIGC是由AI技术发展而来的一个新分支，所以它与常规的AI技术有着很多相似的特性。AI技术之所以能够取得极大的成功，其中的自学习、自适应特性起着很大的作用。而AIGC理所当然地继承了这些特性。

本章将主要介绍AIGC系统是如何迭代学习的，主要涉及的知识点：

- 如何进行知识融合。
- 如何进行自适应调整。
- 用户如何参与系统学习。

6.1 系统学习过程中如何进行知识融合

在AIGC系统的迭代学习过程中，知识融合是至关重要的一环。它将不同来源的知识整合，旨在提升系统的智能水平和应用效能。本节将探讨系统学习过程中如何进行知识融合，以及这一过程如何促进系统的智能化和应用效能的提升。通过整合和融合不同来源的知识，AIGC系统能够更全面地理解问题、更准确地做出决策，从而更好地管理和优化工业智能设备。

关于知识融合的一些基础概念，在第4章中已经有详细介绍。本节将聚焦于多模态信息融合（知识融合）在系统上的实现。

6.1.1 了解知识融合的作用

首先熟悉一下知识融合的概念。在AIGC系统中，知识来源于多个方面，包括传感器数据、专家知识、历史数据等。这些知识可能是不同形式和不同领域的，如文字、图像、声音等。知识融合的目的就是将这些不同来源的知识整合在一起，形成一个更加完整和全面的知识体系，从而帮助系统更好地理解问题、做出决策。

知识融合的作用主要体现在以下几个方面。

（1）提高问题理解能力

通过将不同来源的知识进行整合，系统可以获得更多样化、更全面的信息，从而更好地理解问题的本质和背景。比如，通过结合传感器数据和专家知识，系统可以更准确地判断设备或生产线的运行状态，及时发现问题并采取相应的措施。

（2）增强决策能力

知识融合可以帮助系统更好地分析和评估各种信息，从而做出更明智的决策。通过将不同来源的知识进行整合，系统可以综合考虑各种因素，从而减少决策的盲目性和随意性。比如，在工业生产中，系统可以结合实时传感器数据以及过往的历史信息，进行生产调度和优化，以提高生产效率和质量。

（3）促进智能化发展

通过不断整合不同来源的知识，系统可以不断学习和进化，提高其智能水平和应用效能。比如，系统可以通过不停地学习历史数据和专家知识，不断优化自身的算法和模型，从而提高对问题的解决能力和适应性。

（4）提升用户体验

知识融合可以帮助系统更好地理解用户需求和意图，从而提供更个性化、更智能的服务。通过综合考虑用户的输入、环境信息和历史数据，系统可以为用户量身定制最合适的解决方案，提升用户体验和满意度。

（5）加强系统稳定性

通过将不同来源的知识进行整合，系统可以提高其稳定性和可靠性。比如，在工业设备监控中，系统可以通过综合考虑多种信息，提前预警可能出现的问题，从而降低故障和停机的风险，保障生产的顺利进行。

学习的本质，是获取“指导信息”、理解知识的过程。“指导信息”可以来自历史数据、专家知识等。知识融合式的学习就是将不同的“指导信息”进行融合，转换成容易理解的知识。

现阶段比较常用的知识融合方式有两种，一种是基于统计的方式，另一种是基于深度学习的方式。

6.1.2　基于统计方式的知识融合

1. 理论步骤

基于统计方式的知识融合依赖于统计学原理和方法，通过对来自不同信息源的统计数据进行分析、整合和推断，达到更全面、更准确地理解问题和情况的目的。

（1）数据收集与预处理

系统首先需要收集来自不同信息源的统计数据，这些数据可以是连续的、离散的、多维度的……收集数据后，需要进行预处理，包括数据清洗、去除异常值、归一化等，以确保数据质量和一致性（具体参考 3.2.3 节中数据清洗的内容）。

（2）统计分析与模型建立

在数据预处理完成后，系统利用统计分析方法对数据进行分析，探索数据之间的关联和规律。常用的统计方法包括描述性统计、相关分析、方差分析等。然后，根据分析结果建立相应的统计模型，以描述数据之间的关系（详细的方法以及原理请参考 4.2 节中介绍的一些常见的技术)。例如，可以利用线性回归模型描述变量之间的线性关系，或者利用聚类分析模型将数据进行分组。

（3）数据融合与信息推断

在建立了统计模型后，系统利用这些模型对不同来源的统计数据进行融合和推断。数据融合可以采用不同的方法，包括加权平均、贝叶斯推断等。通过将不同数据源的信息结合起来，系统可以得到更准确和全面的信息。例如，可以利用线性回归模型对传感器数据和历史数据进行整合，从而推断未来的设备运行状态或其他目标信息。

（4）决策与应用

最后，系统根据融合后的信息进行决策和应用。通过综合考虑各种因素，系统可以做出更明智、更准确的决策，以应对各种情况和问题。例如，在工业生产中，系统可以根据融合后的数据进行生产调度和优化，以提高生产效率和质量。

2. 技术实现

例 1：

有一个工业设备，其监测数据包含传感器采集的温度和湿度数据，电压，以及对应批次的产品良率。目标：通过基于统计方式的知识融合来预测产品的良率。

（1）数据收集与预处理

采集到的部分数据如表 6-1 所示。

表 6-1　案例数据

记录序号	温度 /℃	湿度 /%	电压 /V	良率 /%
1	25.13	11.13	378.47	98.38
2	24.87	14.88	378.39	98.29
3	26.09	11.11	378.56	98.52
4	26.84	11.75	379.96	98.98

因为各传感器的采集频次不一样，因此此处展示的数据进行了截断，选用的是以 1h 为单位的实际记录数据的平均值。数据涵盖的范围为 24h。

将其中记录的信息按照固定的时间进行可视化，如图 6-1 所示。

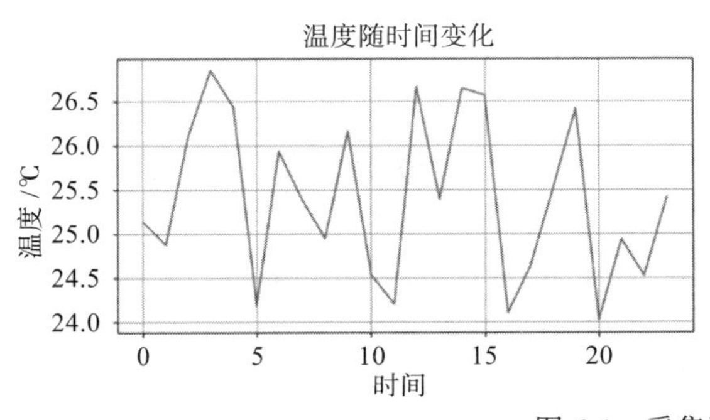

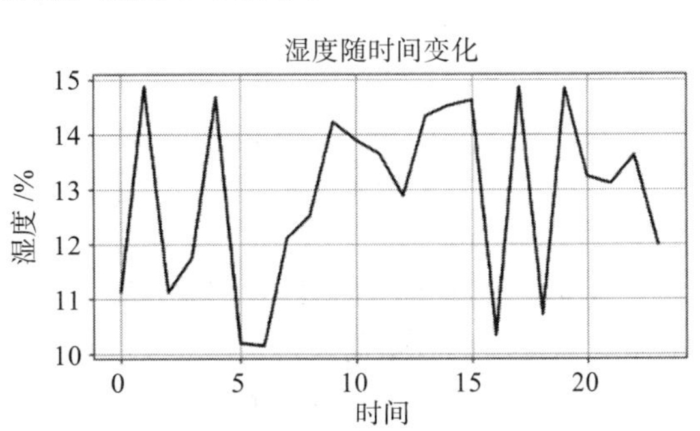

图 6-1　采集数据可视化

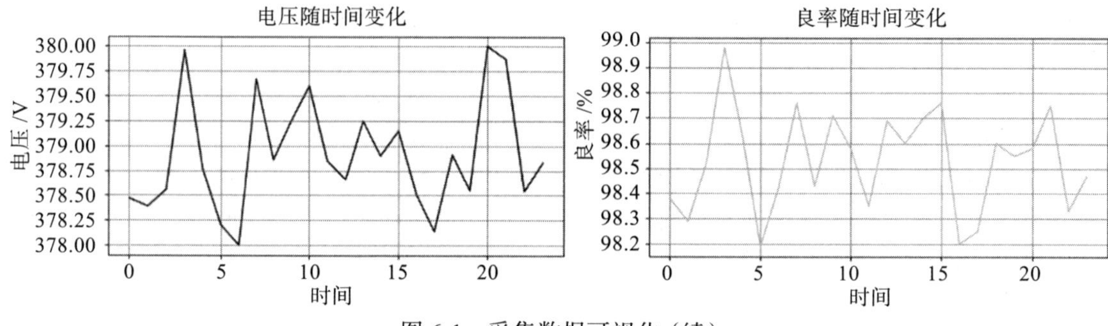

图 6-1　采集数据可视化（续）

（2）统计分析

此处对各数据采用简单的方式进行分析，即相关分析，为后续的建模提供依据。实现的代码如下：

```
import pandas as pd
import seaborn as sns
import matplotlib.pyplot as plt
from sklearn.linear_model import LinearRegression

# 读取示例数据
data = pd.read_csv("./6.1.csv")

# 描述性统计
description = data.describe()
print(" 描述性统计分析结果: ")
print(description)

# 相关分析
correlation = data.corr()
print("\n 相关系数矩阵: ")
print(correlation)

# 可视化的相关系数矩阵
plt.figure(figsize=(8, 6))
sns.heatmap(correlation, annot=True, cmap='coolwarm', fmt=".2f")
plt.title('Correlation Matrix')
plt.show()
```

得到可视化的相关系数矩阵如图 6-2 所示。

从图中观察辅助建模的信息，发现其中电压、温度与良率的关系较大。

（3）模型建立

通过上一步的结果可知，预测产品良率的统计模型应该尽量多考虑电压、温度这两个因素，而湿度的权重需要适当降低。

下面建立模型，而数据融合与信息推断的工作在技术实现的过程中会被包含在本步中一起完成。

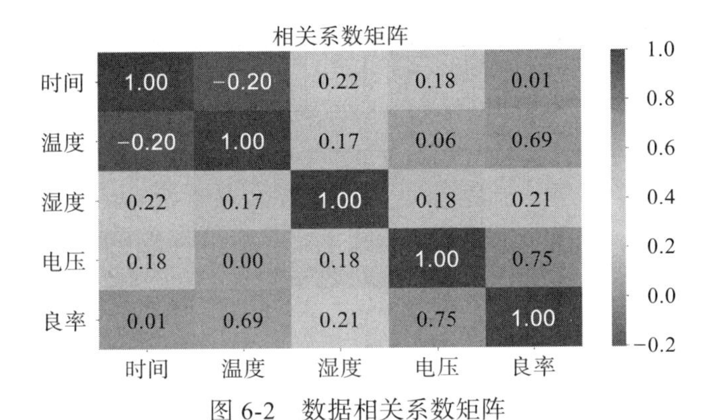

图 6-2 数据相关系数矩阵

此处采用 Python 的第三方库 sklearn 实现好的 API 建立模型。然后在图 6-2 中提取出电压、温度、湿度分别与良率的相关系数，将这 3 个系数用于初始化模型的权重。具体实现的代码如下：

```
import pandas as pd
from sklearn.linear_model import LinearRegression
import numpy as np

data = pd.read_csv("./6.1.csv")
# 准备数据
X = np.array(data[['Voltage', 'Temperature', 'Humidity']])
y = np.array(data["Yield"])
# 设置初始化权重
weights = np.array([0.75, 0.7, 0.2])
# 将数据与权重相乘（采用加权的方式进行数据融合）
X_weighted = X * weights
# 拟合线性回归模型
model = LinearRegression().fit(X_weighted, y)

# 打印模型系数
print(" 模型系数 :", model.coef_)

# 打印模型截距
print(" 模型截距 :", model.intercept_)
```

得到的结果：模型系数为 [0.33612413,0.20752612,-0.01816261]，模型截距为 -0.6332169906334002。

最终，一个基于统计方式的知识融合模型就建立好了，将这个模型以文字的方式描述出来为

$$良率=0.33612413\times 电压+0.20752612\times 温度-0.01816261\times 湿度-0.6332169906334002$$

应对纯数字类型的数据时，使用基于统计方式的知识融合，步骤简单且效率较高。

而如果数据之间的相关性如果不强，则不要轻易使用该方式。该方式的一个技术弊

端就是：它相较于基于深度学习方式的知识融合，无法挖掘出深层次的关联信息。比如在图 6-2 中，假设温度、湿度、电压与良率的相关性均低于 0.5，那么就不建议使用该技术方式了。

（4）决策与应用

当模型建立好之后，决策与应用就很简单了，只需要将实际的数据输入进模型，就可以得到相应的结果。使用第三方库 sklearn 时，该步骤仅需要一行代码即可实现，如下：

```
predicted_yield = model.predict(new_data)
```

6.1.3　基于深度学习方式的知识融合

1. 理论步骤

基于深度学习方式的知识融合是指利用深度学习神经网络的相关模型，将多个不同来源或不同形式的知识进行有效的整合，以提高数据分析、决策或任务解决的性能。

（1）数据收集与预处理

这一操作与 6.1.2 节中的处理方式一样，不再赘述。

（2）选择合适的深度学习模型

根据任务的性质和数据的特点，选择合适的深度学习模型。常见的模型包括多层感知机（MLP）、卷积神经网络（CNN）、循环神经网络（RNN）、长短记忆网络（LSTM）等。

（3）模型训练与优化

使用收集和预处理的数据，对选择的深度学习模型进行训练。在训练过程中，通过优化算法（如随机梯度下降算法 SGD、自适应矩估计算法 Adam 等）来最小化损失函数，使模型逐步收敛并学习到数据的特征和规律。

（4）知识融合

利用深度学习模型的网络的概念，对不同来源或形式的知识进行融合，将不同模态（如文本、图像、音频）的信息融合到一个统一的表示空间中。

可以采用级联、并行、串行等不同的融合方式，根据任务的性质和数据的特点选择合适的融合策略。

（5）模型评估与调优

对融合后的深度学习模型进行评估，检验其在解决特定任务或问题上的性能表现。可以使用各种评估指标（如准确率、精确率、召回率、F1 值等）来评估模型的性能。

根据评估结果对模型进行调优，包括调整模型结构、超参数调优、增加正则化等操作，以提高模型的泛化能力和性能表现。

（6）应用与部署

将经过训练和调优的深度学习模型应用于实际的任务解决过程中。这可能涉及将模型集成到应用程序、服务或系统中，并确保模型能够在实际环境中稳健地运行和提供准确的预测或决策支持。

2. 技术实现

例 2：

在一些材料检测的应用中，需要对材料的表面异常进行很细致的检测，检测精度高到 0.1mm 甚至 0.01mm。对细小的异常进行检测需要依赖很强的光学手段，因此往往在检测的时候需要配套多种光学方案。从视觉的角度理解这种场景，就是需要对同一个目标进行多次检测才能确定它有无异常。

目标：使用基于深度学习方式的知识融合，实现对塑料片的单次检测（即从多次成像多次检测，转变为多次成像一次检测）。

（1）数据收集与预处理

对图像进行强光成像与中等强度光成像，以及斜射光成像，分别捕捉被检测物体的轮廓信息、纹理信息以及表面的毛刺信息。对应的示例如图 6-3 所示。

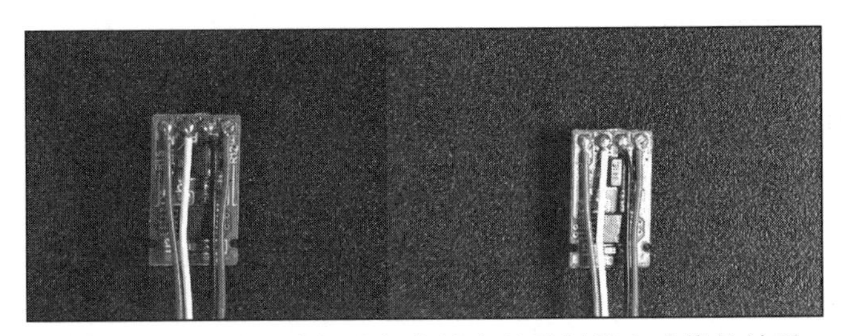

图 6-3 对印刷电路板进行自然光以及斜射光成像的效果

对图像类数据进行预处理的步骤比较简单，仅需要对图像进行标注。具体的操作请参考 3.2.2 节中图像标注的内容，直接参考软件提示即可完成。

（2）选择合适的深度学习模型

异常检测本质上是一个目标检测的任务，因此本案例选择 YOLOv5 模型进行应用。

YOLOv5 是一种轻量级目标检测算法，具有速度快和准确率高的特性。它采用了一系列创新技术，包括新的网络架构、数据增强方法和模型优化策略，在保持准确率的同时大大提升了检测速度。

（3）模型训练与优化

使用深度学习的技术，模型训练很简单，难点在于优化。一般优化需要结合训练时的各种损失值（loss）、准确率（accuracy）、精确率（precision）、召回率（recall）这几类指标，结合指标的趋势进行相应的参数调整。通用的目标是综合精确率（即所有精确率的平均值）与综合召回率（即所有召回率的平均值）均达到 95% 以上（在特殊情况下会将指标放低到 90%）。

模型优化调参的相关理论十分复杂，调节机制也分为很多种不同的情况。鉴于篇幅原因，本书不对此进行详细介绍。感兴趣的读者可以查阅深度学习相关的书籍。

（4）知识融合

在本案例中，模型训练只是工作的一小部分，工作的重心是如何进行知识融合。在上一步中，针对每种光学方案的图像数据进行了单独的训练，即理解为需要重复进行 3 次训练，得到分别对应强光成像、中等强度光成像和斜射光成像的 3 个检测模型。

在 YOLOv5 的模型结构中（见图 6-4），包含了 3 个关键部分：特征提取、Neck 和预测。这些部分在目标检测任务中发挥着不同的作用，类比于解决找规律的题的过程，可以理解为以下 3 个步骤。

①特征提取：这一步是模型中最重要的部分，类似于解决找规律题时的观察数据、提取规律的过程。在特征提取阶段，模型从原始数据中提取出有用的、高级的、深层次的特征表示，从而更好地理解图像的语义信息和空间结构。

② Neck：这一步类似于在解决找规律题的过程中，将观察到的不同规律总结到一起，形成一套完整的规律逻辑。在 YOLOv5 中，Neck 部分工作用于进行特征融合和特征增强，以提高目标检测的性能。它可以将不同层次的特征进行融合，并增强特征表征能力，从而提高模型的感知能力和表达能力。

③预测：这一步负责对目标进行预测，类似于将总结的规律应用于解题。在 YOLOv5 中，预测部分使用特征提取和 Neck 两个步骤中提取的特征来预测图像中的目标位置和类别，完成目标检测任务。这一过程进行知识融合操作，就是需要对 3 个如图 6-4 所示的网络结构的模型进行融合。融合的关键就在 Neck 部分。

可能有些接触过 AI 相关知识的读者会有一个疑问：在这种情况下，为什么要进行 3 个模型的融合，而不是直接将 3 种数据合并到一起用一个模型训练呢？原因在于此场景下，不同的光学方案下数据的特点和分布存在较大差异，因此需要针对每种数据状态使用不同的特征提取方式，才能更好地适应不同条件下的图像特征。直接在 3 种数据上训练一个模型会导致模型对某种数据状态下的特征提取效果不佳，从而影响整体检测性能。因此，通过分别训练三个模型，并进行融合，可以更好地适应不同光学条件下的数据特点，提高模型的检测准确性和鲁棒性。

最简单的一种实现方式如图 6-5 所示。保留 3 个模型原本的特征提取部分，在 Neck 的各子分支上对提取到的特征进行融合，然后采用 1 套 Neck 结构与预测结构完成对 3 个输入（对应 3 种光学方案的图像数据）的同时检测。

这个过程就类似于兑换货币，假设有 100 单位的 A 币、10000 单位的 B 币、500 单位的 C 币，而 500 单位的 D 币对应 1g 黄金，需要计算出它们分别对应的黄金价值是多少克。那么先通过 3 种不同的关系分别将 A 币、B 币、C 币转换成对应单位的 D 币，然后直接用 500 单位 /g 的逻辑就可以完成 3 种货币的黄金克数计算了。

上述案例对应的代码操作，需要在 YOLOv5 的 GitHub 开源代码的基础上，对 Neck 结构的代码进行重构。参考图 6-4，Neck 结构原本每个子分支对应的是两个输入，重构设计需要将其改为 6 个输入，同时需要对后续的 Neck 结构的输出以及预测结构的输入数据维度乘以 3。由于篇幅原因，此处不详细展示如何进行代码重构与修改。这些信息、原理均可以在深度学习的相关书籍以及 YOLOv5 的官网上查阅到。

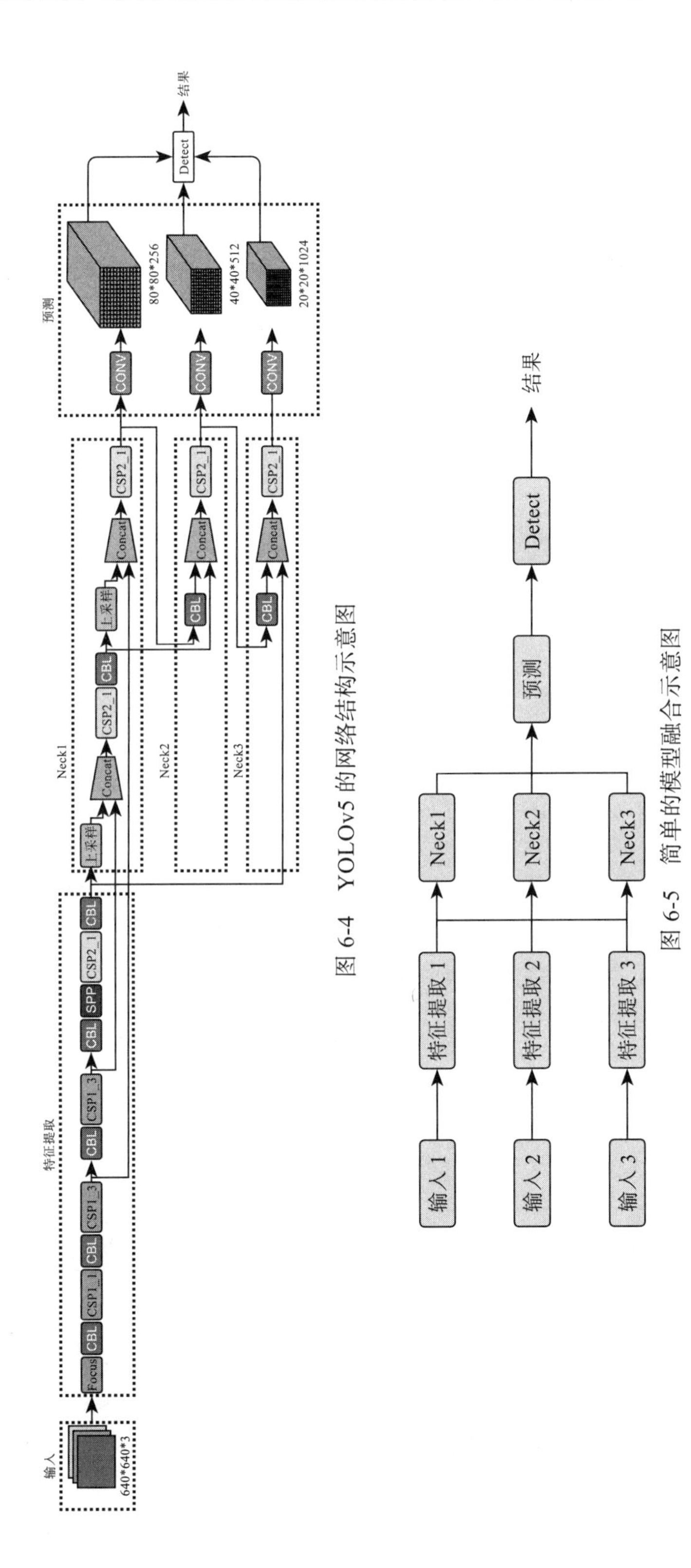

图 6-4　YOLOv5 的网络结构示意图

图 6-5　简单的模型融合示意图

上述介绍的技术实现方式并不是唯一，还有其他很多技术可以实现该功能。如模型蒸馏技术、迁移学习技术等。它们本质上都是基于深度学习方式的知识融合，帮助系统更加全面地理解信息，辅助系统做出更合理、更准确的检测或者决策。

6.2 系统学习过程中如何进行自适应调整

在系统学习过程中，自适应调整是指根据数据分布、用户反馈、算法机制等实际情况灵活地调整学习策略和方法，以更好地适应学习任务和环境的过程。

6.2.1 自适应调整的策略

1. 基于反馈的调整

基于反馈的调整是通过收集系统或过程输出的信息，然后将其反馈到系统中，以调整系统的行为或性能。在人工智能技术领域，这种方法常用于优化和改进模型的性能，以及调整权重以分配任务倾向。

这一策略在 AI 领域被广泛应用于监督学习任务上。其实现的步骤如下。

（1）收集反馈信息

首先需要收集系统输出的反馈信息。这些信息可以是系统输出的结果、用户的反馈、观察到的性能指标等。例如，在监督学习中，可以收集模型预测的准确率、精确率、召回率等性能指标；在无监督学习中，可以收集模型生成的数据分布情况等。

（2）分析反馈信息

然后，对收集到的反馈信息进行分析和解读。这包括理解反馈信息中蕴含的信息、发现其中的模式和规律，以及识别出系统中存在的问题或改进的空间。通过对反馈信息的深入分析，可以更准确地指导后续的调整策略。

（3）调整系统行为或参数

根据分析得到的结果，对系统的行为或参数进行调整。这可能涉及调整模型的参数、优化算法的参数、更新模型的结构等。调整的目标是通过反馈信息来提高系统的性能、效率或鲁棒性。

（4）重新评估系统性能

在调整之后，需要重新评估系统的性能，以验证调整是否有效。这可以通过比较调整前后的系统性能指标来完成。如果调整取得了良好的效果，则可以继续优化和改进系统；如果效果不佳，则可能需要进一步调整策略或方法。

下面通过案例来理解上述步骤。

例 3：

有一个线性回归模型，设其表达式为 $f(x)=a\cdot x+b$。

使用数据 $(1,2),(2,5),(3,6),(4,7),(5,10)$ 进行模型训练，其中每组数据的第一位表示 $\boldsymbol{X}$ 值，第二位表示 $\boldsymbol{Y}$ 值。

假设某一次训练得到的回归模型函数表达式为 $\boldsymbol{f}(\boldsymbol{x})=\boldsymbol{x}+1$。

①收集反馈信息：使用函数表达式代入上述数据的 X 值，计算数据得到预测值 $\hat{\boldsymbol{Y}}=[2, 3, 4, 5, 6]$。

②分析反馈信息：预测值 $\hat{\boldsymbol{Y}}=[2, 3, 4, 5, 6]$ 与真实值 $\boldsymbol{Y}=[2, 5, 6, 7, 10]$ 的误差很大，采用 MSE 衡量两组数据的差异，误差值为 5.6。预测值普遍低于真实值，因此参数需要被适当放大。

③调整参数：设先将参数 a 乘以 2，参数 b 不变，模型表达式变为 $f(x)=2x+1$。

④重新评估系统性能：再次使用新的模型表达式对 $\boldsymbol{X}$ 值进行预测，得到 $\hat{\boldsymbol{Y}}=[3, 5, 7, 9, 11]$，与真实值的 MSE 为 1.4。可以发现 MSE 值相较于参数调整前有提升，表示调整是正向有效的。

2. 基于数据分析的调整

基于数据分析的调整是指利用对学习数据的分析和挖掘，发现学习过程中的规律和模式，并据此调整学习策略和方法的过程。

这类型的策略往往被用于无监督学习任务中。它的步骤如下。

（1）数据分析与挖掘

使用统计方法、机器学习算法等技术手段去探索数据中潜在的规律、趋势以及关联等。例如，深度学习训练过程中，损失值与训练次数的关系、不同参数与模型性能的关系，以及系统执行任务的频率与系统资源的关系等。

（2）调整学习策略与方式

根据分析的结果，适当调整参数、资源。比如，微调参数还是重新计算参数，哪些任务应该增加哪些资源等。

（3）重新评估系统性能

比较调整前后的系统性能指标。如果调整取得了良好的效果，则可以继续优化和改进系统；如果效果不佳，则可能需要进一步调整策略或方法。

例如，在训练深度学习模型的过程中，调整超参数这个步骤是最让人头疼的一个步骤，一个模型需要调整的超参数有十几个，对于经验较浅的工程师、用户，这个过程往往会花费好几天甚至是好几周的时间才能完成。

超参数是在模型训练之前需要手动设置的参数，其值不会由训练过程中的数据来确定。与模型的权重和偏置参数不同，超参数通常用于控制模型的结构和训练过程的方式，以及优化算法的行为。

基于这种情况，就可以采用基于数据分析调整的策略进行超参数的调整。其实现方式就是通过系统自主调整各超参数，并在相同的训练环境、相同的数据基础上评估模型的性能，得到超参数关于模型性能的趋势。然后基于得到的趋势进行最佳的超参数选择。

例 4：

利用 YOLOv5 模型调整超参数，需要调整的超参数如下：

```
lr0: 0.01  # initial learning rate (SGD=1E-2, Adam=1E-3)
lrf: 0.1  # final OneCycleLR learning rate (lr0 * lrf)
momentum: 0.937  # SGD momentum/Adam beta1
weight_decay: 0.0005  # optimizer weight decay 5e-4
warmup_epochs: 3.0  # warmup epochs (fractions ok)
warmup_momentum: 0.8  # warmup initial momentum
warmup_bias_lr: 0.1  # warmup initial bias lr
box: 0.05  # box loss gain
cls: 0.3  # cls loss gain
cls_pw: 1.0  # cls BCELoss positive_weight
obj: 0.7  # obj loss gain (scale with pixels)
obj_pw: 1.0  # obj BCELoss positive_weight
iou_t: 0.20  # IoU training threshold
anchor_t: 4.0  # anchor-multiple threshold
# anchors: 3  # anchors per output layer (0 to ignore)
fl_gamma: 0.0  # focal loss gamma (efficientDet default gamma=1.5)
hsv_h: 0.015  # image HSV-Hue augmentation (fraction)
hsv_s: 0.7  # image HSV-Saturation augmentation (fraction)
hsv_v: 0.4  # image HSV-Value augmentation (fraction)
degrees: 0.0  # image rotation (+/- deg)
translate: 0.1  # image translation (+/- fraction)
scale: 0.9  # image scale (+/- gain)
shear: 0.0  # image shear (+/- deg)
perspective: 0.0  # image perspective (+/- fraction), range 0-0.001
flipud: 0.0  # image flip up-down (probability)
fliplr: 0.5  # image flip left-right (probability)
mosaic: 1.0  # image mosaic (probability)
mixup: 0.1  # image mixup (probability)
copy_paste: 0.1  # segment copy-paste (probability)
```

面对这么多参数，如果经验不足就极难进行调整。因此采用基于数据分析的调整，对每个超参数进行一定范围的微调，得到超参数值与模型性能的关系，然后选择最佳的超参数。

笔者对上述的超参数 *cls* 进行调整后的模型性能效果如图 6-6 所示，上面两行图为 $cls = 0.3$（调整前），下面两行图为 $cls = 0.5$（调整后）。

这种策略虽然方便，但是一般需要消耗很大的计算资源，且在实现的过程中需要重复运算很多次，产出的效率并不高。因此需要慎用此策略，使用的时候需要综合考虑自身的资源、任务属性、效率指标等信息。不过该策略在一般的任务调度中的表现是非常好的，因为一般系统的任务消耗资源近似于一个固定值，当系统涉及多任务并发，任务数量达到几十上百的时候，需要进行合理的分配。比如总共有 100 个计算资源，任务 A 需要 30 个资源，占用时间为 2 个单位时间，任务 B 需要 20 个资源，占用时间为 1 个单位时间。那么就可以采用 $ABBBBBB \backslash ABBBBBB \backslash ABBBBBB$ 的方式进行任务安排，这样每 2 个单位时间可以执行 7 个任务，充分保证了效率；如果任务 B 由于某种原因产生的任务需求骤降，那么又可以根据策略实时调整为 $AABBBB$ 的方式进行任务调度。

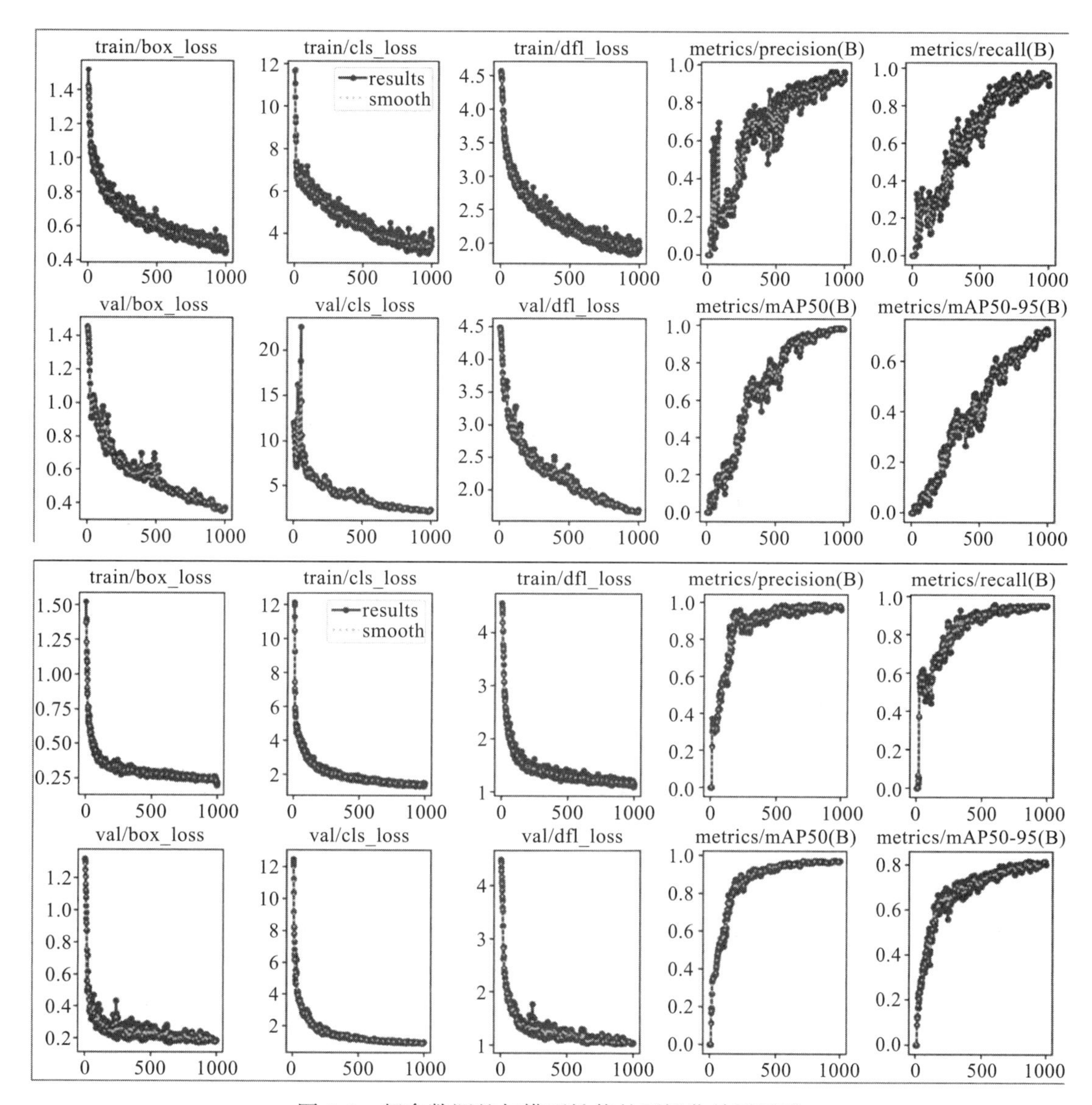

图 6-6 超参数调整与模型性能的可视化关系展示

3. 基于算法优化的调整

利用机器学习和数据挖掘等技术，对学习模型和算法进行优化调整。例如，通过迭代优化算法参数和结构，提高学习模型的性能和泛化能力，以适应不同学习场景和任务的需求。

这种调整策略最经典的一种应用就是深度学习神经网络中的计算图。在深度学习中，神经网络模型通常由多个网络层组成，每个网络层包含多个神经元节点。在训练过程中，通过反向传播算法来更新模型的参数，从而使模型逐渐收敛到最优解。这一过程中，计算图中的每个计算节点都有一个梯度，表示相对于损失函数的参数梯度大小和方向。通过计算梯度，可以知道模型参数对于损失函数的影响程度，进而调整参数的值以最小化损失函数。

在这样一个基于算法优化的调整策略实施过程中，包括以下几个步骤。

（1）参数初始化

首先对模型的参数进行初始化。一般可以使用随机初始化的方法来初始化模型的参数，或者根据先验知识来设置参数的初始值。

（2）正向传播

通过正向传播算法来计算模型的输出。正向传播是指从输入层到输出层的正向传播过程，其中每个神经元节点都根据输入和当前参数计算出其输出值。

（3）损失函数计算

在正向传播之后，通过损失函数来计算模型的预测值与真实值之间的差异。损失函数通常用于衡量模型的预测性能，常见的损失函数包括 MSE、交叉熵损失等。

（4）反向传播

使用反向传播算法来计算损失函数相对于模型参数的梯度。反向传播是指从输出层到输入层的反向传播过程，其中每个神经元节点都根据损失函数的梯度更新其参数值。

（5）参数更新

最后根据梯度下降算法或其他优化算法，使用计算得到的梯度来更新模型的参数。通过迭代更新参数可以逐渐优化模型的性能和泛化能力，以适应不同学习场景和任务的需求。

基于算法优化的调整策略除了可以实现神经网络中的参数优化，还可以实现例 4 中提到的超参数优化，以及实现特征选择的应用。

例 5：

有一个回归问题：需要预测一个人的身高（cm），而特征集合包括年龄（岁）、体重（kg）和性别（0 代表男性，1 代表女性）。

目标：通过特征选择算法选择出最具预测能力的特征子集，以提高模型性能。

此处以递归特征消除（Recursive Feature Elimination，RFE）算法为例进行介绍。

①初始化：将所有特征作为初始特征集合，即初始特征集合为 { 年龄 , 体重 , 性别 }。

②训练模型：使用初始特征集合 { 年龄 , 体重 , 性别 } 训练线性回归模型。在训练过程中，记录每个特征的重要性（简单理解为系数）。

记录特征的重要性通常指的是记录线性回归模型中每个特征的系数（或权重）。在训练过程中，线性回归模型会学习每个特征对目标变量的影响程度，这些影响程度就反映在模型的系数上。系数的绝对值越大，表示该特征对目标变量的影响越大。

示例代码如下，表示使用一个简单的线性回归模型进行训练，并记录每个特征重要性（即系数）：

```
from sklearn.linear_model import LinearRegression

# 假设有训练数据 X 和目标变量 y
X = [[age1, weight1, gender1], [age2, weight2, gender2], ...]
```

```
y = [target1, target2, ...]
# 初始化线性回归模型
model = LinearRegression()
# 训练模型
model.fit(X, y)
# 获取特征系数
coefficients = model.coef_
# 打印每个特征的系数
for feature, coef in zip(['年龄', '体重', '性别'], coefficients):
    print(f'特征 {feature} 的系数为 {coef}')
```

③特征消除：根据特征的重要性，选择最不重要的特征进行消除。假设“性别”特征的重要性最低，将其从特征集合中移除，此时特征集合变为 { 年龄、体重 }。

④停止准则：检查剩余特征数量是否满足停止准则。如果不满足，则重复第二步与第三步，直到满足为止。如设定停止准则为保留 2 个特征，由于当前特征集合中仍有 2 个特征，因此满足停止准则，算法结束。

至此，完成特征选择的应用需求。

4. 基于资源变化的调整

基于资源变化的调整是指根据设备资源条件的变化，及时调整学习策略和资源配置，以优化系统性能和适应不同资源条件下的需求。这一策略的实现步骤如下。

（1）资源监测

实时监测设备资源，如 CPU、内存、存储、网络带宽、IO 带宽等资源。

（2）资源分析

对监测到的资源数据进行分析，了解当前资源条件的变化趋势和影响。例如，判断 CPU 使用率是否升高、网络带宽是否达到瓶颈等。

（3）策略调整

根据资源分析的结果，调整系统的策略。例如，在网络带宽增高的情况下适当提升系统整体的数据消化能力；在 CPU 使用率居高的时候释放部分任务等。

该策略除了上述场景应用，还可以用于根据环境变化进行参数调整的场景，如相机的自动调参就是基于环境变化进行调整的。

例 6：

有一个智能系统，负责实时监测一座工厂的各种设备运行状态，并根据监测数据进行预测性维护。该系统需要根据资源的变化进行输出相应的调整指令，以确保各设备能正常运行。

①资源监测：系统实时监测工厂各设备的运行状态，包括 CPU 使用率、内存占用、网络带宽、IO 负载等资源情况。

②资源分析：系统对监测到的资源数据进行分析，了解当前资源条件的变化趋势和影响。例如，系统发现某些设备的 CPU 使用率持续上升，而网络带宽则保持在正常范围内，这可能意味着某些设备存在性能瓶颈或者出现了任务阻塞。

③策略调整：根据资源分析的结果调整资源配置。例如，在发现某些设备的 CPU 使

用率过高时，系统可以下发指令，通过降低任务频率或减少任务数量等方式减轻系统负载，以确保系统稳定运行。另外，在网络带宽有限的情况下，系统可以优先处理重要数据或减少数据传输量，以保证数据传输的及时性和准确性。

6.2.2　对话模型的自适应调整

1. 概念

对话模型的自适应调整是指根据对话过程中用户的实时反馈和环境变化，动态地调整对话模型的行为和响应策略，以提高对话系统的性能和用户体验。

相关的调整涉及下面几个方面。

（1）实时反馈分析

实时反馈分析在工业智能设备的AIGC系统中主要聚焦于用户对系统的评价、需求和偏好的实时反馈。系统通过监控用户与系统的对话过程，包括用户对系统响应的评价、需求的表达以及偏好的体现，可以更好地理解用户的意图和期望。

通过实时反馈分析，系统能够快速识别和理解用户的需求，并及时做出相应调整，以提供更加个性化、高效的服务。这不仅有助于改善对话质量，还可以提升用户满意度，从而提高整个系统的性能和效率。比如，硬件、软件两个不同部门的人使用AIGC系统。硬件部门的人关注的内容在于硬件层面，如查询硬件相关的专业知识或者查询设备硬件的状态；软件部门的人关注的内容在于软件层面，如查询驱动、引擎相关的专业知识，或者查询设备、系统的软件运行日志并进行分析。

（2）动态调整策略

系统通过根据实时反馈结果，动态地调整对话模型的响应策略和行为，从而能够更灵活地满足用户的需求，提升用户体验。这种策略调整包括但不限于调整语言模型的参数、优化对话流程、修改回答模板等方面。

例如，系统发现用户对某个专题的关注度较高，可以增加该专题相关内容的推荐权重，以提供更丰富的信息和服务。另外，如果某个回答模板的表达方式不够清晰或准确，则系统可以根据用户反馈及时进行调整和优化，以改善对话效果。

（3）个性化定制

根据用户的个性化特征和历史对话记录，定制针对性的对话策略。例如，根据用户的兴趣爱好，为用户提供个性化的推荐和服务。

（4）实时更新和迭代

对话模型的自适应调整是一个持续的过程，需要实时更新和迭代。随着用户需求的不断变化，对话模型也需要不断地进行优化和调整，以保持系统的准确性、鲁棒性和用户满意度。

2. 案例

对应的代码在附件“13. 对话模型自适应调整的案例代码”中。

例 7：

以 5.3.1 节中创建的检索式对话模型（如图 5-14 所示）为基础，进一步实现该模型的实时反馈功能。

（1）实时反馈分析实现（包含系统知识迭代）

在 5.3.1 节中已定义好的功能基础上，添加一个功能“collect_feedback”用以收集用户的反馈信息，对应代码层面即在类“RetrievalBasedChatbot”中添加函数“collect_feedback”。实现代码如下：

```
class RetrievalBasedChatbot:
    """ 前面省略原 5.3.1 节案例中的代码 ""
    def collect_feedback(self, question, user_feedback):
        # 记录用户的反馈
        self.feedback[question] = user_feedback
```

此函数仅实现了最基本的记录用户反馈的功能，下一步还需要实现对用户反馈的分析，此处实现如下 3 种简单的分析：

- 用户反馈为正向的，比如好的评价，则系统不用进行任何修改。
- 用户反馈为空，则系统不用进行任何修改。
- 用户反馈答案是错误的，比如“回答错误，正确的答案为 ***”，则系统对原本的 QA 中的内容进行修正。

实现此 3 种简单的分析功能，继续在“RetrievalBasedChatbot”类中添加一个函数“analyze_feedback”实现。实现代码如下：

```
def analyze_feedback(self):
    # 分析用户的反馈并进行相应的调整
    for question, feedback in self.feedback.items():
        if feedback == "好" or feedback == "一般":
            # 用户反馈为正向的，不做任何修改
            pass
        elif feedback == "":
            # 用户反馈为空，不做任何修改
            pass
        else:
            # 用户反馈答案是错误的，对原本的 QA 中的内容进行修正
            correct_answer = feedback.split("正确的答案为")[1].strip()
            print(correct_answer)
            for i, qa_pair in enumerate(self.qa_pairs):
                if qa_pair['question'] == question:
                    self.qa_pairs[i]['answer'] = correct_answer
```

如此，一个基于用户反馈进行简单分析的功能就实现好了。如图 6-7 即为运行的实例图。

在实际应用中，函数“analyze_feedback”应该使用一个独立的语义分析模型来对用户的反馈进行分析，而不是采用简单的字符串比对方式。这样可以更准确地理解用户的评价，并做出相应的调整。

具体而言，如果用户的反馈是正向的或者为空，即表示用户对系统的回答感到满意，那么就不需要进行任何修改操作。但是，如果用户的反馈是负向的，就需要分析用户具体反馈的含义，并根据分析结果进行相应的 QA 修改或者新增 QA。例如，可以通过分析用户的反馈来发现系统回答中存在的问题或错误，并进行相应的修正或者补充。

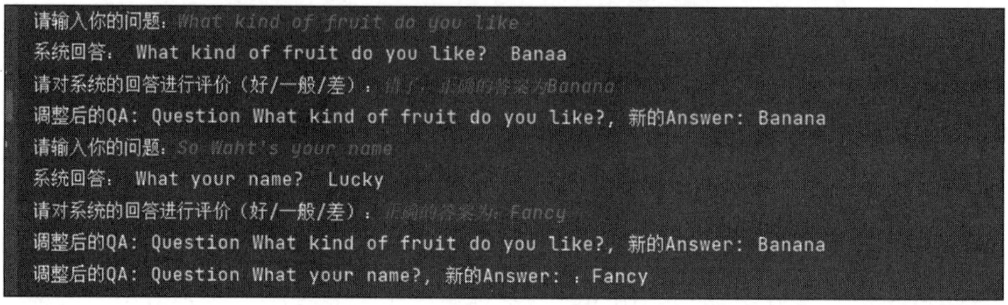

```
请输入你的问题：What kind of fruit do you like
系统回答： What kind of fruit do you like?  Banaa
请对系统的回答进行评价（好/一般/差）：错了，正确的答案为Banana
调整后的QA: Question What kind of fruit do you like?, 新的Answer: Banana
请输入你的问题：So Waht's your name
系统回答： What your name?  Lucky
请对系统的回答进行评价（好/一般/差）：正确的答案为：Fancy
调整后的QA: Question What kind of fruit do you like?, 新的Answer: Banana
调整后的QA: Question What your name?, 新的Answer: ：Fancy
```

图 6-7　实时反馈分析的代码运行实例

（2）动态调整（包含个性化定制及实时更新）

假设用户对吃的东西感兴趣，那么系统可以优先推荐关于吃的专题给用户。此处对预定义的 QA 进行修改，加上类别标签“ class”，并对同类别的“ class”进行相关专题推荐。修改后的 QA 如下：

```
# 预定义的 QA
qa_pairs = [
    {"question": "What is the capital of China?", "answer": "Beijing", "class":
        "geography"},
    {"question": "What your name?", "answer": "Lucky", "class": "humanity"},
    {"question": "What kind of fruit do you like?", "answer": "Banana", "class":
        "food"},
    {"question": "What is the most famous food in Shenzhen?", "answer":
        "ZhuJiaoFan", "class": "food"}
]
```

再对函数“ analyze_feedback”进行适当修改，当用户反馈为“好”时，系统主动提示用户其他相关的问题。实现代码如下：

```
def analyze_feedback(self):
    # 分析用户的反馈并进行相应的调整
    for question, feedback in self.feedback.items():
        if feedback == " 好 " or feedback == " 一般 ":
            # 如果用户反馈包含“好”字，则认为是好评
            # 在这里可以添加对好评的处理逻辑，比如结合用户兴趣进行其他相关话题的推荐
            for i, qa in enumerate(self.qa_pairs):
                if qa['class'] == self.classes and qa['question'] != question:
                    print(f" 系统推荐：你可能还对 {qa['question']} 话题感兴趣。")
        """ 省略不变的代码部分 """
```

如此，就可以通过对 QA 的“ class”信息监测来判断用户对话的倾向性，并进行适配内容调整。运行实例如图 6-8 所示。

```
请输入你的问题：What kind of fruit do you like
系统回答： What kind of fruit do you like? Banana
请对系统的回答进行评价（好/一般/差）：好
系统推荐：你可能还对 What is the most famous food in Shenzhen? 话题感兴趣。
请输入你的问题：What is the most famous food in Shenzhen?
系统回答： What is the most famous food in Shenzhen? ZhuJiaoFan
```

图 6-8　动态调整的代码运行实例

上述示例中是直接通过“class”值比对来推荐问题的。在实际应用中，系统需要根据用户的需求、术语库的标签与关系、权重系数等信息进行推荐。例如，如果预定义的 QA 中有多个与用户提出的问题相关的问题，则系统需要根据用户的问题内容来简述最相关的问题进行推荐。

假设有一个术语库中包含了许多信息和层级的关系。如果用户提出了一个问题，比如“What kind of fruit do you like”，而术语库中有多个与此问题相关的问题，系统就需要根据用户提出的问题和术语库中的内容进行相关性计算，然后推荐最相关的问题给用户。例如，如果经过计算，剩下的问题的推荐系数分别为 0.1, 0.3, 0.05, 0.11, 0.11, 0.11, 0.11, 0.11，那么系统就应该将推荐系数为 0.3 的问题作为最相关的问题进行推荐。

此外，如果用户再次关注的问题对应的推荐系数为 0.11，那么系统就应该根据用户的关注情况对问题的权重系数进行调整，并重新计算相关性，以便在推荐其他问题时考虑用户的兴趣。

6.2.3　数据分析模型的自适应调整

数据分析模型的自适应调整是指根据不断变化的数据、业务需求以及环境条件，灵活地调整数据分析模型的参数、结构或算法，以保持分析模型的性能和效果。这种调整能够使数据分析模型适应不同的数据分布、变化的业务场景和需求，从而提高模型的准确性、泛化能力和实用性。

本节所描述的数据分析模型，包括机器学习模型、深度学习模型、算法这三种。

---

1. 数据数量与数据分析模型的关系

（1）模型固定不变的情况

当谈及数据数量与数据分析模型的关系时，首先需要考虑数据量对分析模型性能和效果的影响。数据量的增加通常会对模型的训练和性能产生积极影响，但也存在一定的限制和挑战。

增加数据量有助于提高分析模型的泛化能力和准确性。更多的数据样本可以提供更全面和多样化的信息，使模型能够更好地学习数据的潜在规律，并对新数据做出更准确的预测或分类。例如，在一个商品销售预测的模型中，如果只有少量的历史销售数据，模型可能无法捕捉到销售趋势的全部特征，导致预测结果的准确性不高；如果增加了大量的销售数据，模型就能够更好地理解销售规律，从而提高预测的准确性。

再者，数据量的增加也可以改善模型的稳定性和鲁棒性。大数据集通常能够更好地平衡数据的偏差和噪声，使模型更具有抗干扰能力。例如，在医疗诊断的模型中，如果只有少量的病例数据，那么模型可能会受到个别异常样本的影响而产生误判。但是，如果有大量的病例数据，那么模型就能够更好地识别出真正的病态模式，降低误诊的风险。

然而，尽管数据量的增加对模型有益，但也面临着一些挑战。首先是数据收集和处理的成本。随着数据量的增加，数据的收集、存储和处理成本也会相应增加。此外，大数据集可能会增加模型训练和优化的时间成本，因为需要更多的计算资源和时间来处理大规模数据。另外，当数据量非常庞大时，可能会出现维度灾难问题，导致模型的训练和推断变得非常困难。

（2）数据数量不变的情况

数据数量的不变意味着模型接触到的信息量不会改变。这种情况下，有些模型会存在泛化性差、欠拟合、崩溃等问题，造成模型的分析结果在实际应用上不准；但是有些模型就擅长在特定量级的数据上发挥。在实际的 AIGC 系统应用中，数据数量不变这种情况是出现较为频繁的，且额外有一个限制条件——物理设备上的计算资源限制。此处将重点对这种情况进行介绍。

此处将会频繁提到小规模数据集（较小量级的数据）、大规模数据集（较大量级的数据）的概念。可以直接根据数据总量的大小对其进行区分：将数据的条目数量与数据的维度相乘，得到的值表示数据总量，数据总量在十万以内的就可以称为小规模数据集（较小量级的数据）。

在常见的数据分析模型中，每种模型对数据数量的依赖有所不同，当设备、数据量被固定无法进行调整时，就需要结合这些信息进行相应的模型调整（最直接的办法就是换种模型）。

（3）常见的数据分析模型与数据数量的关系

下面对常见的数据分析模型与数据数量的关系进行介绍。

- 线性回归模型：首先，数据数量较少时，线性回归模型可以快速训练，并且由于模型比较简单，对于小规模数据集的拟合效果通常较好；其次，数据数量较大时，线性回归模型也可以应对，但可能需要更多的数据来避免过拟合的问题，并且可能需要更多的计算资源和时间来进行模型的训练。
- 决策树模型：对于小规模的数据集，决策树模型通常可以很好地适应数据，并且能够生成易于理解的规则；随着数据量的增加，决策树模型的生长可能会导致模型过于复杂，容易发生过拟合；且随着数据量的增加，模型的消耗也会指数级增加，可能抢占系统整体资源，造成系统降速、卡顿，严重时可能造成设备宕机。
- 随机森林模型：随机森林模型通常可以处理大规模的数据集，并且具有较强的泛化能力，不容易发生过拟合；数据量较少时，随机森林模型可能会出现一些性能波动，因为随机性在小样本上可能会更加明显。
- 支持向量机（SVM）：对于小规模的数据集，SVM 模型通常能够很好地拟合数据，并且可以处理高维数据；随着数据量的增加，SVM 模型可能会变得更加复杂，需要更多的计算资源和时间进行训练，但在一定程度上可以保持模型的性能。

- 深度学习模型（如神经网络）：深度学习模型通常需要大量的数据进行训练，尤其是在大规模数据集上可以发挥其优势；对于小规模的数据集，深度学习模型可能会面临过拟合的问题，并且可能需要更多的调参和优化来保证模型的性能。
- *k* 均值聚类算法：对于小规模的数据集，*k* 均值聚类算法通常可以很好地发现数据的聚类结构，并且具有较快的计算速度；随着数据量的增加，*k* 均值聚类算法可能会面临维度灾难等问题，需要更多的计算资源和时间来处理大规模数据。
- 分类器（如朴素贝叶斯算法、逻辑回归模型等）：对于小规模的数据集，分类器通常可以很好地拟合数据，并且具有较快的训练速度；数据量较大时，分类器可能会面临过拟合的问题，并且可能需要更多的计算资源和时间来进行训练。
- 关联规则挖掘算法（如 Apriori 算法）：对于小规模的数据集，关联规则挖掘算法可以很好地发现数据之间的关联关系，并且具有较快的计算速度；数据量较大时，关联规则挖掘算法可能会面临内存和计算资源的限制，因为需要对所有可能的项集进行搜索。
- 时间序列分析算法（如 ARIMA 模型）：对于小规模的时间序列数据，时间序列分析算法可以很好地拟合数据，并且具有较快的计算速度。随着时间序列数据量的增加，时间序列分析算法可能需要更多的参数来建模数据的复杂性，可能需要更多的计算资源和时间来进行训练。

总结上述常见的数据分析模型与数据数量的关系，如表 6-2 所示。

表 6-2 常见的数据分析模型与数据数量的关系总结

序号	数据分析模型	与数据数量的关系
1	线性回归模型	数据数量对模型的整体影响较小 模型能处理大小量级数据
2	决策树模型	数据数量对模型的整体性能影响较大 模型倾向于处理较小量级的数据
3	随机森林模型	数据数量对模型的功能影响较大 模型倾向于处理较大量级的数据
4	支持向量机	数据数量对模型的整体性能影响较小 模型能处理大小量级数据
5	深度学习模型	数据数量对模型的功能影响较大 模型倾向于处理较大量级的数据
6	*k* 均值聚类算法	数据数量对模型的整体性能影响较大 模型倾向于处理较小量级的数据
7	分类器	数据数量对模型的整体性能、功能均有一定影响，主要影响性能，功能层面主要受数据分布的影响 模型倾向于处理较小量级的数据
8	关联规则挖掘算法	数据数量对模型的整体性能影响较大 模型倾向于处理较小量级的数据
9	时间序列分析算法	数据数量对模型的整体性能影响较大 模型倾向于处理较小量级的数据

2. 数据分布与数据分析模型的关系

数据分布对数据分析模型的选择和效果具有重要影响，因此在 AIGC 系统设计中，必须考虑数据分布的特征，并相应调整数据分析模型，以获得更准确、可靠的结果。以下是对一些常见数据分布与模型关系的介绍。

（1）正态分布

正态分布是最常见的数据分布之一，许多模型和算法都假设数据服从正态分布。因此，在处理正态分布数据时，常用的模型如线性回归、逻辑回归、支持向量机等。这些模型能够很好地拟合正态分布的数据，并且通常具有良好的预测性能。

判断数据是否符合正态分布，就看数据的统计直方图是不是形似图 6-9。

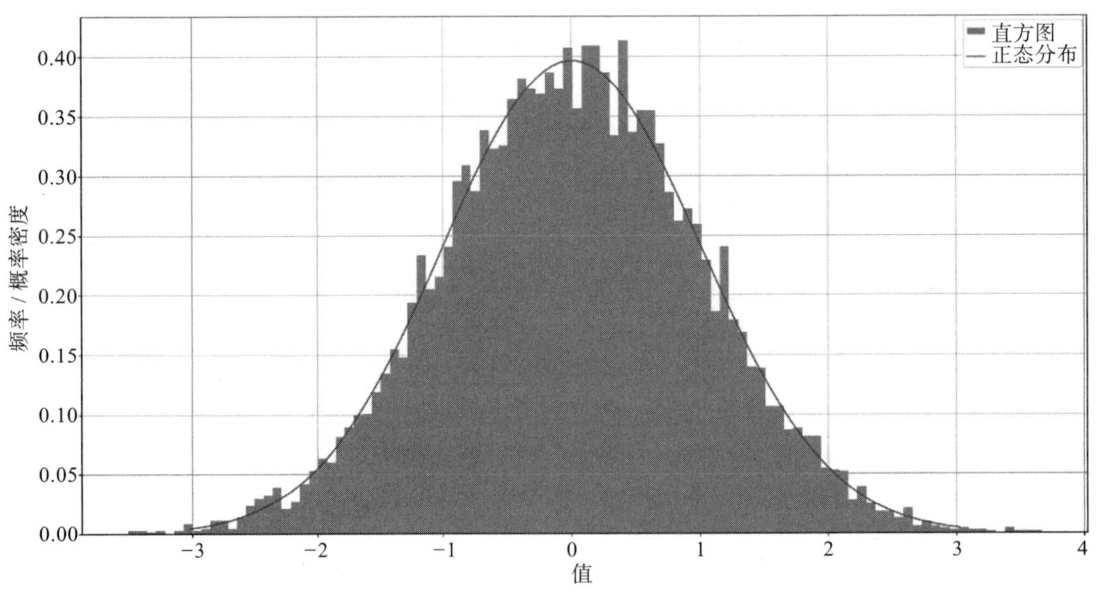

图 6-9　近似正态分布的统计直方图示例

（2）偏态分布

当数据呈现偏斜或非对称分布时，传统的线性模型可能不再适用。在这种情况下，可以考虑使用更灵活的模型，如决策树、随机森林、梯度提升树等。这些模型能够更好地处理偏态分布的数据，并且具有较强的非线性拟合能力。

判断数据是否符合偏态分布，就看数据的统计直方图是不是形似图 6-10。

（3）多模态分布

当数据呈现多个峰值或者多个集群时，可能存在多个数据模态。在处理多模态分布的数据时，传统的单一模型可能无法很好地拟合数据的多样性。此时，可以考虑使用混合模型或者聚类算法，如高斯混合模型、*k* 均值聚类等。这些模型能够有效地捕捉数据的多样性，并且能够识别数据中的不同模态。

判断数据是否符合多模态分布，就看数据的统计直方图是不是形似图 6-11。

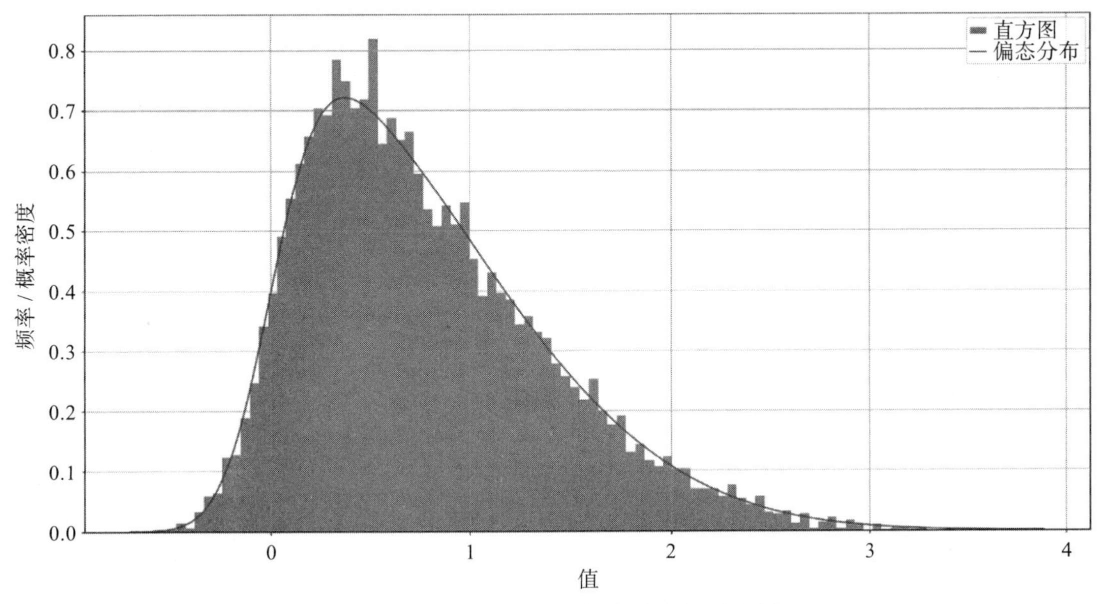

图 6-10　近似偏态分布的统计直方图示例

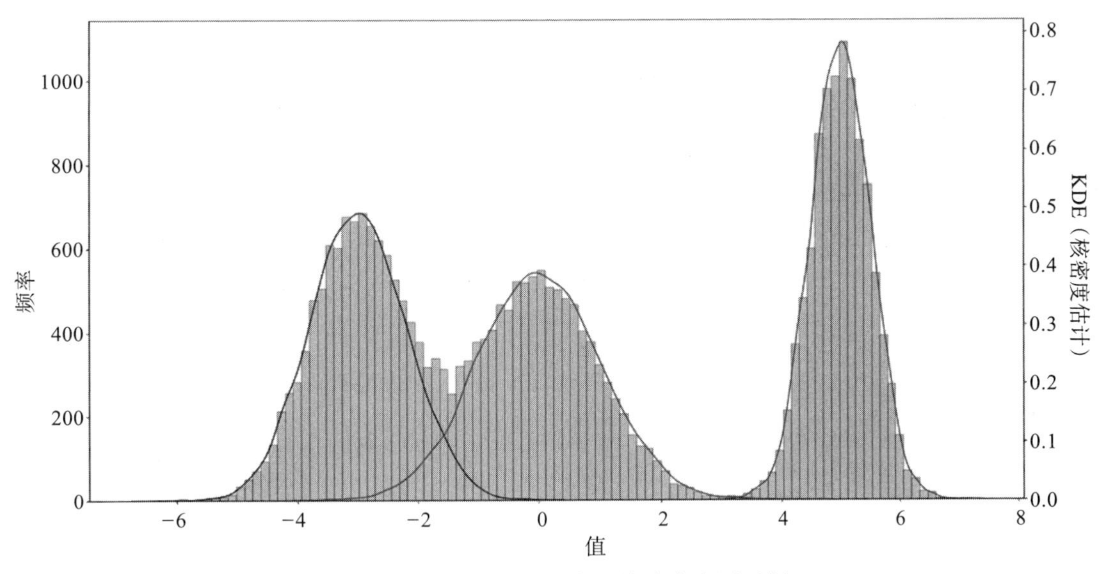

图 6-11　近似多模态分布的统计直方图示例

（4）非线性分布

当数据呈现非线性关系时，传统的线性模型可能无法很好地拟合数据。在处理非线性分布的数据时，可以考虑使用基于核方法的模型，如支持向量机、核岭回归（KRR）等。这些模型能够通过映射数据到高维空间来捕捉数据的非线性关系，并且具有较强的拟合能力。

（5）时间序列数据

对于时间序列数据，常用的分析模型包括自回归模型（AR）、移动平均模型（MA）、自回归移动平均模型（ARMA）、自回归积分移动平均模型（ARIMA）等。这些模型能够很好地捕捉时间序列数据中的趋势和周期性变化，从而进行有效的预测和分析。

3. 案例

例 8：

有一个数据分析平台，需要根据输入数据的特征和数量来自动选择合适的算法进行处理。现有一个明确的需求：需要对一组数据进行二分类处理，数据集包括两个类别的样本数据，其中特征维度不定，数据量不定。

说明：本案例基于监督学习任务实现。

（1）特征选择

由于实际的应用过程中，数据的维度不是确定的值，因此此处设计一个特征选择的功能，在不定的特征维度中选择固定数量的特征进行分析，或者选择固定比例的特征进行分析。比如，对一个 n 维特征的数据，选择其中重要性最强的 5 个特征。

在代码层面，可以使用 Python 的 sklearn 库中的函数 API 实现该功能：

```
# 特征选择函数
def feature_selection(X, y):
    selector = SelectKBest(score_func=f_classif, k=5)  # 选择最佳的 5 个特征
    X_selected = selector.fit_transform(X, y)
    return X_selected
```

其中 $\boldsymbol{X}$ 表示数据，它有 n 维特征，y 是标签结果数据（即理解为参考结果）。

（2）数据量分析

根据输入数据的规模，分析数据量的大小。定义数据量的几个级别，如小规模数据集（少于 1000 个样本）、中等规模数据集（1000 ～ 10000 个样本）、大规模数据集（超过 10000 个样本）等。

如下是本案例的数据量分析的实现代码：

```
# 定义数据量级别
def data_size_level(num_samples):
    if num_samples < 1000:
        return "small"
    elif 1000 <= num_samples < 10000:
        return "medium"
    else:
        return "large"
```

（3）数据分布分析

对于数据集进行数据分布分析。此处案例仅实现正态分布、偏态分布、多模态分布这 3 种数据分布的情况。

仍然采用 Python 的 sklearn 库实现，通过计算出数据直方统计的偏度与峰度值，比较偏度与峰度值的关系，进行数据分布情况的判断：

- 如果数据的偏度绝对值小于 0.5，则被认为是正态分布。
- 如果数据的峰度绝对值大于 3，则被认为是多模态分布。
- 如果以上两个条件都不满足，则被认为是偏态分布。

实现的函数代码如下：

```
# 定义数据分布分析函数
def analyze_data_distribution(X):
    skewness = skew(X.flatten())
    kurt = kurtosis(X.flatten())
    if abs(skewness) < 0.5:
        distribution = "normal"
    elif abs(kurt) > 3:
        distribution = "multi-modal"
    else:
        distribution = "skewed"
    return distribution
```

（4）算法选择策略

根据数据量和数据分布的分析结果，设计自适应算法选择策略。例如：

- 对于小规模数据集：选择计算复杂度低、容易解释的简单模型，如逻辑回归、决策树等（此处案例使用逻辑回归）。
- 对于中等规模数据集：考虑使用更复杂的模型，如支持向量机、随机森林等，以提高分类准确性（此处案例使用随机森林）。
- 对于大规模数据集：倾向于选择计算效率高、可扩展性好的算法，如梯度提升树、深度神经网络等（此处案例采用支持向量分类器）。

最终整个完整的案例代码如下：

```
import numpy as np
from sklearn.model_selection import train_test_split
from sklearn.linear_model import LogisticRegression
from sklearn.ensemble import RandomForestClassifier
from sklearn.svm import SVC
from sklearn.feature_selection import SelectKBest, f_classif
from scipy.stats import skew, kurtosis

np.random.seed(2024)

# 生成示例数据
def generate_data(num_samples, data_distribution):
    if data_distribution == "normal":
        X = np.random.normal(loc=0, scale=1, size=(num_samples, 2))
    elif data_distribution == "skewed":
        X = np.random.exponential(scale=2, size=(num_samples, 2))
    else:
        X = np.concatenate([
            np.random.normal(loc=0, scale=1, size=(num_samples // 2, 2)),
            np.random.normal(loc=3, scale=1, size=(num_samples // 2, 2))
```

```
        ])
    y = np.random.choice([0, 1], num_samples)
    return X, y

# 定义数据分布分析函数
def analyze_data_distribution(X):
    skewness = skew(X.flatten())
    kurt = kurtosis(X.flatten())
    if abs(skewness) < 0.5:
        distribution = "normal"
    elif abs(kurt) > 3:
        distribution = "multi-modal"
    else:
        distribution = "skewed"
    return distribution


# 特征选择函数
def feature_selection(X, y):
    selector = SelectKBest(score_func=f_classif, k=1)
    X_selected = selector.fit_transform(X, y)
    return X_selected

# 定义数据量级别
def data_size_level(num_samples):
    if num_samples < 1000:
        return "small"
    elif 1000 <= num_samples < 10000:
        return "medium"
    else:
        return "large"

# 模拟数据量和数据分布
data_distribution = "normal"  # 正态分布
X, y = generate_data(5000, data_distribution)
data_size = data_size_level(len(X))

# 数据分布分析
distribution = analyze_data_distribution(X)

# 特征选择
X_selected = feature_selection(X, y)

# 拆分数据集为训练集和测试集
X_train, X_test, y_train, y_test = train_test_split(X_selected, y, test_size=0.2,
    random_state=42)

# 根据数据量和数据分布选择分类算法
if data_size == "small" and data_distribution == "normal":
    clf = LogisticRegression()
elif data_size == "medium":
```

```
    clf = RandomForestClassifier()
else:
    clf = SVC()

# 训练模型
clf.fit(X_train, y_train)

# 在测试集上评估模型
accuracy = clf.score(X_test, y_test)
print("Accuracy:", accuracy)
```

6.2.4　视觉模型的自适应调整

视觉模型的自适应调整是指根据输入数据的特征和环境条件自动地对视觉模型的参数、结构或者算法进行调整和优化，以提高模型在不同场景下的性能和泛化能力。这种自适应调整通常基于模型的性能指标、输入数据的特征和环境条件等因素进行动态优化，使得模型能够适应不同的数据分布、光照条件、姿态变化等复杂情况。

1. 概念

通常视觉模型自适应调整的实现可以考虑以下几个方面。

（1）参数调整

参数调整是指根据模型性能和任务需求，在训练过程中动态地调整模型的参数，以达到提高模型性能和收敛速度的目的。常见的参数包括批量大小（batch_size）、训练次数（epochs）等。

（2）结构优化

结构优化是指根据数据的特征和模型的性能，对模型的组织结构进行调整，以提升模型的表达能力和泛化能力。这包括增加或减少网络层级、调整不同层级之间的连接方式等操作。通过这些调整，可以更好地适应不同的数据模式和任务要求，使得模型更有效地学习和推断数据之间的关系，从而提高模型在各种情况下的性能表现。

（3）损失函数调整

损失函数调整是根据任务的性质和数据的分布，构建适合模型训练的损失函数或损失函数组合的过程。损失函数用于衡量模型预测结果与真实标签之间的差异，是优化算法的核心指标之一。通过合适的损失函数进行约束，可以使模型更好地区分不同类别或样本之间的差异，从而提高模型在训练过程中的收敛速度和泛化能力。

在损失函数调整的过程中，需要考虑任务的具体要求和数据的特点。例如，在二分类任务中，常用的损失函数包括交叉熵损失函数和对数损失函数，它们能够有效地衡量模型对不同类别的分类准确度。而在多分类任务中，可以采用多类别交叉熵损失函数等。此外，针对数据不平衡或样本噪声较多的情况，还可以设计加权损失函数或者自定义损失函数，以更好地平衡不同类别或样本之间的重要性。

（4）数据增强策略

数据增强策略是指根据数据的特点和模型的需求，采用一系列技术手段对原始数据进行变换和扩充的方法。通过数据增强，可以有效地提高模型的鲁棒性和泛化能力，减少过拟合的风险，从而提升模型的性能和稳定性。

数据增强策略包括多种技术手段，如图像数据的旋转、平移、缩放、镜像等操作，文本数据的词语替换、插入、删除等操作，以及其他领域特定的数据处理方法。这些操作可以在一定程度上改变原始数据的外观和内容，生成具有多样性的新样本，从而扩充训练数据集。

数据增强的原理是通过引入多样性和变化性的样本，使模型在训练过程中接触到更多样的数据情况，提高其对不同情况的适应能力。例如，在图像分类任务中，通过对图像进行随机旋转、缩放和平移，可以使模型对图像的姿态和大小变化更加鲁棒；在文本分类任务中，通过对文本进行随机替换和插入，可以增强模型对词语和语境的理解能力。

（5）超参数优化

超参数优化是指通过对模型的超参数进行调整和优化，以提高模型的性能和泛化能力的过程。在机器学习和深度学习模型中，超参数是指在模型训练之前需要设定的参数，如学习率、正则化系数、网络结构的深度和宽度等。

超参数优化的目标是找到最优的超参数组合，使得模型在训练数据和测试数据上都能取得最佳的性能表现。为了实现这一目标，通常采用以下几种方法：

- 网格搜索：遍历指定的超参数空间，对每一组超参数组合进行训练和评估，选择在验证集上表现最好的组合作为最优超参数。
- 随机搜索：随机地从超参数空间中抽样一定数量的超参数组合，对每一组组合进行训练和评估，选择表现最好的组合作为最优超参数。
- 贝叶斯优化：通过构建模型来估计超参数空间中的目标函数的分布，根据当前模型的性能选择下一个要尝试的超参数组合，从而逐步接近最优解。

2. 案例

例 9：

针对 YOLOv5 目标检测模型，设计一个自适应调整机制来调整其功能。

（1）参数调整

YOLOv5 的参数调整发生在文件 train.py 的函数 parse_opt() 中，其中部分代码如图 6-12 所示。

其中“epochs”“batch_size”是对训练影响较大的两个参数。一般的模型调整步骤基本聚焦在这两个参数上。为了在实际应用的过程中能够使得模型自适应调整适配数据集，此处对参数进行如下处理。

①将“epochs”参数设置为 5000。实际在训练一个模型时，一般该参数在 100 ～ 1000 以内就可以完成，此处将其设置到最大值，然后通过下面参数与逻辑进行早停设计，以实现自动化。

②设置“batch_size”为 -1，表示模型在给定图像大小和 AMP 设置的情况下，检查并计算 YOLOv5 模型的最佳训练批大小。它是基于训练模型设备的显存大小以及数据集所需的内存大小进行计算而得到的最佳值。

```python
def parse_opt(known=False):
    """Parses command-line arguments for YOLOv5 training, validation, and testing."""
    parser = argparse.ArgumentParser()
    parser.add_argument("--weights", type=str, default=ROOT / "yolov5s.pt", help="initial weights path")
    parser.add_argument("--cfg", type=str, default="", help="model.yaml path")
    parser.add_argument("--data", type=str, default=ROOT / "data/coco128.yaml", help="dataset.yaml path")
    parser.add_argument("--hyp", type=str, default=ROOT / "data/hyps/hyp.scratch-low.yaml", help="hyperparameters path")
    parser.add_argument("--epochs", type=int, default=100, help="total training epochs")
    parser.add_argument("--batch-size", type=int, default=16, help="total batch size for all GPUs, -1 for autobatch")
    parser.add_argument("--imgsz", "--img", "--img-size", type=int, default=640, help="train, val image size (pixels)")
    parser.add_argument("--rect", action="store_true", help="rectangular training")
    parser.add_argument("--resume", nargs="?", const=True, default=False, help="resume most recent training")
    parser.add_argument("--nosave", action="store_true", help="only save final checkpoint")
    parser.add_argument("--noval", action="store_true", help="only validate final epoch")
    parser.add_argument("--noautoanchor", action="store_true", help="disable AutoAnchor")
    parser.add_argument("--noplots", action="store_true", help="save no plot files")
    parser.add_argument("--evolve", type=int, nargs="?", const=300, help="evolve hyperparameters for x generations")
    parser.add_argument(
        "--evolve_population", type=str, default=ROOT / "data/hyps", help="location for loading population"
    )
    parser.add_argument("--resume_evolve", type=str, default=None, help="resume evolve from last generation")
    parser.add_argument("--bucket", type=str, default="", help="gsutil bucket")
    parser.add_argument("--cache", type=str, nargs="?", const="ram", help="image --cache ram/disk")
    parser.add_argument("--image-weights", action="store_true", help="use weighted image selection for training")
    parser.add_argument("--device", default="", help="cuda device, i.e. 0 or 0,1,2,3 or cpu")
    parser.add_argument("--multi-scale", action="store_true", help="vary img-size +/- 50%%")
    parser.add_argument("--single-cls", action="store_true", help="train multi-class data as single-class")
```

图 6-12　YOLOv5 参数部分代码截图展示

AMP 是 Automatic Mixed Precision 的简写，表示自动混合精度运算。比如，在训练一个数值精度 FP32 的模型时，一部分算子的操作精度为 FP16，其余算子的操作精度是 FP32。而具体哪些算子用 FP16，哪些用 FP32，不需要用户关心，AMP 自动安排好了。这样在不改变模型、不降低模型训练精度的前提下，可以缩短训练时间，降低存储需求，因而能支持更广泛的批大小、更大模型和尺寸更大的输入进行训练。

---

③设置早停机制。原本 YOLOv5 模型训练中自带一个参数“patience”，这个参数是一个值，表示的意思是（假设该值为 100）如果模型在前 100 次训练中没有任何性能提升，就结束训练。此处新增一个控制早停的机制，即不再是模型性能不提升时停止训练，而是在模型达到设定效果时停止训练（前面设置的训练次数很大，即“epochs”为 5000，就是为了配合该早停机制）。此步骤需要在 train.py 文件中获取 mAP 的代码位置，添加如下操作：

```python
# 如果mAP达到设定的阈值，则停止训练
if np.array(maps).min() >= 0.9:
    stop = True
```

（2）结构优化

使用 YOLOv5 模型调整结构时，可以直接使用模型中预定义的各种结构，不用进行自定义的结构调整。由于自定义结构需要改动的代码量巨大，因此下面以预定义结构为例进行方法介绍与案例实现。

预定义的模型结构有“x”“l”“m”“s”“n”共 5 种，对应的结构复杂度依次递减，“x”结构是最大、最复杂的。那么什么情况下应该用什么样的结构？此处应该根据数据集中的目标大小来选择。如果目标偏小，那么使用较大、较复杂的模型结构进行处理，才能保障对较小目标的检测精度。如果目标较大，则可以使用比较小、简单的模型结构进行处理。

```
def select_model_structure(targets):
# targets 为根据数据集进行尺寸归一化后的结果
    # 计算目标的平均大小。基于原 YOLOv5 代码中设定好的 imgsz 标准尺寸进行换算
    mean_target_size = sum(targets) / len(targets) * opt.imgsz * opt.imgsz
    # 根据平均目标大小选择模型结构
    if mean_target_size > 100:
        return "s"  # 使用最小、最简单的模型结构
    elif mean_target_size > 50:
        return "n"  # 使用较小的模型结构
    elif mean_target_size > 20:
        return "m"  # 使用中等大小的模型结构
    elif mean_target_size > 10:
        return "l"  # 使用较大的模型结构
    else:
        return "x"  # 使用最大的模型结构
```

代码中的 targets 对训练集中的所有目标进行了尺寸归一化。如果一张图的尺寸大小为 3000×3000，目标的大小为 100×100，那么尺寸归一化后的目标大小为 0.03×0.03。

实际应用的时候还可以考虑搭载模型的设备以及训练模型的设备的算力、显存、内存等因素的影响进行结构选择。

（3）数据增强

下面代码实现了常用的几种数据增强策略：随机缩放、随机裁剪、随机颜色变换：

```
def augmentation(image, boxes, jitter=0.3, hue=0.1, saturation=1.5,
    exposure=1.5):
    """
    对图像数据进行数据增强
    :param image: 输入图像
    :param boxes: 边界框列表，每个边界框是一个四元组 (x_min, y_min, x_max, y_max)
    :param jitter: 随机变换程度，用于随机缩放和随机裁剪
    :param hue: 色调变换的范围
    :param saturation: 饱和度变换的范围
    :param exposure: 曝光度变换的范围
    :return: 增强后的图像和边界框列表
    """
    # 随机缩放
    new_ar = image.shape[1] / image.shape[0] * (1 + random.uniform(-jitter,
        jitter))
    scale = random.uniform(0.25, 2)
    if new_ar < 1:
        nh = int(scale * image.shape[0])
        nw = int(new_ar * nh)
```

```
    else:
        nw = int(scale * image.shape[1])
        nh = int(nw / new_ar)
    image = cv2.resize(image, (nw, nh))
    # 随机裁剪
    dx = int(random.uniform(0, image.shape[1] - 1 - nw))
    dy = int(random.uniform(0, image.shape[0] - 1 - nh))
    new_image = np.zeros((image.shape[0], image.shape[1], 3), dtype=np.uint8)
    new_image[dy:dy + nh, dx:dx + nw, :] = image
    image = new_image
    # 随机颜色变换
    image = cv2.cvtColor(image, cv2.COLOR_RGB2HSV)
    hue_delta = random.uniform(-hue, hue)
    saturation_scale = random.uniform(1, saturation) if random.randint(0, 1)
        else 1 / random.uniform(1, saturation)
    exposure_scale = random.uniform(1, exposure) if random.randint(0, 1) else 1
        / random.uniform(1, exposure)
    image[:, :, 0] = (image[:, :, 0] + hue_delta) % 180
    image[:, :, 1] = np.clip(image[:, :, 1] * saturation_scale, 0, 255)
    image[:, :, 2] = np.clip(image[:, :, 2] * exposure_scale, 0, 255)
    image = cv2.cvtColor(image, cv2.COLOR_HSV2RGB)
    # 更新边界框坐标
    for i, box in enumerate(boxes):
        x_min, y_min, x_max, y_max = box
        x_min = max(0, min(nw, int(x_min * nw + dx)))
        x_max = max(0, min(nw, int(x_max * nw + dx)))
        y_min = max(0, min(nh, int(y_min * nh + dy)))
        y_max = max(0, min(nh, int(y_max * nh + dy)))
        boxes[i] = [x_min, y_min, x_max, y_max]
    return image, boxes
```

在这段代码中，通过控制“jitter”“hue”“saturation”“exposure”这 4 个参数的值实现了对数据增强程度的控制，并且同步更改数据增强后的标签信息“boxes”。

（4）超参数优化

在 YOLOv5 项目中，超参数的配置可以在 /data/hyps/hyp.scratch-low.yaml 文件中进行，其中提供的默认参数是在 COCO 数据集上由超参数进化得来的。

超参数进化过程需要耗费大量的资源和时间。因此，当使用默认参数训练出的结果能够满足使用需求时，使用默认参数是一个不错的选择。

为了进行超参数的自适应调整，YOLOv5 项目本身集成了遗传算法。通过设置“evolve”参数，可以启动超参数的进化过程，即使用遗传算法来搜索更优的超参数配置。按照默认的进化设置，基础场景将运行 300 次，即进行 300 代的进化。其中主要的遗传操作包括交叉和突变。在这个过程中，使用突变操作，以前几代中表现最好的父代为基础，以 80% 的概率和 0.04 的变异率生成新的后代。最终的结果将记录在 runs/evolve/exp/evolve.csv 文件中。

6.3 用户如何参与系统学习

在传统的 AI 技术应用中，用户参与系统学习往往是分阶段进行的。例如，在数据准备阶段，用户通过提升数据质量来参与系统学习；在模型训练阶段，用户则通过选择模型、调整参数等方式参与系统学习过程。然而，与常规 AI 技术相比，AIGC 系统在用户参与度方面有着明显的差异。

AIGC 系统最大的不同之处在于用户并非严格按照阶段参与系统学习，而是可以随时参与系统学习，并对系统的学习过程进行微调。这意味着用户可以在任何时候介入系统的学习过程，对系统进行调整和优化，以适应实时的业务需求和变化。因此，AIGC 系统的用户参与更加灵活和实时，这使得系统能够更好地适应复杂多变的工业环境。

从用户的角度切入，用户参与系统学习可以分为如下两种主要情况。

1. 直接提需求

以直接提出需求的方式与 AIGC 系统交互是一种高效而直接的方法。在这种模式下，用户将系统视为一个合作方，通过明确的语言表达需求，系统则负责解析这些需求，并生成相关的任务，以满足用户的要求。在这个过程中，AIGC 系统需要具备高水平的语义分析和任务生成能力，能够准确地理解与生成。

这种方式的优势在于其直接性和高效性。用户可以直接表达自己的需求，而无须进行过多的交互和解释。与此同时，AIGC 系统需要在内部集成多种算法和模型，以尽可能地覆盖用户的各种需求，并生成相应的任务。

在将 AIGC 系统应用到工业行业中的智能设备上时，虽然用户可以以直接语言表达需求的方式参与系统的学习和决策过程，但是这种方式也具有一定的局限性。因为系统需要在特定领域内具备专业知识和能力，不能像通用的大型模型那样随意提出需求，也就是说在工业的智能设备上应用 AIGC 系统时，用户需要有规则地提出需求。

那么用户如何直接提需求，就与 AIGC 的系统设计有关，进一步与 5.3.2 节所介绍的术语库高度相关：

- 一方面，用户与系统交互“沟通”的内容主题需要是在原术语库设计范畴以内的，如此系统可以正确地获取到用户的需求。
- 另一方面，用户需要事先通过系统操作指引，知道系统内部集成了哪些功能。比如，当用户提出需求“使用贝叶斯分类器对数据进行分类”时，如果系统没有集成贝叶斯分类器功能，那么这个用户参与系统学习的过程就是无效的。

2. 根据结果反向优化

根据结果反向优化是一种更加简单的让用户参与系统学习的方式。相较于前一种方式（直接提需求），这种方式不需要用户对系统具有深入的了解或专业的行业背景（因为前一种方式需要确保与系统“沟通”的主题在术语库范畴以内，且知道系统集成了哪些功能），因此降低了用户的操作门槛。在这种模式下，用户只需要通过观察系统的输出结果，对结果进行反馈，从而影响系统的学习和决策过程。这种方式可以说是将用户参与系统学习的门槛降到了最低。

通过结果反向优化，用户可以对系统输出结果进行评估和调整，从而指导系统的学习方向和优化路径。例如，用户可以观察系统生成的任务结果，并根据任务完成情况和满意度来调整系统的参数或模型。如果系统生成的任务结果不理想，那么用户可以直接反馈，系统则根据反馈信息调整相应的策略或算法，以期获得更好的结果。这种方式不仅简化了用户与系统的交互流程，还能够有效地提高系统的性能和智能水平。

另外，通过结果反向优化，用户还可以帮助系统不断改进和完善自身的功能与性能。例如，用户可以通过观察系统的输出结果，发现其中的模式或规律，并提供反馈以指导系统进一步学习和优化。这种方式使得系统能够逐步适应用户的需求和行为，从而提高用户体验的满意度。

此外，结果反向优化还可以作为一种有效的系统监控和调整机制。通过持续地监测系统输出结果，并及时对结果进行评估和调整，确保系统始终保持在一个良好的工作状态。这种方式能够帮助系统及时发现和解决问题，提高系统的稳定性和可靠性。

在 AI 技术领域最常用的一种机器学习方式是监督学习，而用户以根据结果反向优化的方式参与 AIGC 系统学习这一过程，就是一个生动的监督学习过程。在这个过程中，用户扮演着“老师”的角色，而 AIGC 系统则扮演着“学生”的角色。“老师”负责检查“学生”完成的作业，然后根据“学生”做作业的情况进行针对性指导。而“学生”则会听取指导，并根据反馈调整自己的知识。

CHAPTER 7

第 7 章

AIGC 系统整体设计

第 5 章与第 6 章分别介绍了 AIGC 系统中的一些主要功能如何设计，以及系统进行迭代学习的底层原理，那么接下来的步骤就是将这些“零件”组装成一个整体并使其运行起来，这就是本章的核心。

本章主要涉及的知识点：

- 数据传输链路设计。
- 功能模块设计。
- 系统业务逻辑设计。
- 系统安全性设计。

7.1 如何设计数据传输链路

AIGC 系统在智能设备上的应用通常需要大量的数据交换和传输。设计数据传输链路的作用是确保系统高效地从智能设备中收集数据、发送指令，并将处理后的结果返回到设备或其他系统中。

7.1.1 硬件层面的通信协议选择

1. 频次高、数据量大的情况

频次高、数据量大的情况一般出现在自动化产线上，涉及视觉数据采集的时候，因为产线高度自动化，所以产品产出的效率很高。对应于一台智能设备，那么它需要采集的数据是频次很高的，且数据量也是很大的。

在这种情况下通常会使用专业的、独立的设备进行数据采集，采集的数据传输速度可以达到 1GB/s 以上。而正是由于采集设备是独立的，如果数据不能被及时传输到主系统上，就会导致数据被丢掉。

在专业的采集设备上基本不会给设备搭配存储空间，即设备只有一个作用——“采集”，没有“存储”的作用。所以如果数据不能被及时获取，新的数据进入设备就会将旧的数据

给覆盖掉（旧的数据就相当于被丢掉了）。

这种情况下常见的选择是使用高速的以太网协议（Ethernet），如千兆以太网、万兆以太网。以太网协议能够提供高达数百兆甚至数千兆的数据传输速度，以满足大量数据的实时传输需求。

2. 频次高、数据量小的情况

频次高、数据量小的情况一般出现在传感器等边缘数据采集设备上，这类数据的特点就是产生的频率快、数据条目多，但是数据量小。

针对这种类型的数据，可以考虑使用 USB（Universal Serial Bus，通用串行总线）协议。USB 协议的特点是支持高速数据传输和热插拔功能，适用于连接计算机和外部设备进行数据传输，能够满足数据传输速度和稳定性的要求。

3. 频次低、数据量大的情况

对于频次低、数据量大的情况，可以选择使用串行通信协议中的 SPI（Serial Peripheral Interface，串行外设接口）或 I2C（Inter-Integrated Circuit，内部集成电路）协议。这两种协议能够有效地传输大量数据，同时具有简单、稳定的特点，适用于连接多个设备进行数据交换和传输。

4. 频次低、数据量小的情况

如果频次低、数据量较小，可以考虑使用 UART（Universal Asynchronous Receiver / Transmitter，通用异步收发器）协议。UART 协议是一种简单且易于实现的串行通信协议，适用于连接设备进行少量数据的传输和通信，能够满足低频次、小数据量的通信需求。

7.1.2 软件层面的通信协议选择

常用的软件层面的通信协议有 HTTP、HTTPS、FTP、WebSocket 这 4 种。

1. HTTP

HTTP 是一种应用层协议，用于在客户端和服务器之间传输超文本数据。它基于“请求－响应”模型的原理实现。其优点是简单高效、使用灵活、支持度较高且易于部署；缺点是传输的效率偏低。

在工业领域中，HTTP 常用于设备监控、远程控制、数据采集和管理等方面，还用于工业物联网平台的数据传输和通信，包括传输实时数据、报警信息和日志数据等。

2. HTTPS

HTTPS 是在 HTTP 的基础上加入了安全层（SSL/TLS）的加密通信协议，用于保护数据的安全性和隐私性，常用于对敏感信息进行传输。

在工业领域中，HTTPS 常用于安全性要求较高的场景，如工业控制系统的远程访问、敏感数据的传输和设备的远程维护等。

3. FTP

FTP 是一种用于在网络上进行文件传输的协议，支持文件的上传、下载和删除等操作。

FTP基于"客户端－服务器"架构，常用于网站维护、文件备份等场景。

在工业领域中，FTP可以用于传输设备配置文件、日志文件、固件升级文件等，实现设备之间的数据交换和共享。在工业实践中，该类型协议多用于工业设备之间的文件共享和数据交换。

4. WebSocket

WebSocket是一种在单个TCP连接上进行全双工通信的协议，用于实现客户端和服务器之间的实时通信。WebSocket协议支持双向数据传输，可用于实时聊天、实时数据更新等场景。

在工业领域中，WebSocket协议可以用于设备监控系统、实时数据采集和远程控制等方面，实现设备之间的实时通信和数据交换。

从实践经验来看，如果涉及设备间的文件数据交换，优先考虑FTP；如果涉及双向通信（比如客户端、服务端均需要向对方请求数据），则优先考虑WebSocket；如果单纯传输数据，则优先考虑HTTP；如果数据安全等级较高，需要加权限等信息，则使用HTTPS。

7.1.3 数据链路设计

1. 6个关键的设计因素

设计数据传输链路时，需要考虑以下几个关键因素，以确保数据传输的稳定、安全和高效。

（1）网络拓扑设计

根据数据源和数据目的地的位置，设计合适的网络拓扑结构，包括网络层次、节点布局和连接方式等。确保网络拓扑能够满足数据传输的需求，同时考虑网络的可扩展性和容错性。

（2）传输协议选择

根据数据传输的特点和要求选择合适的传输协议，如HTTP、HTTPS、FTP、WebSocket等。其中需要考虑传输协议的安全性、稳定性、效率和适用场景。

（3）数据传输安全

采用加密技术（如SSL/TLS）、身份认证和访问控制等手段保障数据传输的安全性和隐私性，确保数据在传输过程中不被窃取、篡改或丢失，防止数据泄露和被攻击。

（4）传输优化

优化数据传输的性能和效率，包括减少传输延迟、提高传输速率、降低网络拥塞等方面。可以使用压缩技术、分段传输、缓存机制等手段优化数据传输过程，提高传输效率。

（5）容错和恢复

设计容错机制和数据恢复策略，确保在网络故障或数据丢失的情况下能够及时恢复数据传输。使用冗余传输、数据备份、错误检测和纠错码等技术保障数据传输的可靠性和完整性。

（6）监控和管理

配置监控系统和管理工具，实时监测数据传输的状态和性能指标，及时发现和解决问题。

设计合适的数据传输日志和报警机制，从而记录传输日志并对异常情况进行预警和处理。

2. 案例实现

例 1：

在一个自动化工厂有多个生产车间，每个车间都配备了各种生产设备，如机器人、传送带、传感器等。现拟部署一套 AIGC 系统，实时监测生产设备的状态、生产进度和质量数据，并能够及时采取措施以优化生产效率和产品质量。

针对这样一个案例，如何设计整个系统的数据传输链路呢？可以参考下面笔者的实现过程。

（1）需求分析（数据传输相关的）

- 数据传输要求高，需要快速、可靠地传输大量数据。概括起来需要满足 3 个特点：高频、快速、大量。
- 考虑到大部分工业环境的条件，需要确保数据传输的稳定性和可靠性。

（2）网络拓扑设计

- 核心层：位于工厂的数据中心，负责数据的集中处理和存储。这里部署高性能的服务器和网络设备。
- 汇聚层：每个生产车间配备一个汇聚层设备，负责连接车间内的各种生产设备和传感器，并将数据传输到核心层。
- 接入层：在每个生产车间内部署多个接入层设备，用于与生产设备和传感器直接连接，采集实时数据。

最终实现的网络结构拓扑图如图 7-1 所示。

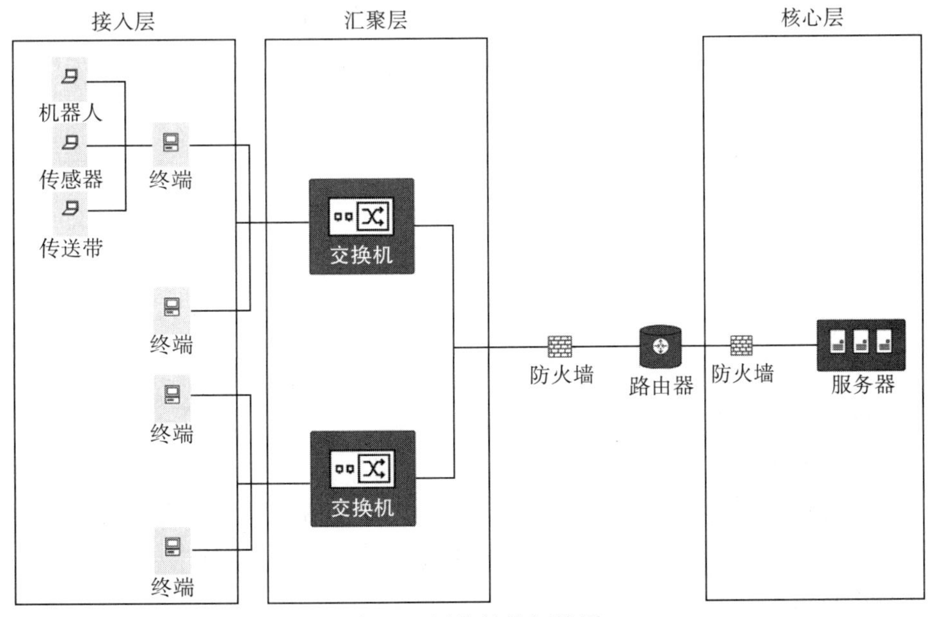

图 7-1　网络结构拓扑图

（3）传输优化

- 在每个生产车间内，根据生产设备的布局和数量，确定接入层（如图7-1中左边区域）设备的放置位置。设备应尽可能靠近各种前端设备（如传送带、传感器等），以减少数据传输的延迟。
- 在汇聚层和核心层确定网络设备和服务器的放置位置，以实现数据的高效聚合和处理。这一实现过程中，尽量走专线线路，确保不被其他业务影响数据传输的性能。
- 在核心层和汇聚层的设备上实现冗余和备份设计（有些行业将这种设备叫作从机），以预防单点故障对整个系统的影响。并且配备网络设备的自动故障检测和恢复功能，实现快速的故障恢复和切换。

（4）容错与恢复

- 使用加密技术（如SSL/TLS加密验证技术、SSH协议）确保数据传输的安全性。
- 在网络设备上设置访问控制和防火墙规则，保护系统免受网络攻击。
- 对数据流进行优先级管理，确保关键数据优先传输。一般使用QoS技术为不同类型的数据流分配优先级，从而确保高优先级数据在网络拥塞时会被优先传输。

此处仅做方案上的介绍，不对详细的硬件型号（如交换机、网线、卡槽等设备的物理型号）进行介绍。

7.2　如何设计功能模块

本节将深入介绍AIGC系统的功能模块设计，与第5章对AIGC功能框架设计的理论介绍不同，本节将从实际设计与开发的角度出发。这意味着会更详细地探讨如何设计每个功能模块，包括其具体功能和实现方式。通过这种实践导向的方法，我们能更清晰地理解如何将理论应用到实际项目中，从而更好地掌握AIGC系统的开发过程。

7.2.1　硬件相关功能设计

在AIGC系统中，硬件相关功能设计是关键的部分，涵盖了与硬件设备交互、数据采集、传感器控制等方面。因此，硬件相关功能设计的核心在于通过代码实现对硬件的连接、访问和控制。这些功能的实现能够确保系统与硬件设备之间的有效通信，从而支持系统的正常运行和数据处理。

下面以串口通信协议为例实现一个演示功能设计（此案例仅实现基本连接、断开连接、发起请求获取数据的功能，其他功能需要结合实际业务需求进行添加）。

1. 确定通信协议和库

在设计硬件设备接口时，首先要确定与硬件设备通信的协议。此处选择常用的串口通信协议（UART）。Python有一个名为pyserial的库，可以方便地实现串口通信。

2. 设计类结构

为了实现硬件设备接口的模块化和重用性，此处设计一个名为HardwareInterface的类。

这个类包含以下主要功能：

- ❑ 初始化串口参数。
- ❑ 连接和断开硬件设备。
- ❑ 发送和接收数据。

3. 实现初始化方法

在类的初始化方法 __init__ 中设置串口的基本参数，如端口号和波特率。

```
class HardwareInterface:
    def __init__(self, port, baudrate=9600):
        self.port = port                    # 串口端口号
        self.baudrate = baudrate            # 串口波特率，默认为 9600
        self.serial_port = None
```

其中：

- ❑ 波特率是指在串口通信中每秒传输的二进制位数，波特率越大，数据传输速度就越快。波特率是由发送方和接收方共同决定的，在串口通信中，发送方和接收方需要通过某种方式（如协议）约定一个共同的波特率，然后按照这个波特率进行数据的发送和接收。
- ❑ 串口的端口号是指计算机用于标识和访问串行通信端口的编号或名称。串行通信端口（也称为串口或 COM 口）是计算机和外部设备之间进行数据交换的一种接口。在不同的操作系统和硬件环境下，串口端口号的表示方式可能会有所不同。在 Windows 系统中，串口端口号通常以“COM”开头，后跟一个数字，例如：COM1、COM2。在 Unix 和 Linux 系统中，串口端口号通常以设备文件的形式表示，位于 /dev 目录下。例如：/dev/ttyS0 表示第一个物理串口（一般是内置的串口）；/dev/ttyS1 表示第二个物理串口；/dev/ttyUSB0 表示第一个通过 USB 转串口适配器连接的串口设备；/dev/ttyUSB1” 表示第二个通过 USB 转串口适配器连接的串口设备。

4. 连接和断开硬件设备

连接和断开硬件设备的方法分别是 connect 和 disconnect。这两个方法使用 pyserial 库的功能。

```
def connect(self):
    try:
        self.serial_port = serial.Serial(self.port, self.baudrate)
        print("成功连接到硬件设备")
    except serial.SerialException as e:
        print(f"连接失败: {e}")

def disconnect(self):
    if self.serial_port and self.serial_port.isOpen():
        self.serial_port.close()
        print("已断开与硬件设备的连接")
```

其中：

- connect 方法尝试打开指定的串口。如果成功，self.serial_port 将持有打开的串口对象。
- disconnect 方法检查串口是否已经打开，如果是，则关闭串口。

5. 发送和接收数据

为了与硬件设备进行通信，要实现数据发送和接收的方法：

```
def send_data(self, data):
    if self.serial_port and self.serial_port.isOpen():
        try:
            self.serial_port.write(data.encode())
            print(f"已发送数据: {data}")
        except serial.SerialException as e:
            print(f"发送数据失败: {e}")

def receive_data(self):
    if self.serial_port and self.serial_port.isOpen():
        try:
            received_data = self.serial_port.readline().decode().strip()
            print(f"已接收数据: {received_data}")
            return received_data
        except serial.SerialException as e:
            print(f"接收数据失败: {e}")
            return None
```

其中：

- send_data 方法将数据转换为字节并发送到串口。
- encode 方法将字符串转换为字节格式。
- receive_data 方法读取一行数据并将其解码为字符串。
- strip 方法去除多余的空白字符。

6. 示例用法

最后提供一个示例用法，展示如何使用 HardwareInterface 类连接硬件设备、发送和接收数据。

```
if __name__ == "__main__":
    interface = HardwareInterface("COM1", baudrate=9600)
    interface.connect()
    interface.send_data("Hello, hardware device!")
    received_data = interface.receive_data()
    interface.disconnect()
```

其中：

- 创建 HardwareInterface 类的实例，并指定端口和波特率。
- 调用 connect 方法连接到硬件设备。
- 调用 send_data 方法发送数据到硬件设备。
- 调用 receive_data 方法接收硬件设备发送的数据。
- 调用 disconnect 方法断开连接。

实际应用中，可能需要进一步扩展和优化接口设计，例如：

①错误处理：增加更详细的错误处理和日志记录。

②配置管理：通过配置文件或用户输入动态设置端口和波特率等参数。

③多线程支持：在一个线程中发送数据，在另一个线程中接收数据，以提高并发性能。

④协议实现：根据具体硬件设备的通信协议，设计相应的数据格式和校验机制。

7.2.2 软件相关功能设计

在 AIGC 系统应用于工业智能设备时，软件相关功能设计的重点在于数据处理与分析、可靠性与稳定性两个方面。

1. 数据处理与分析

数据处理与分析包括如下两方面：

- 实时数据处理：系统需要能够处理来自传感器和其他输入设备的实时数据，以确保及时响应和决策。
- 大数据分析：利用机器学习和人工智能算法对大规模数据进行分析，从中提取有价值的信息和模式。

实现该功能的过程涉及前面介绍的各种 AI 技术（算法、模型），如第 3 章的深度学习技术、第 4 章的多模态技术、第 6 章的迭代学习技术。

如下为一个数据处理与分析功能的模板代码（由于实现深度学习、多模态相关功能的代码量较大，因此此处以一个统计分析数据的算法来模拟功能，实现功能设计的展示）：

```
class DataAnalysis:
    def __init__(self, data):
        """
        初始化数据分析类

        :param data: 输入数据，类型为 pandas DataFrame
        """
        self.data = data

    def describe(self, fields):
        """
        对指定字段进行描述性统计分析

        :param fields: 需要分析的字段列表
        :return: pandas DataFrame，包含描述性统计信息
        """
        return self.data[fields].describe()

    def group_by_and_aggregate(self, group_by_field, agg_field, agg_func='mean'):
        """
        按指定字段分组并对另一个字段进行聚合统计

        :param group_by_field: 分组字段
```

```
        :param agg_field: 需要聚合的字段
        :param agg_func: 聚合函数，默认为 'mean'
        :return: pandas DataFrame，包含分组和聚合结果
        """
        return self.data.groupby(group_by_field)[agg_field].agg(agg_func)

    def filter_data(self, filter_field, filter_value):
        """
        过滤数据

        :param filter_field: 需要过滤的字段
        :param filter_value: 过滤值
        :return: pandas DataFrame，包含过滤后的数据
        """
        return self.data[self.data[filter_field] == filter_value]

    def correlation_matrix(self, fields):
        """
        计算指定字段之间的相关性矩阵

        :param fields: 需要计算相关性的字段列表
        :return: pandas DataFrame，包含相关性矩阵
        """
        return self.data[fields].corr()

    def get_unique_values(self, field):
        """
        获取指定字段的唯一值列表

        :param field: 字段名
        :return: pandas Series，包含唯一值
        """
        return self.data[field].unique()
```

其中：

- __init__ 方法：初始化数据分析类，接受一个 pandas DataFrame 作为输入数据。
- describe 方法：对指定字段进行描述性统计分析。
- group_by_and_aggregate 方法：按指定字段分组并对另一个字段进行聚合统计。
- filter_data 方法：过滤数据，根据指定字段和过滤值返回过滤后的数据。
- correlation_matrix 方法：计算指定字段之间的相关性矩阵。
- get_unique_values 方法：获取指定字段的唯一值列表。

2. 可靠性与稳定性

实现可靠性与稳定性包括如下两方面：

- 故障检测与恢复：系统应具备自动检测和处理硬件故障的能力，并能够快速恢复正常运行。
- 数据冗余和备份：设计可靠的数据存储和备份机制，以防止数据丢失和确保数据完整性。

由于硬件只能通过硬件驱动或系统与软件实现软连接，因此要在软件功能中实现处理硬件故障的能力，大多数情况下只能依靠重启硬件的驱动或系统实现。如果重启仍然存在故障，则软件就会向用户反馈异常，由用户手动检查硬件问题并进行故障排除。

可靠性与稳定性在软件功能设计层面需要关注的重点就是数据冗余与备份。其设计思路如下：

- 主存储与冗余存储：设立主存储位置（如数据库、文件系统）和一个或多个冗余存储位置（如另一个数据库、云存储、远程服务器等）。
- 定时任务：使用定时任务（如 cron 作业或 Windows 任务计划程序）定期执行备份操作。
- 备份策略：决定备份频率（如每天、每小时）和保留的备份版本数量。
- 备份工具：编写 Python 脚本或使用现有工具（如 rsync、pg_dump 等）执行备份和恢复操作。

如下为一个实现文件系统数据的冗余和定期备份的示例代码（这个示例将数据从一个目录备份到另一个目录，并保留多个备份版本）：

```
class DataBackup:
    def __init__(self, source_dir, backup_dir, max_versions=5):
        self.source_dir = source_dir
        self.backup_dir = backup_dir
        self.max_versions = max_versions

    def perform_backup(self):
        """ 执行备份和备份版本管理 """
        # 如果备份目录不存在，则创建备份目录
        if not os.path.exists(self.backup_dir):
            os.makedirs(self.backup_dir)

        # 创建一个带时间戳的新备份目录
        timestamp = datetime.datetime.now().strftime("%Y%m%d%H%M%S")
        new_backup_dir = os.path.join(self.backup_dir, f"backup_{timestamp}")
        shutil.copytree(self.source_dir, new_backup_dir)
        print(f"Backup created at {new_backup_dir}")

        # 管理旧备份
        self._manage_old_backups()

    def _manage_old_backups(self):
        """ 如果旧备份超过最大版本，则删除旧备份 """
        backups=sorted([dfor d in os.listdir(self.backup_dir) if os.path.
            isdir(os.path.join(self.backup_dir, d))])
        if len(backups) > self.max_versions:
            for old_backup in backups[:-self.max_versions]:
                shutil.rmtree(os.path.join(self.backup_dir, old_backup))
                print(f"Removed old backup {old_backup}")
```

```
    def restore_backup(self, backup_version):
        """ 恢复指定版本的备份 """
        backup_path = os.path.join(self.backup_dir, backup_version)
        if not os.path.exists(backup_path):
            print(f"Backup version {backup_version} does not exist.")
            return

        # 清除源目录中的当前数据
        for filename in os.listdir(self.source_dir):
            file_path = os.path.join(self.source_dir, filename)
            if os.path.isfile(file_path) or os.path.islink(file_path):
                os.unlink(file_path)
            elif os.path.isdir(file_path):
                shutil.rmtree(file_path)

        # 将备份数据拷贝到源目录
        shutil.copytree(backup_path, self.source_dir, dirs_exist_ok=True)
        print(f"Restored backup from {backup_path}")
```

其中：

- __init__ 方法：初始化类，设置源目录、备份目录和最大备份版本数。
- perform_backup 方法：执行备份操作，并调用 _manage_old_backups 方法管理旧备份。
- _manage_old_backups 方法：删除超过最大版本的旧备份。
- restore_backup 方法：恢复指定版本的备份。

7.2.3 人机交互功能设计

在工业行业的智能设备中，AIGC 系统的人机交互功能主要聚焦在 3 个方面。

1. 硬件控制界面

如图 7-2 所示，这是一个涉及硬件控制的交互界面节选部分，其功能是对一个运动台进行连接并控制其 X、Y 轴运动。（作为示例，此处仅展示不涉及商业机密的部分内容。）

2. 对话界面

对于对话界面，最直接简便的方式是基于聊天框的方式实现，如 ChatGPT 的聊天框。其重点是需要有一个纠错机制。如图 7-3 所示，我们参考 ChatGPT 的对话界面进行核心点介绍。

其中：

- 功能 1 为复制 AIGC 系统生成的内容。此功能在工业行业，尤其是智能设备上的应用场景比较少，因此可以考虑是否保留。
- 功能 2 为重新生成，表示用户向系统反馈对结果不是特别满意，需要 AIGC 系统重新回答问题。当这一功能应用到工业行业的智能设备上时，不仅可以实现对系统回答问题的反馈，还可以实现对系统生成的任务进行评估。
- 功能 3 与功能 4 表示结果评价，类似于老师对学生的试卷进行等级评判。

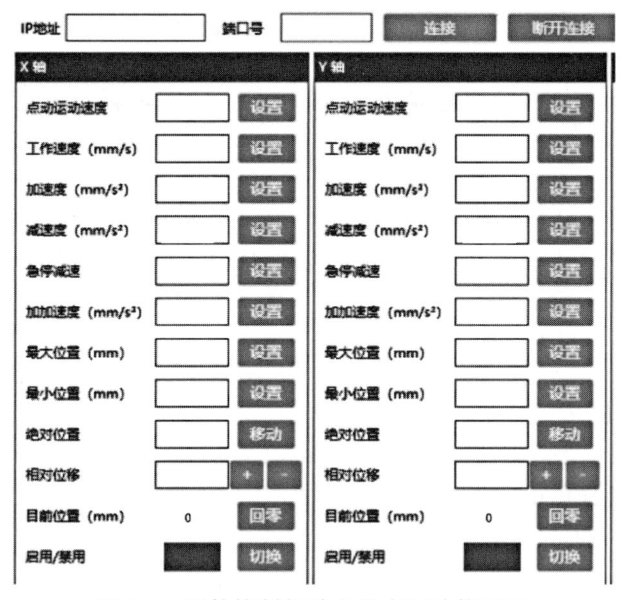

图 7-2　硬件控制相关人机交互功能展示

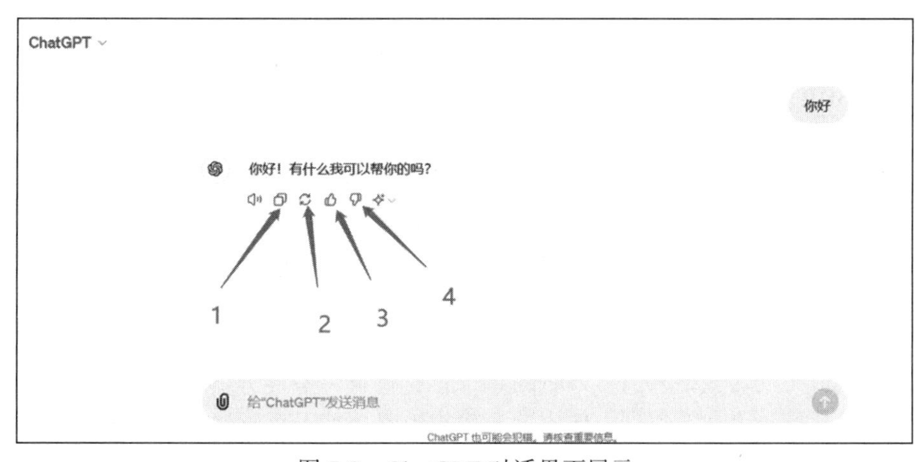

图 7-3　ChatGPT 对话界面展示

功能 2、功能 3、功能 4 背后的实现逻辑，均基于第 4 章所讲的多模态、第 6 章所讲的 AIGC 系统的迭代学习。当然，其底层是第 2 章所讲的 AI 技术基础。

3. 数据操作界面

在 AIGC 系统上，考虑到监督学习的情况，即需要向系统输入一些标注数据供系统进行学习，因此人机交互功能还需要考虑对数据进行标注的数据操作界面。

此部分一般直接集成开源的数据标注软件来实现。相关的数据标注软件参考 3.2.2 与 3.2.3 节中的介绍。

7.2.4　数据存储功能设计

在工业行业中，对于任何一个软件、系统应用来说，数据存储都是核心功能之一。工业数据的特点就是量大、存储周期长且可溯源。在 AIGC 系统融合工业智能设备的应用中，数据存储功能的设计至关重要，必须确保数据的高效存储、快速访问、安全性和长期可用性。

与传统的工业软件对数据存储的需求不同，AIGC 系统在数据存储上有更高的要求：传统的工业软件只需要保存数据并能够在以后查询即可；而 AIGC 系统不仅需要保存和查询数据，还需要基于严格的结构、分类和属性等信息进行区分，以便进行自动检索和学习。这使得 AIGC 系统的数据存储需求更为复杂和精细化。

---

1. 重要设计因素

以下是 AIGC 系统在数据存储功能设计中的关键考虑因素。

（1）数据分类与结构化存储

- ❑ 目标：确保数据以结构化的形式存储，方便后续的检索和分析。
- ❑ 数据模型设计：根据数据的类型、来源和用途，设计合理的数据模型，确保数据存储的结构化。
- ❑ 关系型数据库与 NoSQL 数据库结合：对于结构化数据，使用关系型数据库，如 PostgreSQL、MySQL；对于半结构化和非结构化数据，使用 NoSQL 数据库，如 MongoDB、Elasticsearch。
- ❑ 元数据管理：对数据的每个字段、属性进行详细描述和分类，通过元数据管理系统（Metadata Management System）维护数据的结构和分类信息。

（2）数据标签与索引

- ❑ 目标：通过对数据打标签和创建索引，提高数据检索的效率和准确性。
- ❑ 标签体系：建立完善的数据标签体系，根据数据的内容和属性自动打标签，方便快速检索。
- ❑ 多维索引：创建多维索引（如时间、位置、设备类型等），提高复杂查询的性能。
- ❑ 全文检索：对于文本数据，使用全文检索技术（如 Elasticsearch）实现高效检索。

（3）数据存储与管理

- ❑ 目标：提供高效、安全的数据存储和管理机制，支持大规模数据的快速存储和访问。
- ❑ 分布式存储：采用分布式存储系统（如 HDFS、Ceph）管理海量数据，确保存储系统的扩展性和高可用性。
- ❑ 数据分区与分片：根据数据的不同维度（如时间、地理位置）对数据进行分区和分片，优化存储和查询性能。
- ❑ 存储优化：使用数据压缩和去重技术，减少存储空间占用，提高存储效率。

（4）数据备份与恢复

- ❑ 目标：设计可靠的数据备份和恢复机制，确保数据的安全性和完整性。
- ❑ 自动备份策略：定期自动备份数据到异地或云端，确保数据在灾难情况下能够恢复。

- ❑ 版本控制：实现数据的版本控制，保留多个版本的备份，方便在需要时恢复到任意历史版本。
- ❑ 快速恢复：设计高效的数据恢复流程，确保在数据丢失或损坏时能够快速恢复业务运行。

（5）数据安全与隐私保护

- ❑ 目标：确保数据的安全性和隐私性，防止数据泄露和未经授权的访问。
- ❑ 数据加密：对存储和传输中的数据进行加密，防止数据被窃取和篡改。
- ❑ 访问控制：基于角色的访问控制（RBAC）确保只有授权用户才能访问和操作数据。
- ❑ 审计日志：记录所有的数据访问和操作行为，定期审计，及时发现和处理异常情况。

2. 代码示例

如下为一个实现数据分类与结构化存储的数据库模型示例。

1）定义模型：

```
# Flask 设置
app = Flask(__name__)
app.config['SQLALCHEMY_DATABASE_URI'] = 'sqlite:///industrial_data.db'
app.config['SQLALCHEMY_TRACK_MODIFICATIONS'] = False
db = SQLAlchemy(app)

# 加密密钥设置
encryption_key = Fernet.generate_key()
cipher_suite = Fernet(encryption_key)

# 数据模型
class SensorData(db.Model):
    id = db.Column(db.Integer, primary_key=True)
    timestamp = db.Column(db.String(50), nullable=False)
    device_id = db.Column(db.String(50), nullable=False)
    sensor_type = db.Column(db.String(50), nullable=False)
    value = db.Column(db.String(100), nullable=False)

db.create_all()
```

2）数据存储与加密，定义一个 API 端点来接收和存储加密的数据：

```
@app.route('/store_data', methods=['POST'])
def store_data():
    data = request.get_json()
    timestamp = data['timestamp']
    device_id = data['device_id']
    sensor_type = data['sensor_type']
    value = cipher_suite.encrypt(data['value'].encode()).decode()

    new_data = SensorData(timestamp=timestamp, device_id=device_id, sensor_
        type=sensor_type, value=value)
    db.session.add(new_data)
    db.session.commit()
```

```
    return jsonify({"message": "Data stored successfully"}), 201
```

3）数据查询与解密：

```
@app.route('/fetch_data', methods=['GET'])
def fetch_data():
    device_id = request.args.get('device_id')
    sensor_type = request.args.get('sensor_type')

    query = SensorData.query.filter_by(device_id=device_id, sensor_type=sensor_
        type)
    result = []

    for data in query.all():
        decrypted_value = cipher_suite.decrypt(data.value.encode()).decode()
        result.append({
            'timestamp': data.timestamp,
            'device_id': data.device_id,
            'sensor_type': data.sensor_type,
            'value': decrypted_value
        })

    return jsonify(result), 200
```

4）数据备份与恢复：

```
@app.route('/backup', methods=['POST'])
def backup():
    backup_path = f"backup_{datetime.now().strftime('%Y%m%d%H%M%S')}.db"
    shutil.copy('industrial_data.db', backup_path)
    return jsonify({"message": f"Backup created at {backup_path}"}), 201

@app.route('/restore', methods=['POST'])
def restore():
    backup_file = request.get_json()['backup_file']
    if os.path.exists(backup_file):
        shutil.copy(backup_file, 'industrial_data.db')
        return jsonify({"message": "Database restored successfully"}), 200
    else:
        return jsonify({"message": "Backup file not found"}), 404
```

5）访问控制：

```
# 简单的身份验证
def check_auth(username, password):
    return username == 'admin' and password == 'secret'

def authenticate():
    return jsonify({"message": "Authentication required"}), 401

def requires_auth(f):
    @wraps(f)
```

```
    def decorated(*args, **kwargs):
        auth = request.authorization
        if not auth or not check_auth(auth.username, auth.password):
            return authenticate()
        return f(*args, **kwargs)
    return decorated

# 将身份验证应用到端点
app.route('/store_data', methods=['POST'])(requires_auth(store_data))
app.route('/fetch_data', methods=['GET'])(requires_auth(fetch_data))
app.route('/backup', methods=['POST'])(requires_auth(backup))
app.route('/restore', methods=['POST'])(requires_auth(restore))

# 日志记录
@app.before_request
def log_request_info():
    app.logger.info('Headers: %s', request.headers)
    app.logger.info('Body: %s', request.get_data())
```

此处实现的数据存储功能包括数据的分类与结构化存储、数据加密与访问控制、数据备份与恢复等方面。实际应用中，可以根据具体需求进行扩展和优化，如引入更复杂的数据库系统、更高级的安全机制和更完善的数据管理策略。

7.3　如何设计系统业务逻辑

在工业智能设备中应用 AIGC 系统时，业务逻辑设计是确保系统功能有效、可靠运行的核心。业务逻辑设计需要结合工业设备的具体需求和操作流程，围绕数据采集、处理、分析、决策和执行等多个环节展开。

本节将针对难度较大的一种 AIGC 系统在工业智能设备中的应用情况进行介绍，即将 AIGC 系统部署在设备上面，实现对设备的各种直接、间接控制与调整。

7.3.1　整机概念层逻辑设计

在 AIGC 系统部署于工业智能设备的过程中，整机概念层的逻辑设计需要从实际实现层面进行细致规划。以下将围绕架构分层、功能模块划分进行详细介绍。

1. 架构分层

从架构层面进行设计，分为如下 4 层：

- 数据层：负责数据的采集、存储和预处理，确保数据的完整性和准确性，其中包含实现 3.2 节介绍的内容。
- 业务层：负责数据分析、决策和控制，实现智能化的业务逻辑，其中包括实现第 4 章与第 6 章介绍的内容。
- 接口层：负责系统与外部硬件环境的交互，包括数据接口和控制接口，其中包括实现 7.2.1 节介绍的内容。

❑ 交互层：负责系统与用户的交互，实现如 7.2.3 节中介绍的内容。

架构设计示例图如图 7-4 所示。

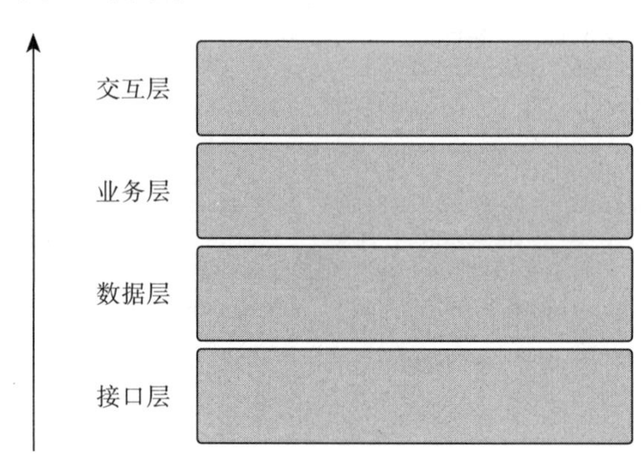

图 7-4　架构设计示例图

2. 功能模块划分

将系统划分为若干功能模块，包括数据模块、控制模块、分析模块和接口模块等，每个模块承担特定的功能，如表 7-1 所示。

表 7-1　功能模块介绍

序号	模块	功能介绍
1	数据标注模块	负责对采集到的数据进行标注和整理，确保数据具有清晰的标签和结构，便于后续的分析和处理。具体功能包括手动标注、自动标注和数据分类等
2	对话模块	负责实现系统与用户的交互，确保用户能够方便地与系统进行交流和指令传达
3	反馈模块	负责收集用户对系统的反馈，帮助系统持续优化、改进、学习
4	任务生成模块	根据系统需求和用户指令，自动生成相应的任务，包括数据处理任务、分析任务和控制任务等，确保系统能够自动化地执行各项工作
5	算法模块	实现各种数据处理和分析的算法，如数据过滤、聚类、分类、回归等常见的机器学习算法，以及图像处理和信号处理等专业算法
6	分析模块	对系统中的各种信息和数据进行深入分析，生成报告和分析结果，支持数据可视化，帮助用户理解数据和做出决策
7	AI 模块	实现各种 AI（深度学习）模型功能，包括模型训练、推理和评估，支持图像识别、语音识别、自然语言处理等 AI 应用
8	数据库模块	负责系统与数据库的交互，支持数据的高效存储、查询和管理，确保数据的完整性、一致性和安全性
9	数据采集模块	负责系统的所有数据采集工作，从各种传感器和数据源获取数据，支持实时数据采集和批量数据采集
10	预处理模块	负责所有系统预处理数据的功能，如异常值处理、数据清洗、主成分分析等
11	存储模块	负责系统的数据存储、备份和容灾，确保数据的安全性和可靠性，支持本地存储和云存储方案
12	硬件接口模块	负责系统与各种硬件设备的连接和断开，支持多种硬件接口协议，确保系统能够与各种设备进行可靠的通信
13	软件接口模块	负责系统与各种软件和其他系统的连接和断开，支持多种软件接口协议，确保系统能够与外部软件和系统无缝集成

（续）

序号	模块	功能介绍
14	硬件控制模块	负责系统对各种硬件设备的控制指令下发和工单管理，确保硬件设备按照预定的指令进行操作
15	通信模块	负责系统的所有通信功能，包括异常警告、远程访问、消息通知等，确保系统能够及时与用户和其他系统进行信息交互

功能模块设计示例图如图 7-5 所示。

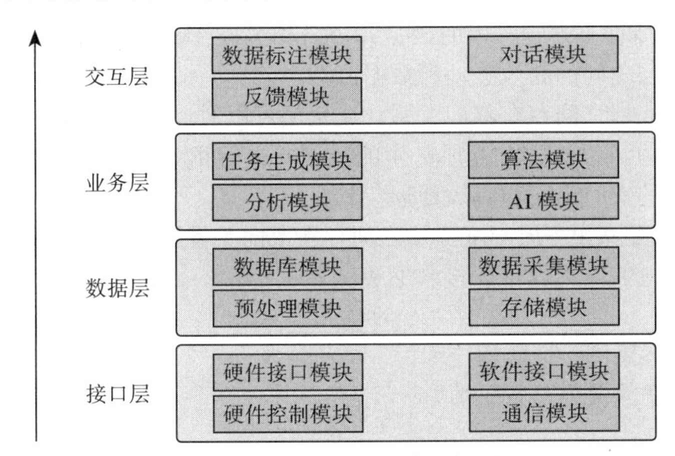

图 7-5 功能模块设计示例图

在完成架构设计以及功能模块设计之后，就可以参考第 5 章的内容对模块中的各功能框架进行详细的设计了。完成功能框架设计后，就进入实质的代码开发阶段。

7.3.2 整机数据流设计

在 5.1.2 节中介绍了功能数据流的设计，明确了各功能之间的数据输入与输出关系。而在整机系统设计中，同样需要进行宏观上的数据流设计。这一设计不仅是系统各个模块之间数据流动的基础，还为具体功能数据流的设计提供了指导。宏观数据流设计通过定义系统级别的数据流向，确保整体系统在实现过程中具有一致性和高效性。

在宏观数据流设计的过程中，遵循的步骤、原则实际上与功能数据流设计是一样的（具体的步骤请回顾 5.1.2 节的内容）。以下将进行实际的宏观数据流设计展示。

1. 顶层数据流图设计

（1）定义顶层的实体关系图

顶层（即架构层）的实体关系图如图 7-6 所示，下面介绍其组成部分与数据流路径。

1）从接口层出发：

- 接口层为数据层提供支持，因为数据层在获取数据和转发数据等功能上需要依赖接口层的功能。接口层通过标准化的数据传

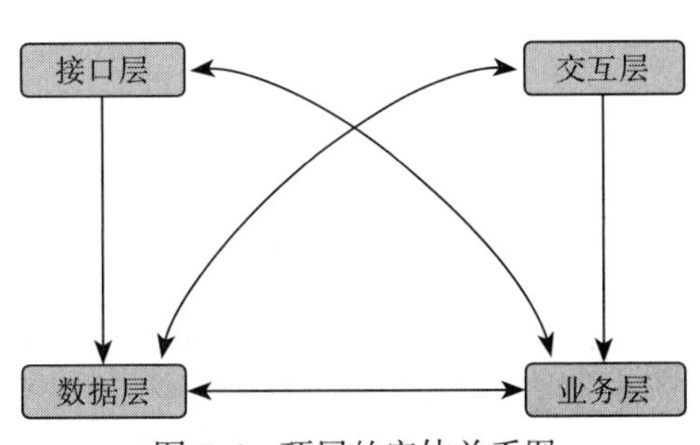

图 7-6 顶层的实体关系图

输协议和格式转换，确保数据能够顺利进入数据层，并在系统内部有效流动。这样，数据层能够专注于处理和存储数据，而不必担心数据传输的复杂性和多样性。

- 接口层与业务层之间存在双向关系。业务层可以通过接口层直接获取所需数据；同时，可以将数据直接反馈给接口层，由接口层向外发送。这样确保了业务层与外部数据源的高效交互和无缝整合。

2）从数据层出发：

- 数据层与业务层之间存在双向关系。业务层可以通过数据层获取所需数据，同时数据层也可以接收业务层产生的数据并进行相关操作，如存储和处理。这样确保了业务层和数据层之间的高效互动和数据流动。
- 数据层与交互层之间存在双向关系。交互层可以通过数据层直接获取数据用于展示，同时数据层也可以接收交互层产生的数据并进行相关操作，如存储日志。这种关系确保了数据的实时交互和有效处理。

3）从业务层出发：业务层与交互层之间存在双向关系。业务层向交互层提供业务需求相关的数据或者其他响应，也可以接收通过交互层传递的数据，如用户通过对话方式产生的需求。

（2）根据实体关系图设计数据流图

整机系统的顶层数据流图如图 7-7 所示。

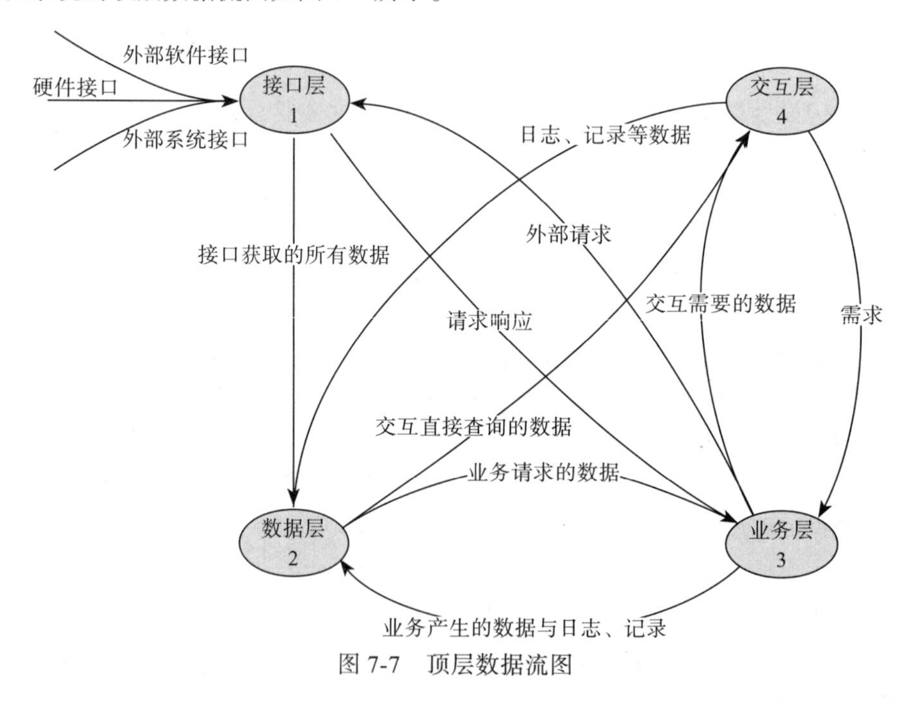

图 7-7　顶层数据流图

此处设计的顶层实体关系、顶层数据流图并不具有唯一性，实际应用时可以在此基础上进行适当删减或者新增关系。

2. 模块数据流图设计

（1）模块实体关系图

定义模块的实体关系图，如图 7-8 所示（此处设计的模块实体关系图并不具有唯一性）。

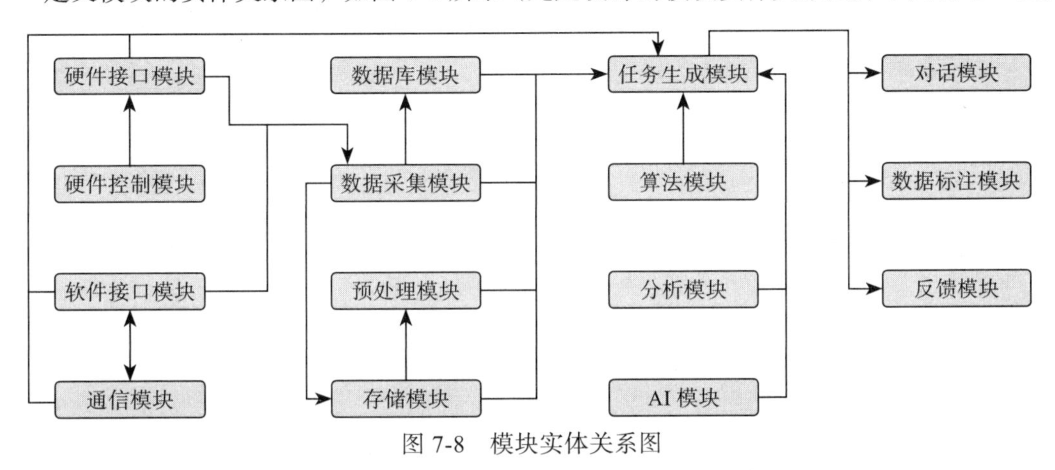

图 7-8　模块实体关系图

（2）模块数据流图

根据实体关系图设计数据流图，如图 7-9 所示。

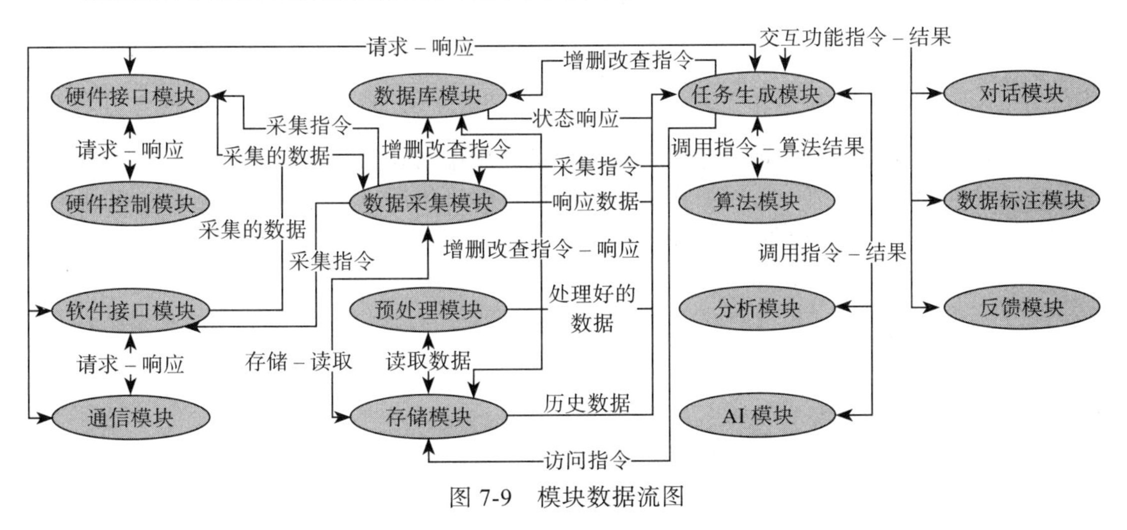

图 7-9　模块数据流图

7.3.3　硬件控制逻辑设计

与传统工业软件对硬件的控制不同，AIGC 系统应用于工业智能设备时，需要像术语库一样设计对硬件的控制。这种设计方式使得系统能够更方便地“自主”控制。术语库式的设计为系统提供了标准化的指令集和控制逻辑，使得硬件控制更具灵活性和扩展性，从而提升系统的自动化和智能化水平。

这种设计最终应用的场景如图 7-10 所示，该示例图描述的是一种工业中最常见的场景，通过识别功能找到NG品（即次品），并控制硬件完成对NG品的挑选。

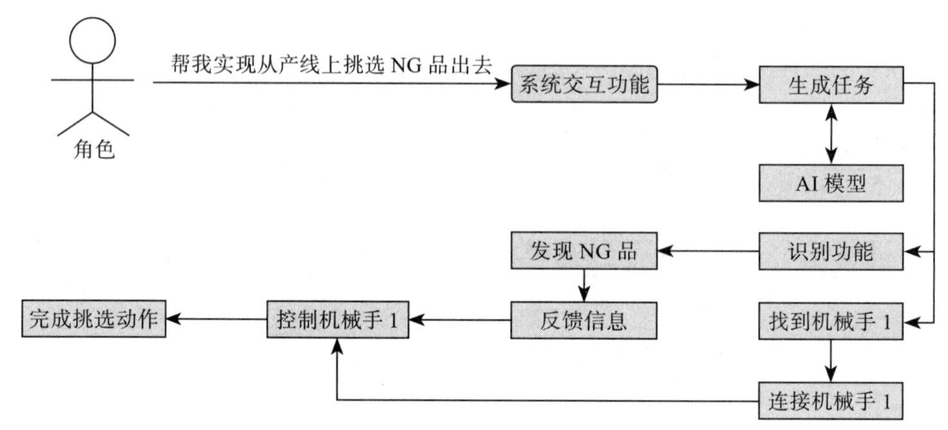

图7-10　AIGC系统“自主”控制硬件完成动作

在AIGC系统的应用过程中，对硬件的控制实际上是整个AIGC系统功能的一个衍生功能。AIGC系统的核心任务在于训练、学习、反馈等，实现系统的“自主化”“智能化”“人性化”，这些过程并不需要硬件的深度参与，仅需要控制硬件实现相应功能的具象化即可。因此，相较于AIGC系统的其他复杂功能，对硬件的控制显得相对简单，做好标准化的管理即可。

（1）定义硬件的层级

这一环节也叫作注册设备。考虑到大型设备应用中的硬件不仅仅只有一个，因此需要先为各类硬件建立一个总类，然后在总类中对机械臂进行层级细分。以下为一个机械臂的注册示例（代码中具体的功能事件省略）。

1）建立总类：

```
class MechanicalArm:
    def __init__(self, id, type):
        self.id = id
        self.type = type
        self.status = "idle"

    def get_status(self):
        return self.status

    def set_status(self, status):
        self.status = status
```

2）按用途分类：

```
class AssemblyArm(MechanicalArm):
    def __init__(self, id):
        super().__init__(id, "Assembly")
```

```
    def perform_assembly(self):
        # 具体的组装操作
        self.status = "assembling"
        print(f"Mechanical arm {self.id} is performing assembly.")
```

（2）建立硬件的关系图

此步骤的主要目的是让系统能够通过硬件的各种关系，“自主”地找到或控制对应的设备。

1）此处使用图结构来表示设备之间的关系。设备类包含设备的基本信息和控制方法，图结构则用于表示设备之间的连接和依赖关系。

```
class Device:
    def __init__(self, id, name, device_type):
        self.id = id                              # 设备的 ID，具有唯一性
        self.name = name                          # 设备的名称，用户设定
        self.device_type = device_type            # 设备类型
        self.connected_devices = []               # 用列表保存已连接的设备

    def add_connection(self, device):
        self.connected_devices.append(device)

    def get_connections(self):
        return self.connected_devices

    def __repr__(self):
        return f"Device(id={self.id}, name={self.name}, type={self.device_
            type})"
```

2）创建一个字典存储关系图：

```
class DeviceGraph:
    def __init__(self):
        self.devices = {}

    def add_device(self, device):
        self.devices[device.id] = device

# 构建设备关系图（有向图）
    def add_connection(self, from_device_id, to_device_id):
        if from_device_id in self.devices and to_device_id in self.devices:
            self.devices[from_device_id].add_connection(self.devices[to_device_
                id])

    def get_device(self, device_id):
        return self.devices.get(device_id)

    def find_device_by_type(self, device_type):
        return [device for device in self.devices.values() if device.device_type
            == device_type]

    def __repr__(self):
        return f"DeviceGraph(devices={self.devices})"
```

3）实现系统自主控制。在系统自主控制的代码中，“action”实际上就是根据真实应用情况应向设备下发的控制指令。

```
def control_device_by_type(device_graph, device_type, action):
    devices = device_graph.find_device_by_type(device_type)
    for device in devices:
        print(f"Performing {action} on {device.name}")

# 系统自主地找到组装机械臂并执行操作
control_device_by_type(device_graph, " assembling ", "start assembling ")
```

需要注意的是上述示例代码仅实现了设备注册以及连接操作。

7.3.4　系统的集成逻辑设计

所谓的逻辑集成，就是在系统设计、开发过程中，将每个模块、功能中的逻辑处理部分全部基于统一的规则进行设计与开发，避免一个系统中出现各式各样的逻辑。这是 AIGC 系统设计必须要遵守的原则，否则系统在迭代学习的过程中很难进行有效的运转，甚至会导致做出来的 AIGC 系统无法具备“自主”“智能”等特点，最终与一个传统的工业软件无异。

参考 7.3.1 节的整机顶层概念设计，可以将系统内的所有逻辑整合为几类。基于这些逻辑对系统内的所有指令进行分类处理，这样整个设备和 AIGC 系统的内部数据流通、业务连通将变得更加顺畅。

不妨将设计一个 AIGC 系统看作修房子，概念设计是画图纸，模块设计是打地基，功能设计是用砖砌房子，而集成逻辑设计就是确保在砌房子的过程中用的是合格的砖、合格的钢筋、合格的水泥等，不让其他未知或者不合格的材料进入修房子的过程而影响房子的质量。

---

1. 数据采集类

数据采集功能是 AIGC 系统的基础，涉及从各种传感器和设备获取原始数据。数据采集类的逻辑包括以下方面：

- 传感器数据采集：从温度、压力、速度等传感器以及各种相机中获取实时数据。
- 设备状态监控：采集设备的运行状态和性能参数。
- 数据预处理：对采集到的数据进行初步处理，如去噪、校正等。

如下即为一个简单的数据采集类的逻辑代码。参考这样的逻辑进行设计，不论系统中有多少个数据采集的功能，最终仅需要调用对应功能类的“collect_data”函数即可得到标准的数据。

```
class DataCollector:
    def __init__(self, sensors):
        self.sensors = sensors

    def collect_data(self):
        collected_data = {}
        for sensor in self.sensors:
```

```
        collected_data[sensor.id] = sensor.read_data()
    return collected_data
```

后面几种逻辑类设计均参考此处示例的原理进行代码实现即可，不对其代码进行一一展示。不过在设计代码的过程中，一定要注意结合具体的需求进行设计，不可随意而为，此处的示例代码也仅作参考。

2. 数据处理类

数据处理和分析功能是 AIGC 系统的核心，涉及对采集的数据进行处理、分析和建模等操作。数据处理类的逻辑包括以下方面：

- 数据清洗和整理：处理异常值、缺失值等，确保数据质量。
- 数据分析：使用统计和机器学习算法对数据进行分析，提取有用信息。
- 模型训练和更新：基于历史数据训练 AI 模型，并定期更新。
- 存储：对数据进行合理的存储，并定期维护。

3. 决策和控制类

决策和控制功能属于 AIGC 系统的执行层，涉及基于分析结果做出决策并控制设备。决策和控制类的逻辑包括以下方面：

- 自动化决策：基于分析结果和预设规则自动做出决策。
- 设备控制：向机械臂、控制器等设备发送控制指令。
- 反馈调整：根据设备的反馈调整控制参数和策略。

4. 交互类

交互和反馈功能的核心在于 AIGC 系统的用户接口，涉及系统与用户的交互和收集反馈。交互类的逻辑包括以下方面：

- 用户界面：提供友好的用户界面供用户操作和监控系统。
- 数据可视化：将分析结果和设备状态以可视化方式展示。
- 用户反馈收集：收集用户对系统的反馈，并用于系统优化。

7.4　如何保障系统的安全

工业设备、工业系统应用的时候，安全问题至关重要。AIGC 系统在工业智能设备中应用时也需要具备多层次的安全防护措施，以确保系统运行的可靠性和稳定性。

7.4.1　硬件状态监控与预测

硬件状态监控与预测主要是通过实时监控设备的运行状态，结合数据分析与预测模型，提前发现潜在的硬件故障，并采取预防措施，从而避免设备损坏和生产中断。

硬件状态监控的实现就是通过数据采集技术，获取特殊的设备数据，如网络带宽、传输速度、电压、电流等。然后基于这些特殊的设备数据，通过数据分析手段判断它们是否出现了异常。如果出现异常就表示设备状态存在问题，需要采取相应的预防措施或者维护手段。

在硬件状态监控与预测功能中使用的数据分析方法一般有以下 3 种。

1. 异常检测

使用统计方法、机器学习算法，识别出设备运行中的异常情况，如温度突然升高、电流波动异常等。

一般在工业中最常用也是最简单的数据分析方法是 Z-score 算法。它基于数据点与均值的标准差计算数据的标准分数，超过一定阈值的点被视为异常。如下为一个 Z-score 算法的实现代码：

```
class ZScoreOutlierDetection:
    def __init__(self, threshold=3):
        self.threshold = threshold

    def fit(self, data):
        self.mean = np.mean(data)
        self.std = np.std(data)

    def detect(self, data):
        z_scores = (data - self.mean) / self.std
        outliers = np.abs(z_scores) > self.threshold
        return outliers
```

2. 趋势分析

趋势分析是指分析设备运行参数的变化趋势，预测未来的运行状态。例如，通过分析振动数据的变化趋势，可以预测轴承的磨损情况。

在工业中最常用的数据分析方法是移动平均算法（SMA），它通过计算固定时间窗口内数据的平均值来平滑数据波动，突出长期趋势。

SMA 计算公式为

$$\mathrm{SMA}_t = \frac{1}{N}\sum_{i=0}^{N-1} X_{t-i}$$

其中 SMA_t 是 t 时刻的移动平均值，N 为窗口大小，X 为原始数据。

该算法的实现代码如下：

```
class SimpleMovingAverage:
    def __init__(self, window_size):
        self.window_size = window_size

    def calculate(self, data):
        sma = np.convolve(data, np.ones(self.window_size), 'valid') / self.
            window_size
        return sma
```

它通过平滑数据中的短期波动来揭示长期趋势，有助于预测设备的未来状态和行为。如图 7-11 所示，这是一个对温度数据进行趋势分析的结果图。通过图上展示的趋势可以预测当时间为 15 时，温度还会上升，预计为 37 ～ 38℃。

3. 相关性分析

相关性分析是指分析不同参数之间的相关性，找出影响设备运行的关键因素。例如，发现温度升高与电流增加之间的相关性，可以帮助定位故障原因。详细的相关性分析原理以及实现，请回顾 4.2.2 节的内容。

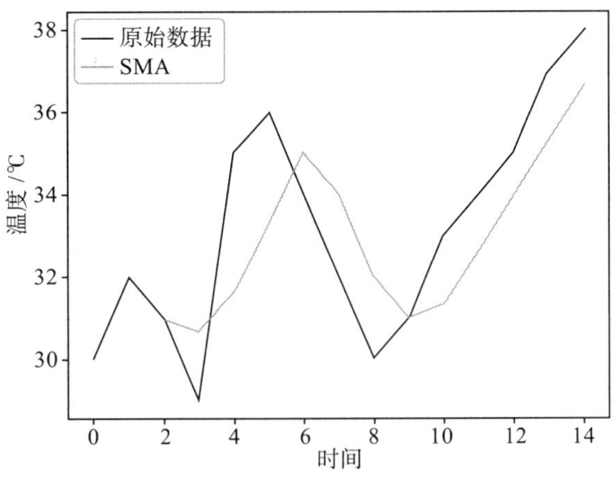

图 7-11 一组温度数据的趋势分析结果图

7.4.2 整机急停的系统响应逻辑

整机急停是应对紧急情况的重要安全措施。当系统检测到危及设备安全或人员安全的紧急情况时，触发急停机制能够迅速停止所有运行中的操作。为了确保急停后系统能够安全、有序地恢复正常运行，需要设计一套完整的响应逻辑。

在急停时，设备硬件一般会采用断电、停止所有操作的方式来实现应急响应。而对于软件系统，尤其是像 AIGC 这样的复杂系统，也需要配备一套应对急停的响应逻辑。

作为一个“智能体”系统，AIGC 系统应对急停的响应逻辑不局限于记录日志、发出警报等操作，还包括在急停后对故障进行自检与诊断，分析原因并给出反馈意见。

例如，系统中设计了很多触发急停机制的条件：温度超限、重量超限、外部供电异常等。那么在代码层面，系统急停时就可以在系统层面捕捉到相关的触发原因。如下是一个急停机制的示例代码（其中具体的功能事件省略）：

```
class EmergencyStopSystem:
    def __init__(self):
        self.emergency_stopped = False

    def trigger_emergency_stop(self, reason):
        self.emergency_stopped = True
        logging.info(f"急停触发，原因 : {reason}")
        self.stop_operations()
        self.log_event(reason)
        self.self_check()
        self.notify_management()

    def stop_operations(self):
        logging.info("停止所有运行中的操作")
        # 停止任务与断连操作省略
        logging.info("操作已停止")

    def log_event(self, reason):
        logging.info(f"记录急停事件，原因 : {reason}")
```

```
            # 记录到日志或数据库

        def self_check(self):
            logging.info("开始故障自检")
            # 自检功能省略
            logging.info("自检完成，无明显故障")

        def notify_management(self):
            logging.info("通知管理人员")
            # 发送通知省略
            logging.info("管理人员已通知")

        def reset_emergency_stop(self):
            logging.info("人工检查完成，准备解除急停状态")
            # 确认安全后复位
            self.emergency_stopped = False
            self.restart_system()
    def restart_system(self):
            logging.info("系统重启中")
            # 系统恢复步骤省略
            logging.info("系统已恢复正常运行")
```

在这段结构示例代码中，当系统捕捉到某种异常时，在进行一系列记录、断开操作的基础上，还可以根据异常的类型进行相关的自检。

假设发生了温度超限导致急停的情况，那么在代码段中可以根据“reason”做一个条件判断，从而获取温度异常的位置，根据系统设计时预先规划的功能与模块，以及硬件的层级（参考 7.3.1 节与 7.3.3 节），分析异常设备上下游的数据，从而判断出现温度超限是由于传感器自身异常造成的，还是上下游中其他地方出现异常造成的。

```
def trigger_emergency_stop(self, reason):
    self.emergency_stopped = True
    logging.info(f"急停触发，原因：{reason}")
    self.stop_operations()
    self.log_event(reason)
    self.self_check()
    self.notify_management()
```

最终的结构示例代码如下（与上述代码重复的部分已被省略）：

```
class EmergencyStopSystem:
    def __init__(self):
        self.emergency_stopped = False

    def trigger_emergency_stop(self, reason, location=None):
        self.emergency_stopped = True
        logging.info(f"急停触发，原因：{reason}，位置：{location}")
        self.stop_operations()
        self.log_event(reason, location)

        # 分析温度超限原因
```

```
        if reason == "温度超限":
            self.analyze_temperature_issue(location)

        self.self_check()
        self.notify_management()

    def log_event(self, reason, location):
        logging.info(f"记录急停事件，原因：{reason}，位置：{location}")
        # 记录到日志或数据库

    def analyze_temperature_issue(self, location):
        logging.info(f"分析温度异常问题，位置：{location}")
        # 分析过程省略
        # 根据系统设计的硬件层级，获取上下游设备数据
        upstream_data = self.get_upstream_data(location)
        downstream_data = self.get_downstream_data(location)

        if self.check_sensor_issue(location):
            logging.info(f"温度异常是由于传感器自身故障造成的，位置：{location}")
        elif self.check_upstream_issue(upstream_data):
            logging.info(f"温度异常是由于上游设备故障造成的，位置：{location}")
        elif self.check_downstream_issue(downstream_data):
            logging.info(f"温度异常是由于下游设备故障造成的，位置：{location}")
        else:
            logging.info(f"温度异常原因未明，需进一步人工检查，位置：{location}")

    def get_upstream_data(self, location):
        # 获取上游数据功能省略
        logging.info(f"获取上游数据，位置：{location}")
        return {"temperature": 75}  # 示例数据

    def get_downstream_data(self, location):
        # 获取下游数据功能省略
        logging.info(f"获取下游数据，位置：{location}")
        return {"temperature": 70}  # 示例数据

    def check_sensor_issue(self, location):
        # 检查传感器自身问题省略
        logging.info(f"检查传感器自身问题，位置：{location}")
        return False  # 示例判断

    def check_upstream_issue(self, upstream_data):
        # 检查上游设备问题省略
        logging.info(f"检查上游设备问题")
        return upstream_data["temperature"] > 80  # 示例判断

    def check_downstream_issue(self, downstream_data):
        # 检查下游设备问题省略
        logging.info(f"检查下游设备问题")
        return downstream_data["temperature"] > 80  # 示例判断
```

7.5　形成完整的 AIGC 系统

经过前面对 AIGC 系统设计中的几个重要部分进行拆解介绍，一个在工业智能设备中应用的 AIGC 系统就已经具备雏形了。接下来对前面介绍的所有功能进行组装，形成完整的系统。

基于前面内容实现的一个完整的 AIGC 系统的业务概念图如图 7-12~ 图 7-14 所示。图 7-12 呈现了完整的系统业务逻辑概念图，图 7-13、图 7-14 是对图 7-12 中特定功能的展示。

此处展示的 AIGC 系统业务概念图，均是概念层面的设计。实际系统开发过程中的细节，均是基于这些展示的概念进行实施与完善的。

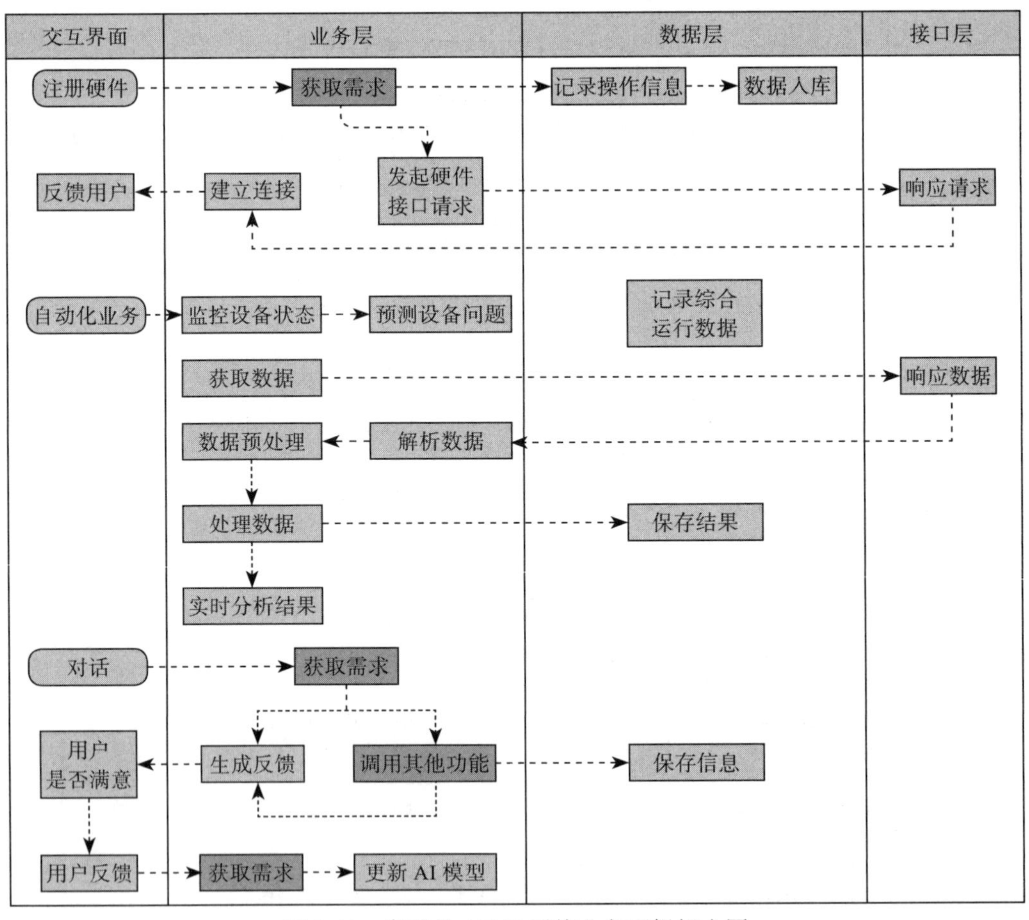

图 7-12　完整的 AIGC 系统业务逻辑概念图

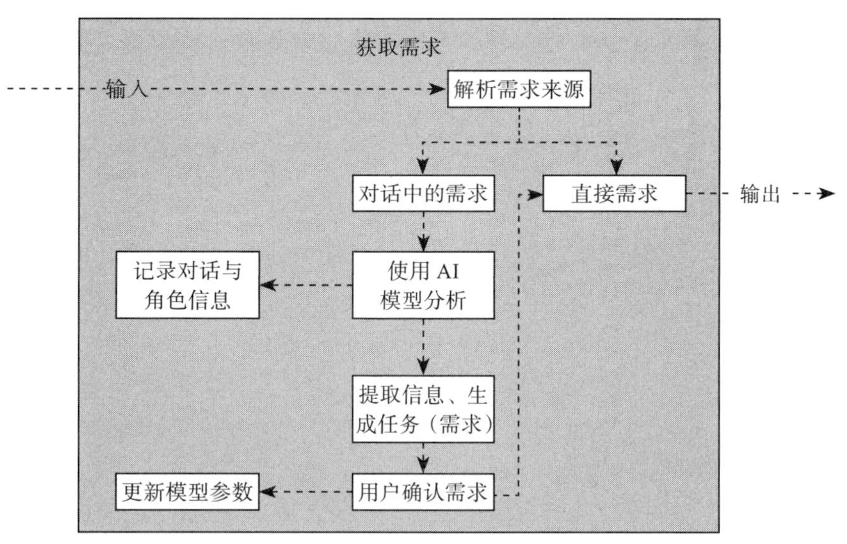

图 7-13　获取需求功能的细节展示

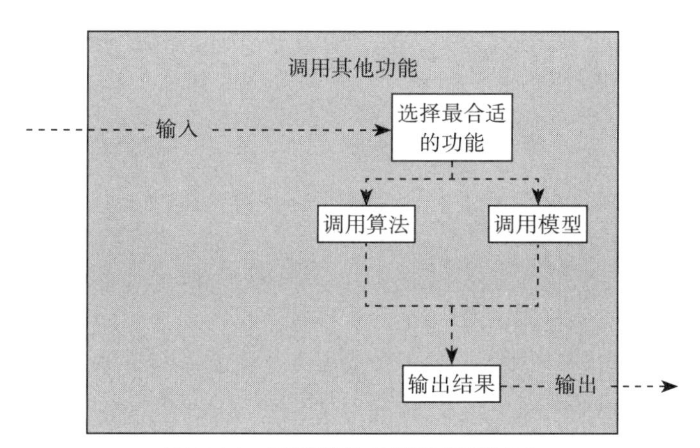

图 7-14　调用其他功能的细节展示

第三部分

AIGC 在关键工业领域的应用

首先，本部分将重点探讨 AIGC 在工业应用中的两大关键领域，包括：

- AIGC 在传感技术中的应用：分析 AIGC 辅助行业提升传感器数据的处理和分析能力，助力实时监测与智能决策，优化生产流程和设备管理。
- AIGC 在机器视觉中的应用：探讨 AIGC 在机器视觉系统中的集成，如何通过自动生成技术实现相关内容生成和分析结果，实现更高效的质量检测和缺陷识别。

最后，本部分深入讨论 AIGC 在实际应用中面临的技术挑战，如数据安全、模型准确性和系统集成的复杂性，以及如何应对这些挑战以实现工业级 AIGC 的持续发展。

通过对关键应用领域及技术挑战的深入分析，本部分旨在呈现 AIGC 技术在工业应用中的广阔前景和实践价值，激发企业在智能化转型过程中的思考与探索。

CHAPTER 8

第 8 章

AIGC 在传感技术中的应用

在工业自动化和智能制造领域，传感技术是关键的一环。传统的传感器系统尽管功能强大，但往往存在一些固有的弊端。例如，传统传感器数据的处理和分析主要依赖预设的规则与算法，难以应对复杂和动态变化的环境。此外，传感器数据的准确性和可靠性也受到各种因素的影响，如传感器本身的性能、环境干扰及数据噪声等。这些问题常常导致传感器系统在面对突发状况或异常情况下难以做出及时且准确的响应，从而影响整个工业过程的效率和安全性。

引入 AIGC 技术后，传感技术可以得到显著的改善。AIGC 技术通过深度学习和数据挖掘，可以对大量传感器数据进行实时分析和处理，提高数据的准确性和可靠性。通过智能算法，AIGC 能够自动识别和修正数据中的异常值，减少数据噪声的影响。此外，AIGC 还能够根据历史数据和实时数据，预测设备的运行状态和可能的故障，从而实现预防性维护。这种基于 AI 的自适应能力使得传感器系统更加灵活和智能，能够更好地应对复杂的工业环境，提升整体生产效率和安全性。

本章主要涉及的知识点：

- ❑ 传感技术与 AIGC 融合应用的场景。
- ❑ 传感技术如何与 AIGC 融合应用。

8.1 传感技术与 AIGC 融合应用的场景

传感技术在工业领域的应用已经成为推动工业自动化和智能制造的重要力量。传感器作为信息获取的基础装置，可以实时监测各种物理、化学和生物参数，为工业过程的控制和优化提供关键数据支持。传感技术的广泛应用涵盖了工业自动化、过程控制、设备维护、环境监测和质量控制等多个方面，极大地提高了工业生产的效率和精度。

以下将从主要的 4 个方面来介绍传感技术的拓展应用场景。

8.1.1 工业自动化

工业自动化是通过应用控制系统和信息技术，实现工业生产过程的自动化和智能化。

传感技术作为工业自动化的重要组成部分，通过各种类型的传感器实时监测生产过程中的物理量、化学量和生物量等参数，为自动化控制系统提供精准的数据支持。传感器与自动化控制系统之间的紧密结合，使得工业生产能够在高效、精确和安全的条件下进行。

传感技术在工业自动化中原本起到的作用如下：

- 数据监测。通过传感器监测在生产过程中的各种关键参数，如温度、压力、流量、位置、速度和振动等。这些传感器能够持续采集数据，并将其传输到中央控制系统（或者数据中台）进行分析和处理。通过数据监测，系统（或者中台）可以迅速检测到异常情况，如温度过高、压力过低或设备振动异常等。及时的预警和响应机制使得操作人员能够迅速采取纠正措施，避免生产中断和设备损坏。
- 反馈控制。传感器将监测到的数据传输给控制系统，控制系统根据预设的算法和模型对数据进行处理，做出控制决策，并反馈给执行机构，以调整生产过程。具体而言，控制系统会根据实时数据判断是否需要进行参数调整，比如调节温度、压力或流量等。如果传感器检测到温度过高，那么控制系统可以指示冷却系统加大冷却力度；如果检测到流量过低，那么系统可以调节阀门以增加流量。通过这样的反馈控制机制，生产过程能够保持在最佳状态，确保产品质量和生产效率。同时，反馈控制还能够减少人为干预，降低操作复杂性和人为错误风险，提高生产系统的自动化水平和稳定性。

在上述环节中，传感技术可以借助 AIGC 实现应用拓展，下面通过案例进行说明。

1. 数据监测中的应用

在常规的实时监测基础上，AIGC 技术的应用可以极大地增强监测系统的智能化和自主性。通过 AIGC 技术，系统可以从传感器收集的海量数据中，自动生成丰富的内容，如实时监测报告、异常预警信息、优化建议等，为用户提供更深层次的信息分析和决策支持。

例 1：

在一家零部件制造厂，生产线上的机器设备是生产的关键环节，如果设备突发故障就会导致生产停滞，影响交货周期和生产计划。然而，在实际的生产线上，由于各个设备来自不同厂商，因此监测数据的获取方式也不尽相同。此外，即便是相同类型的设备，由于来自不同厂商或者同一厂商的不同系列，其监测数据的结构和类型也可能存在差异。

这种情况下，出现了两个主要的困扰：

- 首先，并不是所有设备都能够将信息汇总到同一地点，因此无法实现统一的数据中心化管理。
- 其次，即使是同种类型的设备，其监测数据的差异性也使得统一的数据解读和处理变得困难。例如，数据的结构和类型可能存在差异，导致无法使用统一的方法进行数据处理和分析。

因此，实现智能化的生产线监测和管理过程面临着一定的挑战。需要找到一种灵活的解决方案，能够应对不同类型、不同厂商的设备，有效地实现监测数据的采集、汇总和分析，从而及时发现并处理设备故障，保障生产线的稳定运行。

（1）方案概述

针对该制造厂的需求提出一个 AIGC 应用的解决方案，方案概述如下：

设计一个分离式的 AIGC 应用，可以通过可携带式设备（如手机、笔记本计算机、监控设备等）搭载部分功能，如连接设备的接口和数据上传的功能。通过这些可携带式设备，实现对各种离线数据的灵活采集，而在线数据则直接汇总到 AIGC 系统上。具体来说，可携带式设备可以与不同厂商、不同类型的设备进行连接，采集设备的运行数据。这些数据可以包括电压、电流、温度等各种参数。采集到的数据将被上传到 AIGC 主系统，在主系统上进行统一的解析和分析。AIGC 主系统对数据进行分析后，用户可以通过对话界面与系统进行交互，提出更细致的需求。例如，用户可以要求系统只分析特定设备的电压数据。系统会根据用户的需求进行针对性的分析，并提供详细的报告和优化建议。

这种分离式的 AIGC 应用不仅能灵活地采集不同设备的数据，还能通过智能化的分析和交互，为用户提供高效的故障检测和优化方案，确保生产线的稳定运行。

（2）方案架构

上述方案的结构拓扑图如图 8-1 所示。

该方案将主要由以下几部分构成：

- 数据采集：通过 TCP、HTTP 等方式连接到传感器实时获取数据，或者拉取日志，完成对设备各种参数的数据采集，如温度、振动、电流等信息。
- 数据分析：利用 AIGC 技术对传感器数据进行实时分析，识别设备的异常模式和趋势。
- 智能生成内容：根据解析出的结果数据进行简单的分析（如 7.4.1 节中介绍的趋势分析、异常值分析），然后系统再次根据分析结果自动生成设备健康状态报告、预警信息和维护建议，并将其呈现给相关的工程师或管理人员。

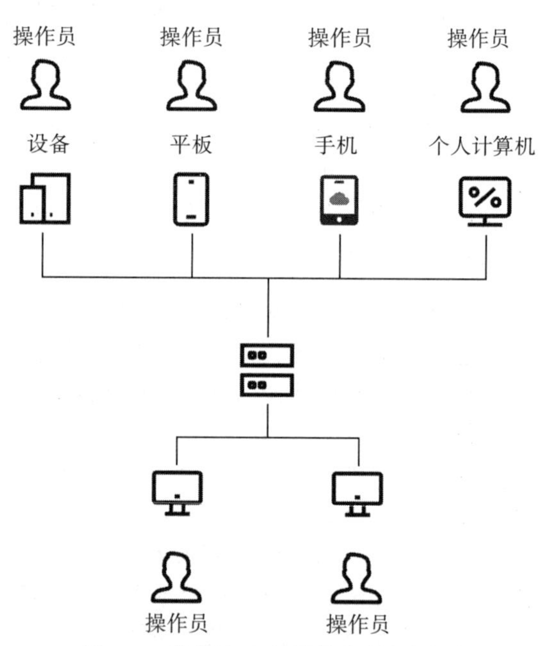

图 8-1　案例方案的结构拓扑图（1）

（3）实现步骤

1）为了实现对设备和传感器的连接，接口需要能够处理不同传感器采用的各种通信协议。由于每种传感器可能使用不同的通信方式和协议，因此需要在接口中预先集成好这些协议，然后通过检索的方式自动识别并连接相应的传感器。其中主要包括以下几个方面：

- 在接口中预置常用的通信协议，如 HTTP、TCP、Modbus、CAN、I2C、SPI、UART 等。每种协议需要详细的实现和配置选项，以确保能够兼容不同厂商和型号的传感器。
- 自动识别传感器通信协议的功能。通过初步通信尝试，接口可以判断传感器使用的具体协议，并切换到相应的通信模式。

- ❑ 一旦识别出传感器的通信协议，接口需要动态适配相应的驱动和配置。这包括设置波特率、校验方式、数据格式等具体参数，以确保稳定的数据传输。
- ❑ 成功连接后，接口应能够持续采集传感器的数据，并进行初步处理，如数据校验、格式转换等，为后续的上传和分析做准备。
- ❑ 在上述基础上额外配置错误处理和重连机制。在通信过程中，如果出现数据传输错误或连接中断，那么接口应能自动尝试重连，并记录错误日志以供后续分析。

此步骤的重点是需要将工业中的各种协议提前集成。当然，有些公司可能出于安全考虑会另辟蹊径，使用自定义的协议进行通信连接，这种情况下就需要后期在接口中添加自定义协议。

2）在设计分离式的 AIGC 应用时，需要定义好内部各可携带式设备与主系统的通信方式。考虑到通信的安全性和稳定性，此处选择采用 HTTPS 进行通信。这样的选择能够确保数据在传输过程中的加密和完整性，同时也能提供较高的通信速度和稳定性。

在系统设计中，可以基于图 8-1 所示的拓扑图来建立各模块之间的通信连接。主系统作为核心控制节点，通过 HTTPS 协议与各可携带式设备建立安全的通信链路。这种拓扑结构能够有效保障系统的通信安全性，并确保数据的及时传输和处理。

除了通信协议的选择，还需要考虑通信过程中可能遇到的问题，比如网络延迟、数据丢失等。针对这些问题，我们可以采取一些措施，如建立连接时的双向认证、数据传输过程中的错误检测与重传机制等，以提高通信的可靠性和稳定性。

3）在 AIGC 系统中，需要实现的子功能包括：

- ❑ 图像识别功能：用于对一些无数据存储功能或非电子设备进行数据采集，如仪表、刻度计等。通过图像识别技术，系统可以从图像中提取出相关的数据信息，进而进行后续的分析和处理。
- ❑ 自然语言处理：通过自然语言的方式对各种不同结构的数据进行采集，如日志等，还可以通过人机交互的方式获取用户的准确需求，并将目标信息其转化为可处理的数据格式，为后续的分析和报告生成提供支持。
- ❑ 数据分析算法：集成了各种统计学、机器学习等技术实现的数据分析算法。这些算法可以对采集到的数据进行深入分析，提取出其中的规律和特征，并为用户提供可靠的数据分析结果。
- ❑ 生成内容：基于设置好的模板或用户的明确需求进行报告生成。系统可以根据用户指定的要求和模板，自动化地生成相应的报告内容，节省用户的时间和精力。

2. 反馈控制中的应用

AIGC 技术在反馈控制中的应用体现在几个点：

- ❑ 智能调节：系统能够根据传感器数据实时调节控制参数，确保设备处于正常工作状态。
- ❑ 自适应控制：系统能够根据环境和设备状态灵活调整策略，应对不同的工作条件。

- ❑ 异常检测与故障诊断：系统能够及时发现异常情况，并采取相应措施，确保生产的连续性和安全性。
- ❑ 优化控制策略：通过不断优化控制策略，系统能够提高设备性能、效率和稳定性，从而实现更加智能、高效的生产运行。

例 2：

AIGC技术在反馈控制中的应用，现阶段最成熟的例子就是搬运机器人。传统的搬运机器人需要通过预设的工单进行任务执行，工单的固定性限制了机器人的灵活性和适应性。然而，AIGC技术的引入为搬运机器人带来了革命性的变化，使得它们不再依赖于刻板的工单进行工作。

通过AIGC技术，搬运机器人可以实时分析环境数据，自动生成灵活的任务指令。例如，机器人能够根据仓库中的实时物品布局和优先级需求，动态调整搬运路线和任务顺序。此外，AIGC还可以通过自然语言处理技术理解和执行人类指令，进一步提升机器人的灵活性和智能化水平。

这种智能化的反馈控制不仅提高了机器人的工作效率，还减少了人为干预的需求，显著提升了整体生产线的自动化水平和响应速度。在发生突发情况时，机器人也能够自主判断和调整，确保生产流程的连续性和稳定性。

AIGC技术的在反馈控制中应用不局限于工业领域，在我们的日常生活中也越来越常见。例如，许多酒店现在使用的送餐机器人就是一个典型的应用案例。通过AIGC技术，这些机器人能够灵活应对各种情况，自动生成最优的送餐路径，并根据客人的具体需求进行调整与响应。

（1）方案概述

实现一个具有较高智能化机器人的方案概述如下：

以传感器实时采集环境数据，并经过机器学习算法的预处理，使数据更加准确和有价值。机器人通过AIGC系统实时分析环境数据，动态调整搬运路线和任务顺序，利用计算机视觉识别物品位置和状态，并通过自然语言处理技术理解并执行人类指令，显著提升其灵活性和智能化水平。

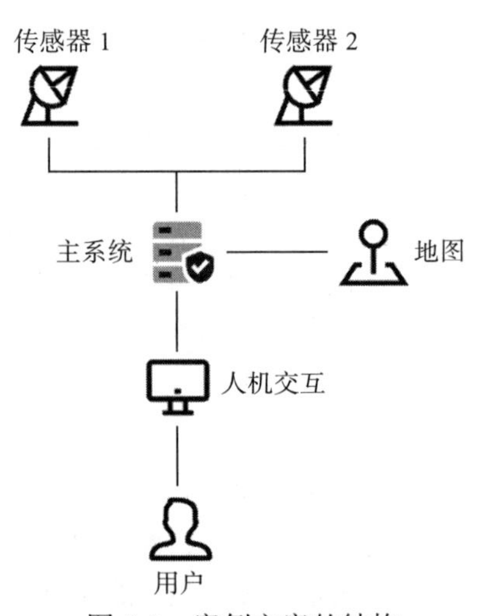

图 8-2 案例方案的结构拓扑图（2）

（2）方案架构

该方案的结构拓扑图如图 8-2 所示。

该方案将主要由以下几部分构成：

- ❑ 数据采集：机器人通过标准协议连接到自身的各类传感器，实时获取数据。这些传感器包括距离传感器、位置传感器等，能够提供机器人当前的环境信息、位置坐标等数据。通过实时数据采集，机器人能够准确感知周围环境，为后续的智能决策和控制提供基础数据支持。

- 数据分析：利用 AI 相关技术对传感器数据进行实时分析，解析机器人当前的位置和环境状况。通过机器学习算法，系统能够识别和预测机器人周围的障碍物，并对距离、速度、方向等信息进行精确计算。这不仅帮助机器人在复杂环境中导航，还能提高避障能力，确保任务的高效执行和安全性。
- 智能生成：在原有调度中心的调度任务的基础上，添加灵活的人机交互方式，实现需求下发或工单下发。通过自然语言处理技术，用户可以直接与系统对话，输入需求或指令，使得机器人调度更加灵活和智能。这种方式不仅简化了操作流程，还能根据实时情况动态调整任务，显著提升机器人的使用效率和适应性。

- *简单的工业机器人中一般使用纯雷达制导的方式实现数据采集。*
- *数据分析的重点是确保安全，因此该步骤的核心是通过雷达数据分析周边的障碍物。*

（3）实现步骤

该方案的实现步骤如下：

1）由于此方案主要面对的是设备内部的传感器数据采集，因此数据采集部分的功能实现无须赘述。数据采集工作将按照常规的标准步骤进行，包括连接传感器、校准设备、实时监测数据以及数据预处理等。传感器将通过标准协议与机器人系统连接，采集诸如距离、坐标等各种关键参数，确保数据的准确性和及时性，为后续的数据分析和智能决策提供可靠的基础。

2）通过多模态（参考第 4 章内容）技术对多个传感器的数据进行融合，机器人能够全面感知周边环境。这一过程整合了来自不同传感器的数据，如距离传感器的测距数据、位置传感器的位置信息等。通过多模态数据融合，系统可以形成对环境的全方位认知，从而实现更精准的避障功能。这不仅提高了机器人的安全性和导航能力，还确保其在复杂环境中高效执行任务。

值得注意的是，这一步骤实际上涉及如下两个重要的子步骤（功能）：

- 首先，多模态技术使机器人能够准确感知周围环境的各类信息。
- 其次，动态路径规划也是一个关键功能。机器人通过多模态技术产生的结果，生成并调整路径，以避开障碍物并找到最优路线。这种动态路径规划技术确保机器人能够在不断变化的环境中灵活应对各种情况，保证任务的顺利完成。

3）通过人机交互，用户能够直接基于对话的方式进行需求（或者工单）下发。其中需要注意的是用户可以通过自然语言向系统提出需求或工单，系统则会结合机器人已有的未完成工单进行综合规划，以确保任务的高效执行和资源的合理分配。

8.1.2 过程控制

在传感器技术应用领域中，尤其是工业行业，过程控制指的是使用传感器和控制系统来监测与调节生产过程中的各种参数，以确保工艺流程的稳定、优化和安全。过程控制的目标是维持生产系统在预设的操作条件下运行，以实现高效生产、提高产品质量和减少资源浪费。

说明：在 8.1.1 节中提到的反馈控制是过程控制的一种特殊应用。

AIGC 技术在过程控制这个领域的应用相对较为薄弱。过程控制注重的是严谨和稳定，需要尽量减少人为干预，以避免出现异常。而 AIGC 技术通过不停地与人交互获取真实需求，再反向通过系统进行一系列的调整，这一特性在过程控制阶段的应用受到限制。

因此，在过程控制阶段 AIGC 技术主要作为一种辅助技术应用，其主要作用体现在生成报告、生成策略等方面。实际在过程控制过程中，起主要作用的技术仍然是常规意义上的自动化控制技术和传统的 AI 技术。以下是 AIGC 在过程控制中的具体辅助应用场景及其实现细节。

1. 生成实时报告

AIGC 技术可以通过传感器收集的数据自动生成实时报告。这些报告能够详细展示生产过程中各个环节的运行状态，包括设备性能、生产效率、资源消耗等。

实现细节：

①数据采集：通过传感器实时采集数据，包括温度、压力、流量等关键参数。

②数据分析：利用 AIGC 技术对采集到的数据进行分析，识别出关键趋势和异常情况。

③报告生成：根据分析结果，自动生成详细的报告，并通过图表和文字形式展示给用户。

2. 优化控制策略

AIGC 技术可以根据历史数据和实时数据，自动生成优化的控制策略。通过分析不同操作条件下的系统响应，AIGC 系统能够为操作人员提供建议，帮助他们调整控制参数以优化生产过程。

实现细节：

①数据历史分析：分析历史操作数据，识别出最佳操作参数和条件。

②实时数据分析：结合实时数据，动态调整和优化控制策略。

③策略生成：自动生成优化的操作建议，并提供可视化的操作指南。

3. 异常检测与预警

AIGC 系统能够从传感器数据中自动检测出异常情况，并生成预警信息。通过机器学习算法，AIGC 系统可以识别出潜在的设备故障和生产问题，并提前发出警报，防止问题扩大。

实现细节：

①异常模式识别：通过机器学习算法，识别出数据中的异常模式。

②自动预警：一旦检测到异常情况，系统会自动生成预警信息，并通知相关操作人员。

③故障诊断：提供详细的故障诊断报告，帮助维护人员快速定位和解决问题。

4. 辅助决策支持

AIGC 技术能够为管理层提供决策支持，自动生成战略规划和优化建议。通过综合分析生产数据和市场需求，AIGC 系统可以为企业的生产和运营提供科学的指导。

实现细节：

①综合数据分析：分析生产数据、市场需求、资源消耗等多维度数据。

②战略规划生成：基于数据分析结果，自动生成生产和运营的战略规划和优化建议。

③交互反馈：通过人机交互，获取管理层的反馈，进一步调整和优化建议。

总的来说，虽然 AIGC 技术在实际控制过程中并不是主要技术，但通过生成报告、优化策略、异常检测和决策支持等方式，AIGC 技术为过程控制提供了重要的辅助支持，提高了生产效率和系统稳定性。

8.1.3　质量控制

在整个工业行业中，AI 相关技术能够发挥最大作用的领域之一就是质量控制。传统产线上，很多质量控制工作依赖于人的主观判断，这不仅效率低下，还容易受到人为因素的影响，如疲劳、经验不足等，从而导致质量检测的准确性和一致性下降。引入 AI 技术后，通过图像识别和自然语言处理等先进技术，可以实现自动化、智能化的质量检测。AI 系统能够实时分析生产过程中获取的图像数据，快速识别产品的外观缺陷、尺寸偏差等问题。同时，系统还能自动生成检测报告，提供详细的质量分析和改进建议。此外，AI 技术能够通过对大量历史检测数据的分析，发现潜在的质量问题趋势，预防问题的发生，提高整个生产过程的质量控制水平和效率。这不仅降低了人力成本，还大幅提升了产品的一致性和合格率，显著增强了企业的竞争力。

过程控制与质量控制的区别：

- 过程控制是指在生产过程中，通过调节和控制生产参数，确保过程的稳定和产品的质量一致性。它关注的是生产过程本身，通过监测和调节各种工艺参数，使生产过程保持在预定的控制范围内。
- 质量控制是指通过检查和测试，确保产品或服务符合预定的质量标准。它主要集中在产品的最终质量上，通过检测、测量和试验，发现并纠正产品缺陷，确保产品符合规格要求。

既然 AI 技术在质量控制阶段发挥着重要作用，那么其分支 AIGC 技术同样也可以在质量控制阶段发挥重要作用。AIGC 技术通过智能生成的能力，使得质量控制变得更加智能和高效。

在质量控制过程中，相较于常规的 AI 技术，AIGC 技术智能生成的能力主要体现在应对非标需求上。AI 技术相较于其他类型的技术在质量控制过程中已经能够满足一部分非标需求，AIGC 技术的应用则可以更加快速地支持非标需求。通过智能生成的能力，AIGC 技术能够根据具体情况生成定制化的质量检测方案和报告，从而快速响应并满足不同的质量检测需求。这样不仅提升了系统的灵活性和适应性，还能够更高效地处理复杂和多变的生产环境，提高整体质量控制的水平。

例 3：

有一家制造商拥有多条产线，每条产线都可以生产多种型号、规格的产品，而且随着市场需求的变化，每条产线在每个季度还会推出新的产品。如果使用常规的检测设备，那么结合计算机视觉（CV）与人工智能（AI）的技术特性，每新增一种产品时，均需要从软件层面进行大量的适配调整。这些适配调整涉及大量的参数设置和采集大量的负样本数据，以确保检测系统能够正确识别和处理新产品的特性。

AI技术的特性之一是数据驱动，因此要得到一个表现良好的AI功能（也称为AI模型），就需要采集大量的数据供模型进行学习。这对企业生产线的迭代是比较麻烦的，每次新产品上线都需要进行大量的数据采集和模型调整，导致生产效率降低，适应市场变化的能力减弱。

针对这些弊端，可以引入AIGC技术进行拓展应用。AIGC系统能够自动生成适应新产品的检测模型和参数设置，减少对人工干预的需求。通过智能生成的能力，AIGC系统可以快速适配新产品的检测需求，自动生成必要的检测数据和模型参数。这样不仅可以大幅减少数据采集和参数调整的工作量，还能提高检测系统的灵活性和适应性，使生产线更快响应市场需求变化，提高整体生产效率和质量控制水平。

此外，AIGC系统还能够在生产过程中实时生成报告和反馈，帮助操作人员及时了解生产状况并进行调整，进一步优化生产流程和质量控制。通过AIGC技术的应用，零件制造商可以更高效地管理多条产线的生产，确保产品质量，同时保持对市场需求变化的快速响应能力。

下面针对上述案例场景，制定一个AIGC应用方案。该方案概述如下。

（1）数据采集

这一环节的操作细节不再赘述。

（2）智能模型生成

利用AIGC技术，自动生成适应新产品的检测模型和参数设置。AIGC系统可以根据实时采集的数据，自动识别新产品的特性，生成相应的检测模型，减少人工干预的需求。通过深度学习和数据分析，AIGC系统能够不断优化检测模型，提升检测精度和效率。

（3）实时检测与反馈

在生产过程中，AIGC系统实时处理传感器采集的数据，进行产品质量检测。系统能够自动生成检测报告，识别产品缺陷，并提供改进建议。通过自然语言处理技术，AIGC系统生成易于理解的报告和反馈，帮助操作人员迅速了解产品质量状况。

（4）动态适应与优化

系统根据生产线上的实时数据，动态调整检测模型和参数设置。对于每个季度推出的新产品，系统自动进行适配调整，生成新的检测模型。这样不仅提高了检测系统的灵活性和适应性，还减少了数据采集和参数调整的工作量。

（5）人机交互与需求响应

通过自然语言处理和人机交互技术，操作人员可以直接与AIGC系统进行对话，快速下达需求或调整检测参数。系统根据已有的未完成工单规划进行响应，确保生产流程的连续性和稳定性。

上述方案的拓扑结构图如图 8-3 所示。

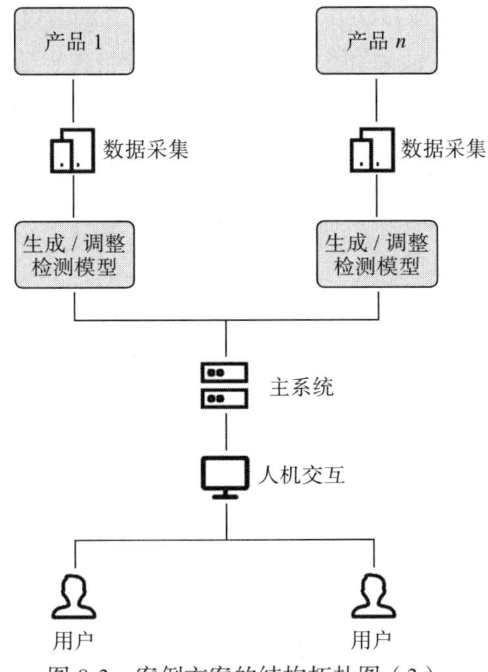

图 8-3　案例方案的结构拓扑图（3）

在参考常规 AI 检测设备方案时，发现 AIGC 拓展应用方案的拓扑图与之似乎没有太大差异。因此，为了突出本方案的核心使用逻辑，此处单独用一个业务流程图来展示核心逻辑，如图 8-4 所示。

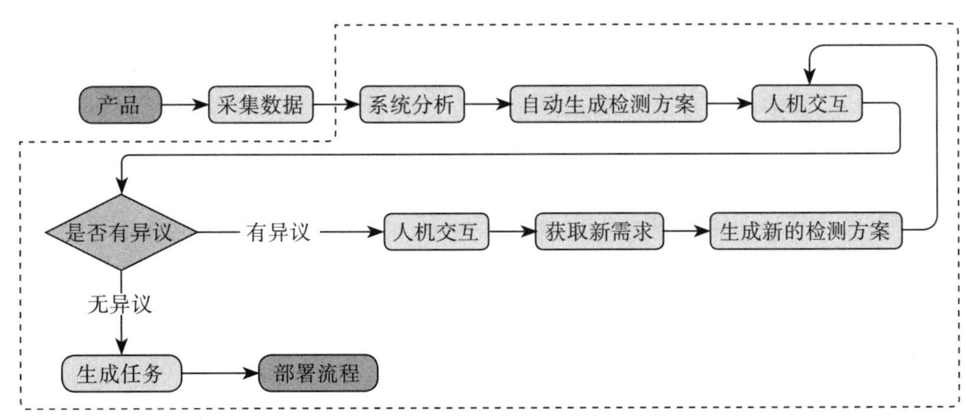

图 8-4　案例应用的核心使用逻辑

其中虚线标注的这部分逻辑，在常规的检测设备中，均是由专业的工程师实现的。而在 AIGC 系统中，用户可以直接通过人机交互让系统自动实现这个过程，而不再完全依赖于专业工程师。

8.1.4 设备维护

通过传感器监测设备的运行状态，系统能够及时检测和诊断设备的故障或异常，进行预防性维护，避免设备的突发故障和生产停机。通过分析传感器实时采集的数据，如振动、温度、压力等，系统可以识别出潜在的故障迹象。例如，异常振动可能预示着机械部件的磨损或松动；温度异常上升可能表示电机过载或散热不良。系统利用先进的故障诊断算法，对这些异常数据进行分析，判断故障的类型和严重程度，并生成维护建议。操作人员根据这些建议，提前进行维修和保养，从而大幅降低设备意外停机的风险，延长设备使用寿命，确保生产过程的连续性和稳定性。

此外，系统还可以通过历史数据和趋势分析，预测设备的维护周期和保养需求。这种基于数据的预测性维护策略，不仅可以降低维护成本，还能优化维护计划，提高设备的总体可用性和可靠性。通过大数据分析和机器学习技术，系统能够不断优化和改进故障诊断和预测算法，使得维护建议更加精准和高效。

在设备维护中，AIGC 技术的应用可以进一步提升系统的智能化水平和自主性。AIGC 技术不仅能够分析和解读设备运行数据，还能生成详细的维护报告和优化建议。例如，AIGC 系统可以根据传感器数据自动生成设备健康状态报告，指出潜在的故障点，并提出具体的维护措施。这些报告不仅涵盖了设备当前的运行状况，还包括基于历史数据的趋势分析和预测，帮助操作人员做出更准确的维护决策。

AIGC 技术还可以实现与操作人员的自然语言交互，提升维护工作的便捷性和高效性。操作人员可以通过语音或文本输入的方式，向系统查询设备的运行状态和维护建议。系统则通过自然语言处理技术，理解用户的需求并生成相应的反馈。例如，操作人员可以询问“设备 X 的温度状态如何？”系统会即时分析相关数据，并生成详细的温度状态报告，提供给操作人员。

此外，AIGC 技术还可以整合多源数据，进行深度学习和分析，提前预测潜在的质量问题，减少生产过程中的返工和浪费。这样不仅提高了质量检测的准确性和效率，还优化了整个生产过程，确保产品符合高标准的质量要求。

8.2 传感技术与 AIGC 融合应用的实现

在第 4 章中介绍了 AIGC 系统内部功能层面的信息融合。本节将基于第 4 章的内容进行综合应用，详细探讨 AIGC 与传感技术的融合应用实现，即将技术与行业、领域的应用需求紧密结合起来，提升智能制造的效率和质量。

AIGC 技术与传感技术的融合，标志着智能制造进入一个新的阶段。传感技术能够实时采集各种生产参数，而 AIGC 技术则可以对这些数据进行智能分析和处理，从而实现自主决策与优化。这种融合应用不仅可以提高生产线的灵活性和适应性，还能显著提升整体生产效率和质量。

AIGC 与传感技术的融合属于应用层面，多模态技术作为其底层技术支撑。

关于 AIGC 技术在传感技术领域中的应用场景，8.1 节中已通过几个简单的案例进行详细介绍。通过这些案例可以发现，AIGC 技术并不总是理想化的解决方案，也无法在任意领域随意应用。

因此，本节将从实际项目的角度出发，探讨 AIGC 技术在传感技术中的具体实现方法。分析在实际应用过程中可能遇到的挑战，提供相应的解决方案和策略，并总结实际项目中的经验和教训。通过这些具体的实例，读者可以更好地理解 AIGC 技术的实际应用价值和潜力。

本节讨论的主要问题包括：在具体项目中如何有效地将 AIGC 技术应用于传感技术；在数据采集、处理、分析和反馈等过程中如何优化 AIGC 功能，以提升传感系统的整体性能。同时，本节将详细介绍具体的优化策略，包括算法调优、系统集成等方面的内容。

8.2.1　系统集成与优化

任何系统的设计和应用过程，其实都可以分为两个大的步骤：第一步是按照相关的理论设计进行逻辑和业务实现，这一步主要是为了完成基本的需求；第二步则是结合实际的应用环境、需求等客观因素进行系统的集成与优化，重点在优化上。

在实际操作中，对于 AIGC 系统，首先需要进行理论设计和实现（参考第 7 章内容），确保系统能够满足预期的功能需求。这包括设计系统的架构、定义各模块的功能、编写代码以及进行初步测试。满足基本功能需求后，就进入系统集成与优化阶段。

在这一阶段，需要根据实际应用环境和具体需求对 AIGC 系统进行细致调整与优化。通过性能监控、负载测试、用户反馈等方式，发现并解决系统中的瓶颈和问题，从而提升系统的运行效率、稳定性和用户体验。这个过程是一个不断迭代和改进的循环，直到系统能够在实际应用中高效、可靠地运行。

综合来说，将 AIGC 技术与传感器技术相结合，可以显著提升系统的智能化程度和响应能力。再通过系统集成与优化，可以在智能化的基础上，实现更高效的数据处理、更加精准的预测和更灵活的控制策略，从而提升整个系统的性能和可靠性。

1. 实现方案概述

为了实现 AIGC 系统高效、可靠的目标，需要对系统架构进行模块化设计，确保各功能模块能够高效协同工作。同时，选择合适的数据传输协议、优化数据管理策略，确保数据在系统中的流通顺畅。此外，硬件与软件的协调优化也至关重要，需要平衡传感器和计算单元的资源分配，实现实时处理与批处理的有机结合。性能监控与调优是系统持续高效运行的保障，通过设定和监控关键性能指标，及时发现和解决系统瓶颈。最后，安全性与可靠性是系统稳定运行的基础，需要制定全面的安全策略，确保数据和系统的完整性与一致性，并具备快速故障恢复的能力。

通过这些措施，AIGC 系统与传感技术的融合可以达到更高水平的集成与优化，实现智能制造和工业自动化的目标。

系统集成与优化是一个多层次、多方面的过程，需要从软硬件结构、数据流管理、性能优化等方面进行综合考虑和实践。

以下基于第 7 章中完成系统初步设计与开发的前提条件进行介绍。

2. 模块化设计

将 AIGC 系统与传感技术的各个组成部分进行模块化划分，确保模块之间的接口和通信畅通（参考第 5 章 AIGC 功能设计的内容进行相关的模块设计）。

（1）数据采集与预处理注意事项

AIGC 技术在传感技术领域中的应用难点之一是数据的采集与预处理。在前面，如 4.3.3 节和 5.2 节，已经介绍了如何处理传感器的数据，并在其他章节中也频繁提及数据采集与预处理。这看似是一个简单的步骤，可以用几句话描述清楚，但在实际传感技术的应用中却非常难以实现，原因如下：

- 传感器多样性：不同类型、制造商和型号的传感器，导致采集的数据格式、精度和通信协议各不相同，增加了数据处理的复杂性。
- 数据质量问题：传感器数据可能包含噪声、缺失值和异常值，需要复杂的预处理步骤来清洗和校正，以确保数据的可靠性和准确性。
- 实时性要求：工业应用中往往需要实时数据处理，延迟和数据传输速度成为关键问题。实时性要求对系统的计算能力和算法效率提出了很高的要求。
- 数据量巨大：工业传感器通常会产生海量数据，这对数据存储、传输和处理能力提出了极高的要求，需要高效的算法和强大的计算资源。
- 环境干扰：工业环境中存在各种干扰因素，如电磁干扰、温度变化等，这些都会影响传感器数据的准确性，增加了数据采集和预处理的难度。

针对上述这些问题，解决方案之一是收集大量的信息进行冗余开发，以确保系统功能能够尽可能满足实际应用中的特殊情况。这种方法虽然简单粗暴，但在面对复杂的工业环境时，往往是最有效的手段。

（2）集成算法 / 模型的注意事项

系统集成与优化中的另一个难点是选择合适的数据处理算法或模型。这需要结合应用行业的特性来进行选择和调整。

1）当涉及制造业时，常用的算法包括：

- 时序分析：时序分析是一种用于处理时间序列数据的技术，可以帮助监测和预测生产过程中的趋势、周期性变化以及异常情况。通过时序分析，可以及时发现生产线上的异常情况，从而采取相应的措施进行调整，确保生产过程的稳定性和高效性。
- 异常检测：异常检测算法用于识别生产过程中的异常情况，如设备故障、材料损坏或操作错误等。通过监测生产过程中的数据，并与预设的模型进行比较，可以及时发现异常情况并进行处理，以防止生产中断或品质问题。
- 预测性维护模型：预测性维护模型利用历史数据和机器学习算法来预测设备的故障与维护需求。通过分析设备的运行状况和性能数据，预测性维护模型可以提前发现潜在的故障迹象，并采取适当的维护措施，以避免设备损坏和生产中断。

2）在环境监测方面，常用的算法包括：

- ❑ 分类算法：分类算法用于对环境监测数据进行分类，如对不同类型的污染物进行分类或识别。通过监测环境参数并与预设的模型进行比较，可以及时发现环境中的异常情况，并采取相应的措施进行调控，以确保生产安全和环境保护。
- ❑ 回归算法：回归算法用于分析环境监测数据中的趋势和关联性，如分析环境参数随时间的变化趋势或与其他参数之间的关系。通过回归分析，可以预测环境参数未来的变化趋势，从而提前采取必要的措施，确保环境监测的准确性和及时性。

3）当涉及自动化控制、反馈控制时，常用的算法包括：

- ❑ 自适应控制算法：自适应控制算法是一种能够根据系统动态特性自动调整控制参数的算法。它可以实时地对系统参数进行估计和调整，以适应不断变化的工作条件和环境。
- ❑ 模糊控制算法：模糊控制算法是一种基于模糊逻辑理论的控制方法，它可以处理复杂、模糊的系统和输入输出关系。与传统的精确控制方法相比，模糊控制算法更适用于复杂的非线性系统和模糊的环境条件。
- ❑ 模型预测控制算法：模型预测控制算法是一种基于系统动态模型的控制方法，它通过预测系统未来行为来优化控制策略。模型预测控制算法能够考虑系统的时变性和非线性特性，实现对系统的精确控制和优化。

4）在 3C 行业（计算机、通信、消费电子）、仪器等领域，常用的算法包括：

- ❑ 图像处理算法：图像处理算法用于处理数字图像数据，如图像增强、边缘检测、目标识别和跟踪等。在 3C 行业中，图像处理算法常用于图像识别、人脸识别、手势识别等应用；而在精密制造和仪器领域，则常用于质量检测、表面缺陷检测和精确测量等任务。
- ❑ 数据挖掘算法：数据挖掘算法用于从大规模数据中发现隐藏的模式和关联性。在 3C 行业中，数据挖掘算法常用于用户行为分析、推荐系统和广告投放优化等；在精密制造和仪器领域，则常用于生产过程优化、故障诊断和预测性维护等任务。

在特定行业、技术领域的项目中，如果系统只集成了少量相关算法，就会导致在应用系统时缺乏必要的功能支持。

假设系统只使用了逻辑回归算法来对数据进行分类。现在有一组数据，其可视化示例如图 8-5 所示。然而，经验表明逻辑回归算法在处理非线性数据时表现不佳。在这种情况下，使用逻辑回归算法处理示例数据得到的分类结果可能会很差，如图 8-6 所示。

此时如果系统没有其他更合适的算法可供选用，那么最终就会造成整个 AIGC 系统输出给使用者的分类结果的质量大幅下降，甚至依赖这些结果生成的报告、决策都会出现极大的偏差。

总结来说，选择合适的数据处理算法或模型，不仅需要考虑应用行业的特性，还需要结合数据的特性、实时性要求以及计算资源的限制等多方面因素，比如前面 5.2.2 节中提到的还需要结合数据特点、硬件环境等信息选择算法。只有这样，才能充分发挥 AIGC 技术在各个领域中的优势，提高系统的智能化和自动化水平。

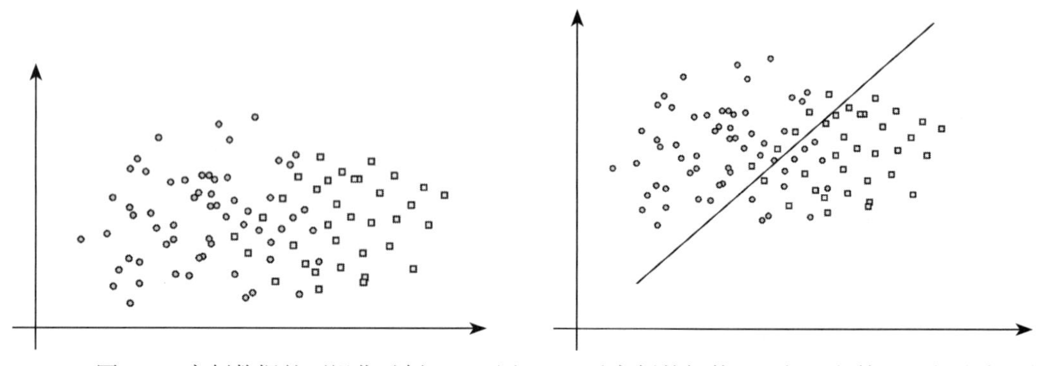

图 8-5　案例数据的可视化示例　　图 8-6　对案例数据使用逻辑回归算法进行分类的结果

针对特定行业或领域的AIGC系统不需要像大型模型应用（如ChatGPT）那样集成大量内容，而可以有选择性地集成与该行业或领域高度相关的内容。这样处理还有一个潜在目的就是控制技术应用的成本。

---

3. 软件设计

在软件方面，需要精心设计并优化算法及数据处理流程，以实现实时监测、数据分析和反馈控制等功能。在工业行业的实践中，这涉及下列多个方面的考量和实现。

（1）数据流程设计

数据处理流程的设计至关重要，特别是在传感器数据采集和处理方面，需要确保数据的实时传输、合理的处理，以便及时发现异常情况并采取相应的措施。面对多端数据的情况，需要汇总多个传感器的数据到系统中，更需要考虑如何高效地进行数据汇总以及数据处理。

AIGC系统的设计是一个综合性的应用，其核心特点之一是集成了多种AI技术。然而，AI技术通常需要大量的计算资源，比如内存、算力、带宽等。因此，如果在系统设计中不对数据处理流程进行合理的规划和设计，就会导致系统的性能出现问题。

通过合理的数据处理流程设计，可以确保系统在获取到数据后能够高效地进行运算和处理。如果没有经过合理设计的数据处理流程，就可能导致系统运行缓慢、响应不准确甚至宕机等。

在软件设计层面，可以采取分层级的汇总设计方式。首先，需要确定在哪些位置进行数据的汇总。这可能涉及在设备端、边缘端或云端进行数据汇总的决策。其次，需要明确不同数据的传输方式。对于重要且需要实时监测的数据，可以采取优先级较高的传输方式，如直接通过高速网络进行端到端的传输直至系统；而对于一些非关键性数据，则可以采取批量传输或定时传输的方式，以减少网络带宽的占用和系统资源的消耗。此外，还需要考虑数据的压缩和加密等技术，以确保数据传输的效率和安全性。

在实际应用中，还需要根据具体的场景和需求，灵活调整数据处理流程。例如，在工业生产环境中，对于需要实时监测和控制的关键参数，可以采取边缘计算的方式，在设备端进行数据处理和分析，减少对网络带宽的依赖，提高系统的响应速度和稳定性；而对于一些历史数据分析和长期趋势预测，则可以将数据存储在云端进行集中管理和分析，利用云计算平台的弹性和扩展性，实现对大规模数据的高效处理和挖掘。并且，在规划数据处理流程时，还需要结合本身数据的意义以及可能的环境限制进行分类处理。

实际的数据处理流程严格意义上并不是单纯在软件方面就能实现的。比如，如果要实现数据的多级汇总，还需要配合硬件一起实现。

例 4：

有一组传感器数据如表 8-1 所示，现系统有一个功能需要对该数据进行异常监测。

表 8-1　传感器数据示例

记录序号	1	2	3	4	5	6	7	8
数据	25	24.8	25.1	25.4	23.1	11	26.4	24.7

如果这组数据是温度传感器对室温的监测数据，那么在数据流程中就会把序号为 6 的数据当作传感器异常值剔除（因为室温不可能在极短时间内出现如此大的波动，唯一造成这种情况的原因就是采集的数据有问题），从而对剩下的数据进行异常检测，最终得到的结果是：序号 7 的数据最离散，为异常值。

如果这组数据是关于压力传感器的监测数据，那么可以得到的结果是：序号为 6 的数据异常。

由此可见，如果不对数据处理进行流程化的设计，同样的数据在不同情况下得出的结论是有偏差的。

（2）数据安全性

在软件层面还需要重视数据安全和隐私保护等方面的影响。在工业领域，往往涉及大量的机密信息和关键数据，因此需要采取相应的措施来确保数据的安全性。

一般遵循的原则包括：

- 访问控制：对系统内部的访问进行严格控制，确保只有授权人员才能访问关键数据和系统功能。可以采用多因素认证和角色权限管理等技术手段。
- 数据加密：对传输和存储的数据进行加密处理，确保数据在传输过程中和存储时的安全性。常用的加密技术包括对称加密和非对称加密。
- 日志记录和监控：系统内部的日志记录所有的操作和访问行为，并定期进行审计和监控，及时发现和应对潜在的安全威胁。日志记录应包括时间戳、操作类型、操作人等详细信息。
- 数据备份与恢复：定期对重要数据进行备份，确保在发生数据损坏或丢失的情况时能够迅速恢复。备份数据应存储在安全的环境中，并定期进行恢复演练。
- 隐私保护：对涉及个人隐私的数据进行脱敏处理，并遵循相关法律法规，确保数据隐私保护的合规性。可以采用数据匿名化和伪装等技术手段。

（3）性能监控与调优

通过性能监控与调优，不断优化系统的运行效率和响应速度，使其能够适应不同场景和需求的变化，实现系统集成与优化的目标。

AI 相关的技术在实际应用时都面临一个客观问题：需要系统能够自调整。目的就是让系统能够适应场景、需求的变化。这种自调整不仅仅是 6.2 节中提到的功能层面的自适应（包括模型参数调整、策略调整等），还包括资源调整。

一般实现资源调整的技术手段是负载均衡，即对于多传感器和多任务的环境，确保各个传感器的数据处理任务能够均匀分布在系统的各个计算节点上。负载均衡通过自动调度算法来实现任务分配，确保系统在高负载情况下仍能平稳运行。

此处提到的“计算节点”是一个泛称。它可以是分布式系统中的其他运算设备，可以是边缘端设备，也可以是同一台服务器中的不同运算单元。

自动调度算法的实现主要包括以下几个核心步骤：

①系统维护一个全局任务队列，将所有待处理的任务放入其中。

②通过负载监控，实时收集各计算节点的负载信息，如 CPU 使用率、内存使用率和网络带宽使用情况。

③基于这些数据，调度器根据特定的任务分配策略（如轮询调度、最小连接数调度、加权调度、最小负载调度等）将任务分配给适当的节点。为了确保系统性能的优化和资源的高效利用，调度器会动态调整任务分配策略。当某个节点负载过高时，调度器会减少分配给该节点的任务量，并转移到负载较轻的节点。此外，调度器还具备故障检测和处理能力，能够在节点出现故障时重新分配任务，确保系统的稳定性和可靠性。

8.2.2 实时性与可靠性

实时性和可靠性是任何 AI 相关技术在落地应用时都必须关注的两个关键点。实时性是指从输入数据到输出结果或系统做出反馈的整个过程耗时要非常短，确保系统能够及时响应和处理数据。可靠性是指系统的运行必须稳定，不受其他不相关因素的干扰，能够持续提供准确和可靠的结果。

（1）边缘计算与云计算协同

边缘计算与云计算协同是一种结合边缘计算和云计算优势的技术方案。边缘计算将数据处理能力下移到靠近数据源的边缘设备，如传感器、网关、本地服务器等，减少大量数据传输的延迟。云计算则提供集中化的强大计算资源和存储能力，用于大规模数据处理和长期存储。通过协同工作，边缘计算负责实时数据处理和初步分析，而云计算处理复杂计算任务和大数据分析，实现更高效、灵活的系统架构。

该方案需要系统应用的环境有相关的设备支持。如果没有边缘设备可供使用，则不用考虑本方案。

该方案应用还有一大特点：如果整个系统中涉及对设备的控制，则采用边缘计算的方式可以使设备在系统离线的情况下仍可进行工作。边缘设备可以在没有网络连接的情况下

独立运行，继续监测、控制设备。例如，在智能工厂中，如果网络连接中断，边缘设备仍能控制生产线的运行，保证生产过程的连续性和稳定性。

现阶段，无论是常规的工业自动化还是智能工业，边缘计算技术都被广泛应用于传感数据的实时监测和处理。该方案的核心理念是在传感器或边缘设备上实现对传感数据的实时监测和初步分析，以提高系统的响应速度和可靠性。

边缘设备位于传感器附近，具备一定的计算能力，可以执行数据过滤、预处理、异常检测等任务。这种方式减少了对中央系统的依赖，降低了数据传输的延时和网络带宽压力。同时，边缘设备的本地控制功能可以在网络中断时继续工作，确保系统的连续性和稳定性。

（2）硬件加速

如果系统所能调度的硬件资源含有计算硬件，那么需要在系统应用的过程中考虑使用硬件加速技术。

硬件加速技术方案是指利用专门设计的硬件来提高特定应用程序的性能和效率。这些技术方案通常涉及将计算任务委托给专用硬件来执行，从而加速处理速度和降低功耗。

其中典型的硬件加速技术有两种：GPU 加速与 CPU 加速。

- GPU 加速在处理大规模并行计算任务时具有优势，因为 GPU 拥有大量的核心和并行计算能力，能够同时处理多个任务，适用于深度学习、图像处理和科学计算等应用。
- 相比之下，CPU 加速更适合顺序执行和复杂逻辑计算任务，因为 CPU 拥有更强的单线程性能和灵活的控制能力，适用于处理串行代码和复杂的逻辑运算。

因此，在系统应用过程中，需要根据任务的特点和硬件资源的情况，综合考虑 GPU 加速和 CPU 加速的优劣，选择合适的硬件加速技术来提升系统性能和效率。

在实际编程中，每种技术栈都有自己的实现方式和工具支持，比如，在 Python 中可以使用 NumPy 和 PyTorch 等库来利用 GPU 加速深度学习模型的训练，在 C++ 中可以使用 CUDA 来编写 GPU 加速的程序，等。这些工具和库提供了高效的接口和算法实现，使开发者能够更轻松地利用硬件加速技术来提升计算性能。因此，这部分内容不会深入具体的编程实现细节，而是提供概览，让读者了解硬件加速技术的基本原理和应用场景。

8.3 案例分析：AIGC 增强设备的感知能力

8.3.1 案例背景

1. 案例描述

在现代自动化工厂中，拥有多条高度灵活的生产线。这些生产线不仅具备高效、稳定的生产能力，而且能够根据市场需求和反馈进行动态调整，以适应多样化的产品制造。例如，假设 A 产线原本专注于生产 a 产品，B 产线则负责生产 b 产品。然而，当市场对 b 产品的需求增加时，为了迅速响应市场变化，A 产线可能需要调整策略，转而生产 b 产品。

在这种背景下，传统的传感技术虽然能够实现一定程度的过程监控和质量控制，但在面对复杂多变的生产环境时，其局限性逐渐显现。因此，有必要引入先进的AIGC技术，以提升生产线的智能化水平。

AIGC技术通过深度学习和算法优化，能够实时分析和处理大量生产数据，预测潜在的问题和挑战，并自动调整生产参数和工艺流程，确保生产线始终保持最优状态。此外，AIGC还可以辅助制定更加科学合理的生产计划，提高资源利用效率，降低生产成本。

综上所述，通过将AIGC技术融入自动化生产线的过程监控和质量控制中，可以显著提升生产线的灵活性和适应性，满足不断变化的市场需求，推动制造业向智能化、绿色化方向发展。

2. 核心功能 / 需求描述

本案例将重点探讨AIGC技术在自动化生产线中配合传感技术产生的创新应用及其核心功能。AIGC技术作为人工智能领域的前沿技术，在工业自动化中的应用具有显著的优势。这些优势不仅体现在其强大的数据处理能力和深度学习算法上，还包括其强大的自适应调整能力和易于人机交互的特点。

此处仅对与AIGC技术关联性强的核心功能和需求进行介绍，其他与AIGC关联性不大的功能已省略。

（1）自适应生产调度

系统通过实时分析市场需求、原材料供应情况以及设备状态等多维度数据，能够自动优化生产调度计划。它能够预测市场趋势，提前调整生产策略，如在市场需求增加时，快速调配资源，提高生产效率。

（2）质量控制

利用AIGC技术，生产线可以对生产过程中的关键参数进行实时监控，并通过深度学习模型预测潜在的质量问题。一旦检测到异常，系统可以自动调整工艺参数或停机进行维护，从而确保产品质量的稳定性。

（3）资源优化配置

系统能够对生产线上的资源使用情况进行精细化管理，通过优化能源和原材料的使用，减少浪费，降低生产成本，同时提高生产效率。

（4）故障预防与维护

系统可以通过持续收集和分析设备运行数据，预测设备故障，提前采取维护措施，减少意外停机时间，保障生产线的稳定运行。

（5）人机协作增强

系统可以协助操作员更有效地完成工作，通过提供实时的生产信息和预警，减轻操作员的工作负担，提高工作效率和安全性。

（6）持续学习与改进

AIGC技术具有持续学习的能力，它可以从历史数据中学习，不断优化自身的性能，提高预测和决策的准确性，使生产线能够适应不断变化的生产环境。

8.3.2　方案介绍

1. 方案概述

该方案是直接根据上述案例背景拆解的核心功能 / 需求进行设计的。整个方案的拓扑图如图 8-7 所示。

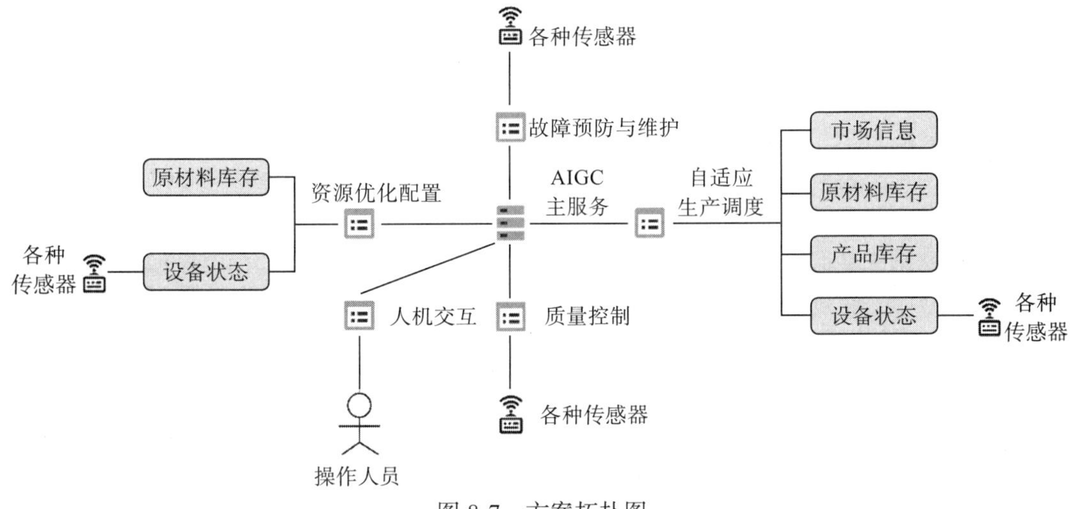

图 8-7　方案拓扑图

该方案的主要思路如下：

①整个案例实现的中心是一个 AIGC 云服务（即图中的“AIGC 主服务”）。

②每个核心功能模块均与主服务进行直接交互，相互之间不进行任何通信，即保持“一言堂”的设计方式，目的是确保所有的数据必须经过主服务，为主服务的隐藏功能“持续学习与改进”提供必要的数据支撑。

③在方案拓扑图中可以观察到各个功能模块与传感器的连接方式。其中，“质量控制”“故障预防与维护”两个功能模块直接与传感器进行交互，这是由这两个功能模块对于安全性和稳定性的高要求所决定的。而“资源优化配置”“自适应生产调度”两个功能模块则通过“设备状态”功能间接获取传感器数据，实现对生产过程的有效管理。这样的层级划分不仅体现了各功能模块的重要性和特性，还保证了数据传输的高效性和准确性。

此处的“设备状态”是一个泛指，既可以由一个专门处理传感器数据的边缘设备实现，也可以由一个前端软件实现。笔者在实际实施的过程中是将其作为一个前端软件进行设计与开发的。

---

④“人机交互”功能是系统的核心组成部分，它允许系统与人类用户进行有效的交流。通过这项功能，系统能够识别和理解用户的需求，并将这些需求转换成系统能够执行的命令。这种交互机制是实现人机协同工作的关键，确保了系统能够按照用户的意图进行操作。

2. 人机交互功能设计

方案中的人机交互功能设计仍然采用基于检索式对话模型实现。这种设计方式的优势如下：

- 操作人员只需要提供关键词或简单的查询操作就能得到所需的信息或服务。
- 检索式对话模型的结构简单，容易维护和更新，降低了长期运营成本。而且这一结构的模型还可以相对容易地进行扩展和升级，以适应新的应用场景和功能需求。
- 即使操作人员输入有误或不完整，基于检索式对话模型也能通过关键词匹配等技术找到正确的信息，提高了交互的鲁棒性。

本案例采用DPR（Dense Passage Retrieval）模型实现，这是Meta提出的一个基于BERT的检索模型。由于有许多相关的开源项目可供参考和应用，因此这里不详细介绍。在自定义设计和开发过程中，只需注意对齐数据结构和数据格式即可。

设计的原则遵从5.3节所讲的语义分析内容进行，核心还是在于术语库（知识库）的设计。下面提供一个针对案例实现的术语库实例。

"知识库"的概念在前面的内容中并没有被提及过。它一个集合结构化信息的数据库，旨在支持决策制定、问题解决和业务流程。它包含大量的事实数据、规则、启发式知识和学习材料，可以由人工或计算机系统进行查询和推理。知识库的目的是提供易于访问的知识资源，以辅助用户更快地获取答案和解决问题。严格来说术语库属于知识库中的一种，其设计的方式与术语库设计的方式大同小异。

该实例仅供参考，包含的信息并不完整。其中展示的内容为实际知识库中每个类别中的一条信息。

```
- 名称 : 设备状态
  类别 : 设备管理
  描述 : 查询设备的当前状态信息
  示例 :
    - 查询设备状态
    - 查看设备 A 的状态
    - 设备状态检查
  响应 : check_device_status

- 名称 : 设备故障
  类别 : 设备管理
  描述 : 获取设备故障的详细信息和解决方案
  示例 :
    - 报告设备故障
    - 设备故障代码 10000
    - 查询设备 A 故障详情
  响应 : get_device_fault_info

- 名称 : 维护计划
  类别 : 设备管理
  描述 : 查看设备的维护计划和历史记录
```

```
  示例：
    - 查看设备 A 的维护计划
    - 设备维护记录
    - 查询设备 B 维护历史
  响应：get_maintenance_schedule

- 名称：库存查询
  类别：库存管理
  描述：查询零件的库存情况
  示例：
    - 库存查询零件 ABC
    - 查询库存
    - 查看零件库存
  响应：check_inventory
```

其中：

- “名称”部分定义了具体的标准术语，如“设备状态”和“设备故障”，并为每个术语分配了“类别”和“描述”，同时指明了响应功能（对应代码中的执行函数名）。
- “类别”部分将术语按类别进行归类，便于检索。
- “响应”部分定义了每个术语对应的响应功能，允许系统根据输入查询动态生成响应内容。

在实际设计中，每种类别的所有术语、响应功能等都是以独立的配置文件形式存在的，这样做是为了便于管理与扩展。此外，实际设计的术语库中的索引（即“:”的前面部分）用的是英文，此处为展示翻译成了中文。使用英文索引是因为许多编程语言、库和工具对英文支持更好，使用英文索引可以减少编码问题，提升系统的兼容性以及综合响应速度。如下为真实存在系统源码中的一条术语：

```
name: 设备状态
classes: 设备管理
info: 查询设备的当前状态信息
description:
- 查询设备状态
- 查看设备 A 的状态
- 设备状态检查
response: check_device_status
```

基于上述基础内容，可以完成对 AIGC 系统的配置设计与开发。每个 YAML 文件分别涵盖了设备状态、故障信息、维护计划、库存情况、操作指南、技术支持、软件更新、安全检查、能耗监测、设备清单以及温度监控等各个方面的信息。通过这些详细且结构化的数据文件，系统可以高效管理和监控设备的运行状况、维护需求和能耗情况等。最终整个系统配置的向导设计如下（代码中展示的各种文件，并不会在示例中全部体现）。

- 向导，简单地理解就是有一个文件夹专门存储了各种文件，需要用一个名叫“__init__.py”的文件将所有的文件内容加载到系统中，并使系统能够以一种更加便捷的方式访问各文件中的内容。这个名叫“__init__.py”的文件就是向导。

- 由于整个AIGC系统是基于Python开发，因此配置文件采用YAML格式（对应带有.yaml后缀的文件）进行设计。这种文件的数据格式简洁明了，易于修改和更新，降低了维护成本。

```
"""
config/
├── __init__.py      加载各种配置内容至命名空间
├── device_status.yaml
    作用：描述设备的当前状态信息的接口，如设备是否正常运行、设备的健康状态、各个关键参数的实时值等。
    用途：用于监控设备的运行状况，帮助技术人员及时发现设备的异常情况，保障设备的正常运行。
├── device_fault.yaml
    作用：记录设备的故障信息和相应的解决方案，包括故障代码、故障描述、可能的原因及处理方法。
    用途：帮助技术人员快速诊断和修复设备故障，减少设备停机时间，提高设备的维护效率。
├── maintenance_schedule.yaml
    作用：包含设备的维护计划和历史记录，包括维护日期、维护内容、维护人员等信息。
    用途：用于计划和记录设备的日常维护工作，确保设备得到定期检查和保养，延长设备使用寿命。
├── inventory.yaml
    作用：记录零件和物料的库存情况，包括零件编号、名称、数量、存放位置等。
    用途：帮助管理和查询零件库存，确保生产所需零件的及时供应，避免因缺件而影响生产进度。
├── operation_guide.yaml
    作用： 提供设备的操作手册和常见问题解答，包括操作步骤、安全注意事项、常见问题及其解决方法等
      （简单理解就是将操作手册、技术手册等相关文档进行了拆解）。
    用途：为操作人员提供详细的操作指南和支持文档，帮助其正确操作设备，减少操作失误。
├── support.yaml
    作用：包含技术支持团队的联系方式和支持流程，包括支持电话、邮箱、支持时间等信息。
    用途：为用户提供快速联系技术支持的途径，确保在遇到问题时能及时获得帮助。
├── software_update.yaml
    作用：记录设备的固件或软件更新情况，包括当前版本、可用更新、更新内容、更新时间等。
    用途：帮助管理和推送设备的软件更新，确保设备运行最新的软件版本，提高设备性能和安全性。
├── safety_check.yaml
    作用：存储设备的安全检查记录和合规性报告，包括检查日期、检查内容、检查结果等。
    用途：用于记录和追踪设备的安全检查情况，确保设备符合相关安全标准和法规要求。
├── energy_monitor.yaml
    作用：记录设备的能耗数据和节能建议，包括实时能耗、历史能耗、能耗分析等。
    用途：监测设备的能源消耗情况，提供节能优化建议，帮助降低能源成本，提高能源利用效率。
├── device_list.yaml
    作用：包含所有已注册设备的列表及其基本信息，包括设备编号、名称、型号、安装位置等。
    用途：用于管理和查询所有设备的信息，提供设备的基本概览，方便进行设备管理和调度。
└── temperature_monitor.yaml
    作用：记录设备的实时温度和历史温度数据，包括温度传感器读数、温度变化趋势等。
    用途：用于监控设备的温度情况，及时发现温度异常，防止设备过热或过冷，提高设备运行的可靠性。
"""

import os
import yaml

# 获取当前文件夹的路径
config_dir = os.path.dirname(os.path.abspath(__file__))
config = {}
```

```
# 遍历当前文件夹中的所有 YAML 文件
for filename in os.listdir(config_dir):
    if filename.endswith('.yaml'):
        # 获取文件的完整路径
        file_path = os.path.join(config_dir, filename)
        # 获取不带扩展名的文件名作为字典的键
        key = os.path.splitext(filename)[0]
        # 打开并加载 YAML 文件
        with open(file_path, 'r', encoding='utf-8') as file:
            config[key] = yaml.safe_load(file)

# 将加载的配置暴露在包的命名空间中。其他代码就可以通过"config."的方式直接访问各配置的内容
globals().update(config)
```

3. 质量控制功能设计

质量控制功能的核心在于对各种相关数据（如传感数据）进行实时分析，以便及时发现潜在问题。这些问题不仅会被反馈给操作人员，还会传递给系统的上游部分。系统上游可以自动调整工艺参数，或者操作人员可以根据系统的反馈进行相应的工艺调整，从而确保生产过程的稳定性和产品质量的提升。

因此，该功能的重点是参考第 4 章的多模态相关内容，实现对各种信息源的多模态融合与感知。而多模态技术在实际应用中，不仅要关注单一的多模态技术，还要考虑技术之间的切换（可以简单理解为模型切换）。这种切换能够提高系统的灵活性和适应性，应对不同场景下的复杂需求。因此，本案例将侧重于展示如何对多模态技术进行合理的落地应用，确保其在实际生产环境中的有效性和可靠性。

在实际应用过程中，不同的产品可能依赖于不同类型的传感器数据。例如，有些产品需要结合温度传感器的数据进行分析，而有些产品则需要结合压力传感器的数据进行分析。对于非技术背景的操作人员来说，这些传感器和相关技术是完全陌生的。因此，系统设计的重点在于让系统能够根据实际情景自动切换技术或模型。

例如，当温度传感器、湿度传感器、压力传感器、位置传感器等各种传感器数据同时汇总到系统中时，系统需要自动识别这些数据并进行相应的分析。基于不同的传感器数据，系统应能选择最适合的模型进行处理，从而确保数据分析的准确性和效率。这样一来，系统在面对不同产品和应用场景时，能够灵活应对，自动调整分析方法和模型，简化操作人员的工作，提升系统的智能化程度和实用性。

虽然系统直接获取的传感器数据很多，但是实际有用的数据是有限的。而且不同的数据类型、数据量，在不同的模型上表现也各有千秋（参考 6.2.3 节的内容）。

以下代码展示了一个自动调整分析模型的示例。该示例使用 Python 技术栈中的 sklearn 库来实现机器学习功能。功能的实现方法并不唯一，但这种方法可以有效地展示如何根据不同传感器数据自动选择最佳模型进行分析。

```
class QualityControlSystem:
    def __init__(self, data_path):
        self.data = pd.read_csv(data_path)
        self.models = {
            'IsolationForest': IsolationForest(contamination=0.1),
            'OneClassSVM': OneClassSVM(nu=0.1)
        }
        self.best_model_name = None
        self.best_model = None

    def train_models(self):
        """ 训练机器学习模型并选择最佳模型 """
        X = self.data[['feature1', 'feature2']].values
        y = self.data['label'].values

        X_train, X_test, y_train, y_test = train_test_split(X, y, test_size=0.2,
            random_state=1)

        best_score = -1
        for name, model in self.models.items():
            model.fit(X_train)
            predictions = model.predict(X_test)
            predictions = np.where(predictions == 1, 0, 1)  # 转换预测结果：1为正
                常，-1为异常

            precision = precision_score(y_test, predictions, average='binary')
            recall = recall_score(y_test, predictions, average='binary')
            f1 = f1_score(y_test, predictions, average='binary')

            score = f1  # 选择F1分数作为模型评估指标
            print(f"Model: {name}, Precision: {precision:.2f}, Recall:
                {recall:.2f}, F1 Score: {f1:.2f}")

            if score > best_score:
                best_score = score
                self.best_model_name = name
                self.best_model = model

        print(f"最佳模型：{self.best_model_name}")

    def analyze_multimodal_data(self, new_data):
        """ 使用最佳模型分析新数据并检测异常 """
        if self.best_model is None:
            raise Exception("尚未训练模型，请先训练模型。")

        predictions = self.best_model.predict(new_data)
        anomalies = np.where(predictions == -1)[0]

        if anomalies.size > 0:
            print(f"检测到异常，索引为：{anomalies}")
        else:
```

```
            print(" 未检测到异常 ")

    def run(self, new_data_path):
        new_data = pd.read_csv(new_data_path).values
        self.analyze_multimodal_data(new_data)
```

在这段示例代码中：

① QualityControlSystem 类用于质量控制系统的实现。其构造函数 init 接受一个数据路径作为参数，并加载数据进行初步处理。它同时初始化了两个机器学习模型：IsolationForest 和 OneClassSVM。

- Isolation Forest（孤立森林）是一种基于树的无监督异常检测算法。它通过随机选择特征和分割点构建树，并利用孤立点在树中较短路径长度的特性来检测异常。该方法尤其适用于高维数据的异常检测。
- One-Class SVM（单类支持向量机）是一种无监督学习算法，主要用于异常检测和新颖性检测。它通过学习一个决策边界来包围大多数正常数据点，超出边界的点则被认为是异常。One-Class SVM 适合处理复杂的边界和非线性数据分布。

② train_models 函数负责训练并评估多个机器学习模型。该函数将数据集拆分为训练集和测试集，训练每个模型，并根据 F1 分数选择性能最好的模型。最后，最佳模型的名称和实例会被保存以供后续使用。

③ analyze_multimodal_data 函数使用训练好的最佳模型来分析新数据并检测异常。该函数接收新数据，并通过模型预测异常情况。如果检测到异常，就会输出异常的数据索引位置。

④ run 函数加载新数据并调用 analyze_multimodal_data 函数进行分析。新数据可以来自任何自定义的数据源，但前提是数据必须经过预处理，确保格式与训练数据一致。

在这个示例代码中，最终获取外部输入的接口就是 run 函数。经过上述的一系列设计后，该系统能够处理任何自定义数据源。在最终应用的时候，再将人机交互的部分权限接入此处，实现用户直接控制机器处理数据分析结果的功能。通过这种方式，系统能够针对不同的数据源进行灵活的分析和异常检测，从而满足多种实际需求。

4. 故障预防与维护功能设计

从技术实现的角度来看，故障预防与维护功能可视为质量控制功能的低配版本。与质量控制相比，故障预防与维护模块不需要面对多样化的数据源，因为设备故障监测所需的传感器通常是固定的，不可能今天使用一种传感器，明天又使用另一种传感器。

因此，故障预防与维护模块的输入是确定的，主要由固定的传感器数据组成。这使得这一功能的实现变得相对简单和确定，不涉及过多的自适应性处理。

然而，尽管输入数据相对固定，但功能的设计仍需要考虑如何有效地利用传感器数据来实现故障预防和维护的目标。这可能包括选用合适的故障检测算法、设定预警阈值、建立维护计划等。同时，还需要考虑如何将检测到的故障信息有效地反馈给操作人员或系统上游，以便及时采取相应的维护措施，从而确保设备的稳定运行和延长设备的使用寿命。

此功能基于机器学习模型的实现效率最高，且 Python 技术栈中的 sklearn 库涵盖的模型类型很多。对此不赘述细节。

如图 8-8 所示，利用一个基于经验数据训练的温度与故障时间的关系模型，就可以结合当前的温度预测故障时间。

例如：距离上一次故障解决后，系统已经运行了 150h 了。现在温度传感器监测到温度为 20℃，通过关系曲线可知当温度为 20℃时，预测故障时间为 208h，即原则上系统再运行 208−150=58h 就需要进行维护了，否则就可能出现故障。

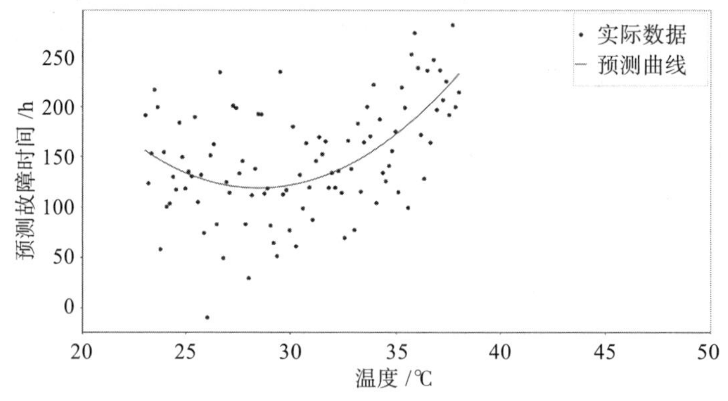

图 8-8　温度与故障时间的关系模型展示图

5. 资源优化配置功能设计

在设计资源优化配置功能时，可以视情况引入智能分析模块。该模块能够根据不同产品的生产需求，结合原材料的特性和库存情况，自动计算出最合理的原材料组合方案。例如，在大型对话模型中，当需要生成某种特定风格的文本时，系统可以自动分析出哪种原材料（如特定的语料库、知识图谱等）组合能够达到最佳效果且成本最低。

此处的“资源”并不同于前面提到的“设备资源”“系统资源”等概念，而是指生成产品的原材料。

同时，系统需要设置动态调整机制。根据实时的原材料消耗情况和市场变化，及时调整资源分配策略。例如，如果某种原材料供应紧张或价格上涨，系统能够迅速调整生成产品的方案，寻找可替代的原材料或优化组合方式。

为了更好地实现资源优化配置，还可以设计原材料优先级排序的逻辑。根据原材料的重要性、稀缺性等因素确定优先级，确保关键原材料在资源分配中得到优先保障。

另外，建立反馈机制也是至关重要的。可以通过收集生成产品的效果和用户反馈，进一步优化原材料的使用和配置策略。

总之，通过这样一套完善的资源优化配置功能设计，AIGC 系统能够在使用原材料生成产品时更加高效、智能和经济。

一种原材料经过消耗后的库存数量变化如图 8-9 所示，系统计算后建议材料补充数量如图 8-10 所示。系统在提供材料补充建议时综合应用了以下数据进行决策：

- ❑ 每种材料的库存。

❑ 不同产线对各种材料的消耗量（以天为单位）。
❑ 材料的供应周期。
❑ 材料的可替换度。

在这一过程中，系统计算的原则如下：

❑ 根据需求和库存情况计算最合理的原材料组合。
❑ 根据实时库存情况调整资源分配策略。
❑ 根据原材料的重要性、供应周期、消耗速度等信息综合计算建议补充数量。

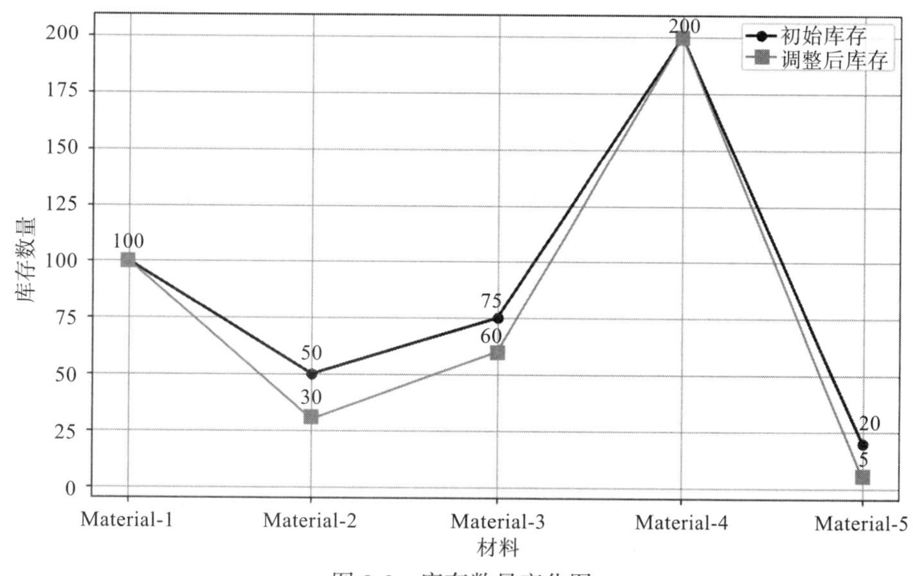

图 8-9　库存数量变化图

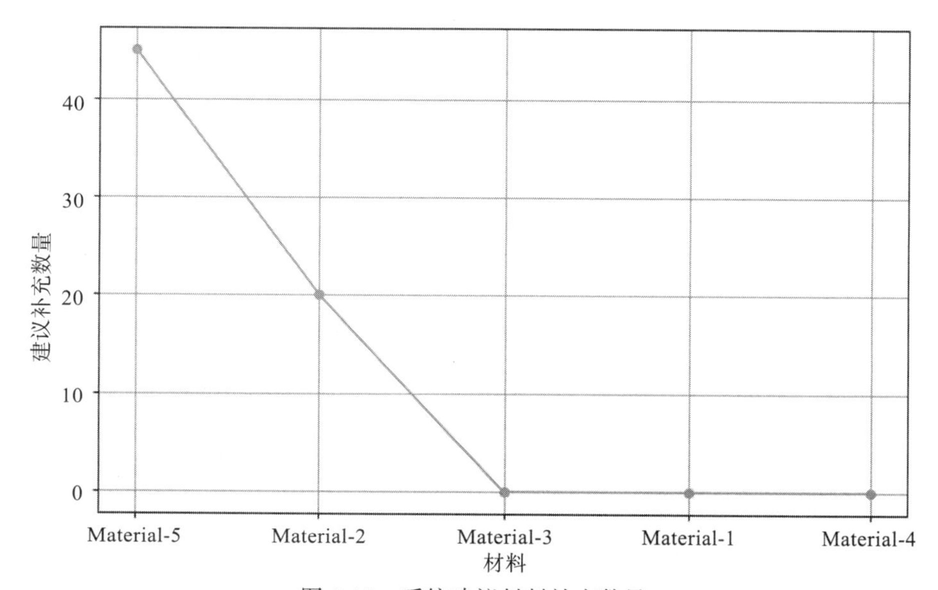

图 8-10　系统建议材料补充数量

通过以上原则，系统可以优化原材料的使用和分配，提高生产效率，并在保证生产的前提下降低库存成本。

6. 自适应生产调度功能设计

自适应生产调度功能可以理解为对资源优化配置功能的拓展。它不仅关注生产资源的最优配置，还进一步实现了生产过程的智能调度和动态调整，以应对实际生产中可能出现的各种变化和挑战。该功能在资源优化配置功能、故障预防与维护功能的基础之上，还额外包括以下几个方面。

（1）动态调度算法

自适应生产调度依赖于先进的动态调度算法。这些算法能够根据实时数据和预定的生产计划，自动调整生产顺序和资源分配。具体来说，当系统检测到某条生产线出现问题或产能不足时，可以即时调整其他生产线的生产任务，重新分配资源，确保整体生产计划按时完成。常用的动态调度算法包括遗传算法、蚁群算法和强化学习等。

（2）动态调整机制

与资源优化配置功能类似，自适应生产调度功能也具备动态调整机制。不同的是，资源优化配置功能则侧重于资源的合理利用和长期优化，以最大化生产效率和资源利用率；而自适应生产调度功能侧重于实时任务调度和调整，以确保生产过程的连贯性和灵活性。在应用场景中，自适应生产调度更多地应用于突发事件、设备状态变化和订单变化的实时响应，而资源优化配置则在长时间的设备运行、能源管理和劳动力安排中起作用。两者在工业智能设备中通常相辅相成，共同保证生产系统的高效、稳定和节能。

总结：结合前述案例的整体介绍，可以看出 AIGC 在传感技术领域的应用主要集中在人机交互和质量控制两个方面。其余部分的设计与常规 AI 系统或自动化系统相似，没有显著差异，唯一的差异在于：在原本的程序模式化控制基础上新增了调用方式。比如，以前操作者需要手动点击某些功能按钮，系统才会进行相关分析；现在这一过程可以通过 AIGC 自动完成，无须人工干预，且系统还会主动向人进行反馈。总的来说，在应用 AIGC 技术时不能盲目，必须客观分析实际需求进行技术选型，确保技术应用的精准和有效。

CHAPTER 9

第 9 章

AIGC 在机器视觉中的应用

如果前面介绍的 AIGC 在传感技术中的应用显得较为严谨和技术性，那么 AIGC 技术在机器视觉领域中的应用则可以说是充满了活力和创造性。AIGC 在这一领域的应用不但丰富多彩，而且具有显著的创新和突破。AIGC 技术在机器视觉中的应用不仅限于传统的图像处理和识别，还包括自动生成视觉内容、图像修复与增强、虚拟现实与增强现实的视觉体验等多个方面。这些应用为各个行业注入了新的动力，使得机器视觉系统变得更加智能、灵活和高效。

本章将概述 AIGC 在机器视觉中的多种应用，重点探讨其在图像生成与编辑、图像处理与增强等方面的具体实践。通过案例分析揭示 AIGC 如何在提高生产效率、增强系统可靠性和改善用户体验方面发挥关键作用。

本章主要涉及的知识点：

- 机器视觉与 AIGC 融合应用的场景。
- AIGC 技术在机器学习应用中如何实现。
- 案例介绍。

9.1 机器视觉与 AIGC 融合应用的场景

9.1.1 传统的机器视觉

传统的机器视觉是指在 AI 技术被大面积应用以前的机器视觉，这一阶段的机器视觉依靠量化的逻辑类算法实现。这些算法包括图像预处理、特征提取、图像分割、模式识别与分类、形状分析以及校准与几何变换等。尽管没有现在深度学习模型的强大能力，传统的机器视觉系统在很多应用中仍然表现出色。

1. 图像预处理

图像预处理是传统机器视觉中的重要步骤，旨在提高图像质量，为后续处理打下基础。常用的预处理技术包括去噪、对比度增强和边缘检测。去噪技术（如高斯滤波和中值滤波）能够有效地去除图像中的噪声，而对比度增强技术（如直方图均衡化）则可以改善图像的视觉效果。边缘检测算法（如 Sobel 和 Canny）用于提取图像中的边缘信息，便于后续的特征提取和识别。

对一张图像分别进行高斯滤波去噪、直方图均衡化、Canny 边缘检测等图像预处理，处理结果的实例图如图 9-1 所示。

图 9-1　图像预处理实例图

2. 特征提取

特征提取是传统机器视觉中的核心步骤，用于从图像中提取有用的信息。常见的特征包括边缘特征、角点特征和纹理特征。边缘特征通常用于形状分析和物体识别；角点特征（如 Harris 角点检测）则用于特征匹配和运动估计；纹理特征（如灰度共生矩阵、局部二值模式）用于纹理分析和分类。

对一张图像进行 Canny 边缘检测、Harris 角点检测和局部二值模式（LBP）特征提取，结果实例图如图 9-2 所示。

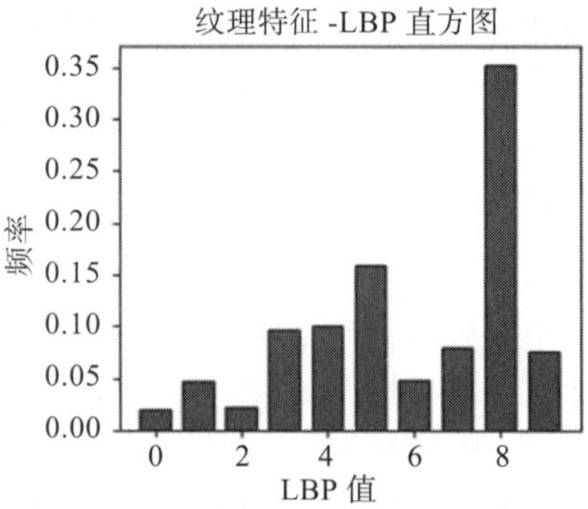

图 9-2　特征提取实例图

3. 图像分割

图像分割是将图像划分为多个有意义的区域或对象。常用的方法包括阈值分割、区域生长和分水岭算法。阈值分割通过设定灰度值阈值，将图像分割为前景和背景；区域生长基于像素相似性，从种子点开始逐步扩展区域；分水岭算法则模拟水流淹没过程进行分割，适用于复杂图像的分割任务。

对一张图像以阈值分割、区域生长的方式进行图像分割，结果实例图如图 9-3 所示。

图 9-3　图像分割实例图

4. 模式识别与分类

模式识别与分类是机器视觉中的关键任务，通过模板匹配、支持向量机和早期的神经网络等算法，对图像中的物体进行识别和分类。模板匹配通过计算模板与图像的匹配度实现物体识别；支持向量机则基于特征向量进行分类；早期的神经网络主要用于解决复杂的分类任务。

如图 9-4 所示，这是一个使用 PyTorch 库的深度学习实例，演示如何进行模式识别与分类。该实例使用手写数字数据集（MNIST）训练一个简单的卷积神经网络来进行分类。

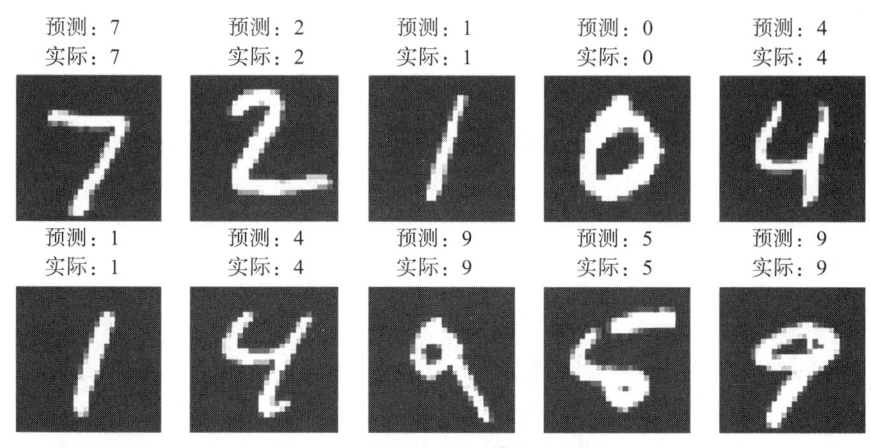

图 9-4　模式识别与分类实例图

5. 形状分析

形状分析用于分析图像中物体的形状特征，常用算法包括霍夫变换和傅里叶描述子。霍夫变换用于检测直线、圆等几何形状，而傅里叶描述子则用于形状的频域描述和匹配。

如图 9-5 所示，这是一个使用 Python 的 OpenCV 库来进行形状分析的效果示例，上方的两张图展示了边缘检测算法与特定形状检测（直线检测和圆形检测）的对比效果；下方的两张图展示了通过傅里叶描述子对原始形状进行形状分析并重建前后的对比效果。

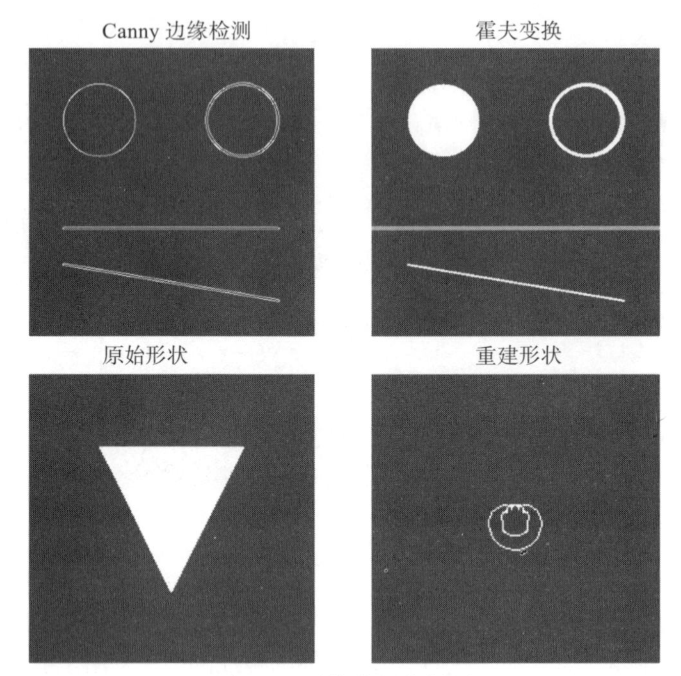

图 9-5　形状分析实例图

利用傅里叶描述子进行形状分析是指先计算图像中轮廓的傅里叶描述子，再通过频率分量来重建形状。在图 9-5 中可以看到傅里叶重建的形状与原形状差异较大，是因为此处只保留了傅里叶描述子的前 10 个频率分量，减少了细节信息，只保留了形状的低频特征。

6. 校准与几何变换

校准与几何变换用于校正图像中的几何畸变，进行坐标变换。相机标定方法通过拍摄标定板（具有某种规则的特殊图案）图像，计算相机的内外参数；图像配准通过几何变换，使不同视角或时间的图像对齐。

对一张有畸变的图像进行校准与几何变换，校正后的图像如图 9-6 所示。

图 9-6　校准与几何变换实例图

（图片来源：https://blog.csdn.net/u014470361/article/details/88690996）

9.1.2　AI 技术推动的机器视觉

随着 AI 技术的迅猛发展，机器视觉领域也迎来了前所未有的革新与突破。AI 技术，特别是深度学习，赋予了机器视觉系统更强大的功能和更广泛的应用场景，推动这一技术向智能化、自动化和高效化方向发展。

下述内容不限于机器视觉领域的应用，同样适用于第 8 章介绍的传感技术。因为严格来说，机器视觉可以视为一种特殊的传感技术。

---

1. 深度学习的引入

传统的机器视觉技术依赖于手工设计的特征提取方法，如边缘检测、纹理分析和形状分析等。这些方法在处理简单、规则的图像时效果较好，但在应对复杂、多样的图像时往往力不从心。这是因为手工设计的特征提取方法通常无法捕捉到复杂图像中的深层次信息，导致在处理变化多端、非结构化的图像时，识别准确性和鲁棒性显著下降。

AI 技术，尤其是深度学习的引入，彻底改变了这一现状。卷积神经网络（CNN）等深度学习模型通过端到端的训练方式，从大量数据中自动学习特征，而不依赖人工设计的特征提取器。这种方法不仅能够捕捉到图像中的细微特征，还能识别出复杂的模式，极大地提高了图像识别、分类和检测的准确性和鲁棒性。

如图 9-7 所示，展示了边缘检测（传统方法）和卷积神经网络（深度学习方法）在图像上的效果。边缘检测方法（如 Canny 算法）能够有效地提取图像中的边缘信息，但对噪声敏感（在图 9-7 中间的图上可以看到，鼠标图像中反光的位置被提取出了复杂的轮廓信息），且难以应对复杂场景中的细节。而 CNN 模型则通过层层卷积和池化操作，逐步提取图像的高级特征，能够更加准确地进行分类和识别。

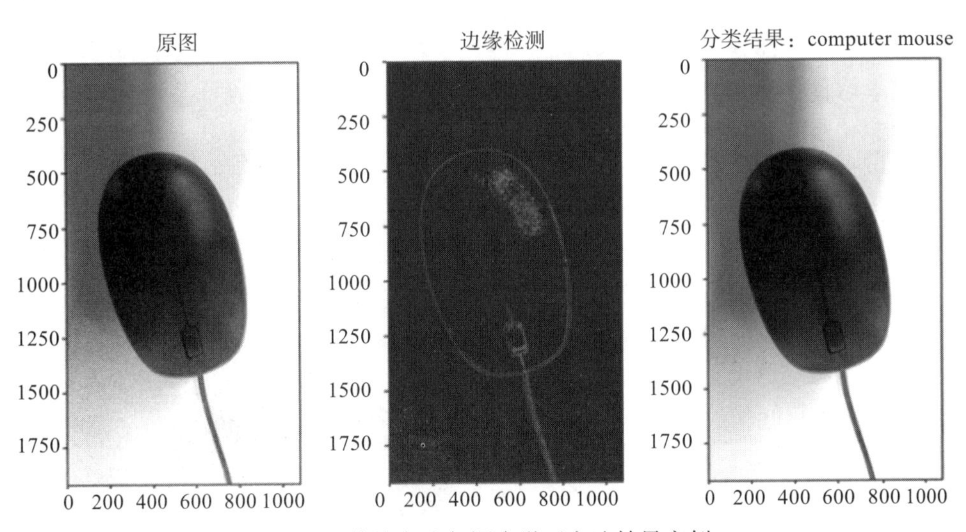

图 9-7　传统方法与深度学习方法结果实例

2. 强化学习与自适应性

AI技术还通过强化学习增强了机器视觉系统的自适应性和决策能力。传统机器视觉系统在应对变化的环境和复杂任务时，往往需要人工干预和重新调整参数。而引入强化学习后，机器视觉系统可以通过与环境的交互，自动调整自身策略，实现自主学习和适应。

强化学习是一种让系统通过试错来学习最佳行为的方法。就像人类通过不断尝试和从错误中学习一样，机器视觉系统可以在模拟或真实环境中进行多次尝试，并根据获得的反馈不断改进其策略。这种方法不仅适用于简单的任务，还能有效地解决复杂的问题，使机器视觉系统能够应对多变的环境和复杂的任务。例如，在自动驾驶中，车辆的视觉系统需要不断应对复杂多变的路况，如交通流量、行人、天气条件等。传统方法需要人为设置大量规则和参数，而强化学习则允许系统在模拟的驾驶环境中反复尝试不同的驾驶策略，逐步找到最安全和高效的行驶方式。通过不断与环境交互，系统能够识别出不同路况下的最佳决策，从而显著提高行车安全性和效率。

通过强化学习，机器视觉系统能够实时优化决策，提高其在实际应用中的表现。例如，在自动驾驶中，通过强化学习，系统可以学会在不同路况下自动调整速度、转向和刹车，以确保行车安全和效率。同时，强化学习还可以帮助机器人在复杂的工业环境中自动调整其操作策略，提高生产效率和质量。

此外，强化学习在工业自动化中的应用也非常广泛。例如，在制造过程中，机器人需要根据不同的任务调整其操作参数，如力道、速度和角度等。通过强化学习，机器人可以在实际操作中不断尝试不同的参数组合，并根据反馈优化其动作，从而实现更高效的生产流程和更高质量的产品。在仓储管理中，强化学习可以帮助自动引导车（AGV）优化路径规划，提高运输效率，并减少能耗。

强化学习还可以与其他AI技术结合使用，进一步提升机器视觉系统的能力。例如，将强化学习与深度学习结合，可以使系统在处理复杂图像数据时，既能自动提取高级特征，又能通过试错学习优化决策。这种结合不仅提高了系统的智能化水平，还使其在更广泛的应用场景中具备更强的适应性和鲁棒性。

这部分内容比较抽象，下面使用一个简单的图来辅助理解。

如图9-8所示，该图展示的是传统算法与强化学习算法分别规划的山体趋势线图。左侧展示的是传统的固定逻辑算法，其中的线条是根据直接、固定的逻辑生成的。右侧展示的是自适应的强化学习算法，它会根据地形动态地调整线条，找到最优的趋势线。

图9-8　传统算法规划路径与强化学习算法规划路径的对比

3. 图像处理与分析的智能化

AI技术的一大贡献在于提升了图像处理

与分析的智能化水平。传统的图像处理方法往往局限于对图像的低层次特征进行提取和处理，如边缘检测、颜色分割等。而通过深度学习，机器视觉系统能够从图像中提取更高层次的语义信息，实现对图像内容的深入理解。

深度学习模型在图像处理与分析中的应用十分广泛。例如，基于深度学习的目标检测模型可以识别并标记图像中的不同物体，使计算机能够理解图像中各个物体的位置、类别和数量。这项技术在自动驾驶中用于识别道路上的车辆、行人和交通标志，以及在零售业中用于商品识别和库存管理等场景。另外，基于深度学习的语义分割模型能够将图像分割成不同的语义区域，使计算机能够理解图像中各个区域的含义和作用。这项技术在医疗影像分析中用于分割病变区域、在工业检测中用于分割产品表面的缺陷区域，以及在安防监控中用于识别人体和物体的区域等。

4. 边缘计算与实时处理

随着 AI 技术的发展，边缘计算逐渐成为机器视觉系统的重要组成部分。边缘计算是一种分布式计算模式，它将数据处理和分析的任务从中央服务器转移到离数据源更近的边缘设备上，如传感器、摄像头和智能设备等。这种方式可以有效降低数据传输的延迟和网络带宽的消耗，提高了系统的响应速度和实时性。

在机器视觉领域，通过在边缘设备上部署 AI 模型，可以实现对图像数据的实时处理和分析。例如，在智能制造中，通过在工厂的摄像头或传感器上部署视觉识别模型，可以实时监测生产线上的产品质量，并及时发现和处理异常情况，从而提高生产效率和产品质量。在无人驾驶领域，车载摄像头可以通过部署目标检测和识别模型，实时识别道路上的交通标志、行人和车辆，从而帮助驾驶系统做出及时的决策和调整，确保行车安全。

边缘计算在需要高实时性和低延迟的应用场景中尤为重要。通过将 AI 模型部署到边缘设备上，可以在不依赖云端服务器的情况下实现对图像数据的快速处理和分析，从而满足了现代社会对实时性和响应速度的需求。这种边缘计算与 AI 技术的结合，为机器视觉系统的应用带来了更大的便利性和效率提升。

5. 数据融合与多模态感知

AI 技术还推动了机器视觉与其他传感技术的融合发展。通过结合视觉、激光雷达、红外线等多种传感器的数据，机器视觉系统能够构建更加全面和准确的环境感知模型。这种多模态感知技术在增强现实（AR）、虚拟现实（VR）和智能机器人等领域展现出了巨大潜力。

9.1.3　AIGC 在现阶段机器视觉中的应用

在现阶段的机器视觉中，AIGC 技术正在发挥着越来越重要的作用。AIGC 技术结合了 AI 和内容生成技术，使得机器视觉系统能够自动生成丰富的视觉内容，从而更好地理解和处理图像数据。这项技术已经在许多领域得到了广泛应用。

首先，AIGC 技术在图像识别和分类方面发挥着关键作用。通过深度学习和神经网络技术，AIGC 系统或应用能够自动识别图像中的物体、场景和情感，并进行相应的分类。例如，在智能安防领域，AIGC 技术可以自动检测图像中的异常行为或可疑对象，帮助监控人员快速响应并采取相应措施。

其次，AIGC 技术还可以用于图像生成和编辑。通过生成式对抗网络等技术，AIGC 系统或应用能够生成逼真的图像，甚至可以根据用户的需求进行图像编辑和合成。这在广告设计、虚拟现实等领域具有重要意义，为用户提供了更加个性化和丰富的视觉体验。

此外，AIGC 技术还可以用于图像处理和增强。通过自动生成的图像数据，AIGC 技术可以帮助机器视觉系统更好地学习和理解图像特征，从而提高图像处理和分析的准确性和效率。这对于医学影像分析、工业质检等领域具有重要意义，有助于提高诊断精度和生产效率。

9.2　机器视觉与 AIGC 融合应用的实现

AIGC 技术在机器视觉领域中的具体应用主要涉及两个方面：图像生成与编辑、图像处理与增强。

9.2.1　图像生成与编辑

在图像生成与编辑方面，AIGC 技术可以通过生成式对抗网络等模型来实现图像的生成和编辑。

1. 生成式对抗网络

生成式对抗网络包括两个主要部分：生成器和判别器。生成器的任务是创建逼真的图像，而判别器的任务是区分这些图像是真实的还是生成的。

- 生成器（Generator）：生成器接受随机噪声作为输入，并尝试将其转换为逼真的图像。通过不断训练，生成器学习到如何生成看起来真实的图像。
- 判别器（Discriminator）：判别器接受图像作为输入，并判断这些图像是真实的还是生成器生成的。通过与生成器的对抗训练，判别器变得越来越擅长识别假图像，而生成器也逐渐生成越来越逼真的图像。
- 对抗训练：生成器和判别器一起进行对抗训练。生成器尝试“欺骗”判别器，而判别器则试图辨别真伪。随着训练的进行，生成器生成的图像质量逐渐提高，最终能够生成非常逼真的图像。

一个简单的生成式对抗网络原理示意图如图 9-9 所示。

图 9-9 所展示的生成式对抗网络原理过程如下：

①正样本生成负样本：利用一个正样本，通过生成器生成一个负样本。

②判别器判断样本：判别器接受输入的样本，并判断这个样本是正样本还是负样本。

③判别器学习：判别器通过虚线箭头表示的反馈路径进行学习（得到关于判断正误的反馈），以便更加准确地判断输入的样本是真样本还是假样本。

④生成器学习：生成器也通过虚线箭头表示的反馈路径进行学习，以便生成更加以假乱真的负样本数据。

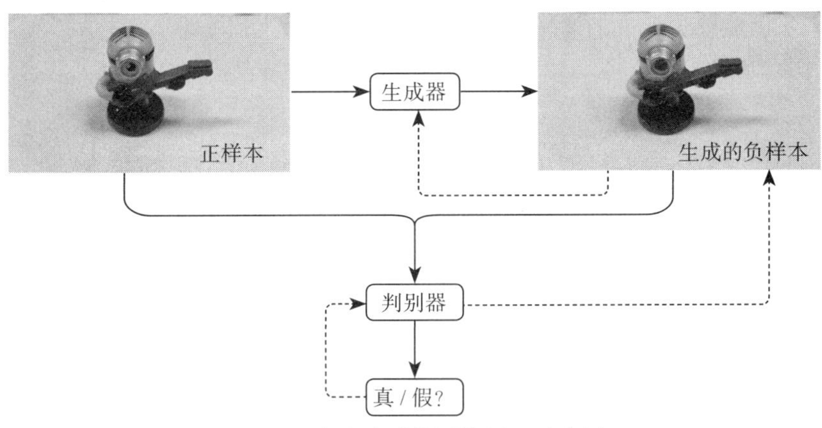

图 9-9　生成式对抗网络原理示意图

最终，经过上述过程的不断循环，生成器生成的负样本数据变得越来越逼真，而判别器越来越难以判断输入的样本是真样本还是假样本。这个对抗训练的过程不断迭代，直至生成器能够生成高度逼真的负样本，判别器也变得极为敏锐和准确。

最终进行图像生成时，只需要使用生成器即可。

---

2. 图像生成

通过 AIGC 技术生成逼真的工业图像，如产品原型、设备部件和生产线布局等，用于虚拟工厂的构建、产品设计原型的快速制作以及工业仿真和培训等领域。这些生成的图像可以帮助企业在实际生产前验证设计和流程，减少投入的时间和成本。

图像生成在工业机器视觉中的应用十分重要。因为在工业中，要使用 AI 相关技术，最大的难点就是无法采集到足够深度学习模型学习的负样本。通过生成逼真的工业图像（足够以假乱真的负样本数据），可以有效地解决这一难题。

如图 9-10 所示，左边的图像即为采集到的正样本图像，右边的图像为生成的负样本图像。可见虽然是右边图像生成的图像，但是它已经很接近真实的图像了。

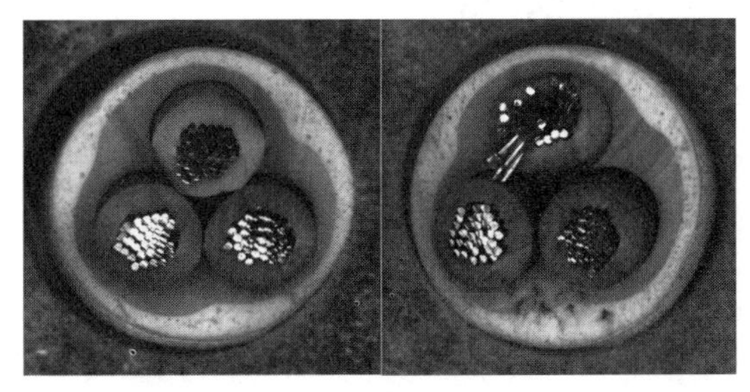

图 9-10　图像生成实例

3. 图像编辑

工业图像的内容编辑和风格转换，包括图像缺陷修复、表面纹理迁移、颜色一致性调整等。AIGC 与机器视觉融合的图像编辑技术，应用于工业检测、质量控制等领域，可以自动修复损坏或模糊的图像，增强设备或产品的视觉检测能力，确保产品质量和一致性，提高生产效率。该技术的图像修复效果如图 9-11 所示。

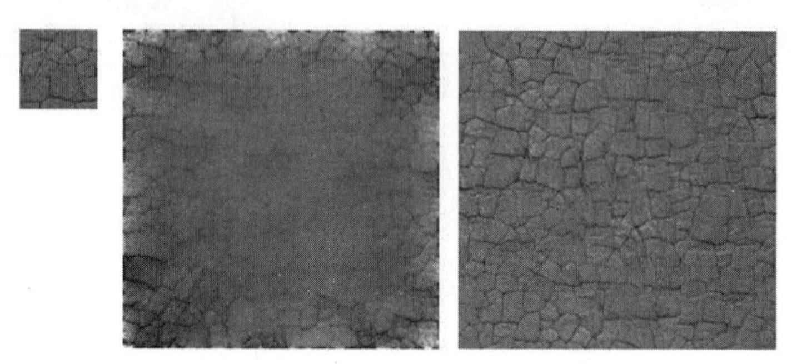

图 9-11 图像修复实例（图像来源：https://cloud.tencent.com/developer/article/2346545）

9.2.2 图像处理与增强

在工业中，AIGC 技术也可以用于对图像进行去噪、锐化、色彩增强等处理，提高图像的质量和清晰度，为医学影像、卫星遥感等领域的图像分析提供更准确的数据支持。如图 9-12 所示，这张图展示了对一张工业图像进行一系列图像处理与增强后的实例结果。

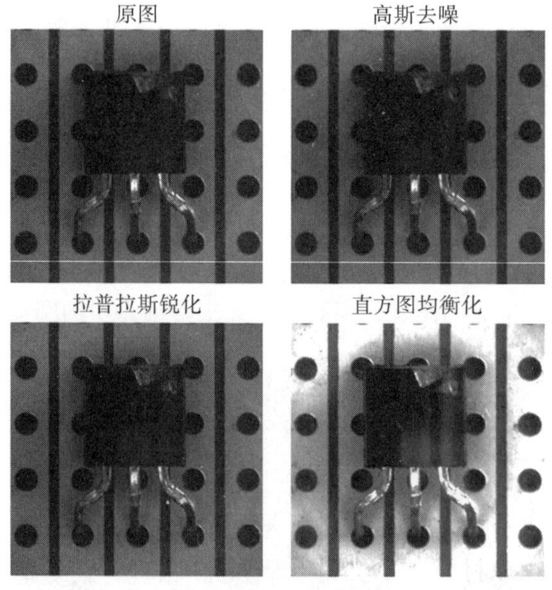

图 9-12 图像处理与增强实例

通俗地理解，图像处理与增强就是修复传感器捕获的模糊或噪声图像，使其更加清晰，以便系统进行进一步的分析和处理。

在图像处理与增强方面，AIGC 技术不仅依赖于深度学习模型，还广泛应用了许多传统的图像处理算法。这些传统算法在去噪、锐化和色彩增强等任务中发挥着重要作用。比如：

- 去噪技术的主要目标是从图像中去除噪声，同时保留图像的细节和结构。传统算法如高斯滤波、中值滤波和非局部均值（Non-Local Means）滤波被广泛应用于去噪任务。
- 锐化技术的目的是增强图像中的边缘和细节，使图像看起来更加清晰。常见的传统算法包括拉普拉斯锐化和非锐化掩蔽。
- 色彩增强旨在改善图像的色彩平衡、对比度和饱和度，使图像的颜色更加鲜明和真实。传统算法（如直方图均衡化、对比度受限自适应直方图均衡化）被广泛使用。

具备图像处理与增强功能的 AIGC 视觉系统在工作时，会自动化分析与处理图像。这种智能化处理方式相较于传统的视觉系统，显著降低了操作人员对专业知识的依赖性。

传统的视觉系统往往需要操作人员具备一定的专业知识，并且需要不断进行以下几个步骤：

①调参：手动调整图像处理算法的参数，以优化图像质量。

②评估：评估处理后的图像质量，判断是否需要进一步调整参数。

③反复执行：根据评估结果，反复调整参数和评估图像质量，直到获得满意的图像效果。

这种反复执行的过程不仅耗时费力，而且对操作人员的专业技能要求较高。而具备 AIGC 功能的视觉系统则不然，其工作流程如下：

①自动分析：在接收到图像的瞬间，系统会自动对图像进行质量分析，识别出图像中的噪声、模糊、色彩失真等问题。

②智能处理：基于分析结果，系统自动选择并应用适当的图像处理技术，如去噪、锐化、色彩增强等，以提高图像的质量。

③实时优化：系统能实时调整处理参数，确保图像处理的效果最优，而无需人工干预。

此外，AIGC 在实现自动处理的过程中，也可以以更加便捷的方式接收到操作人员的直接需求，而不需要操作人员自己操作。例如，操作人员对系统处理后的数据不满意，可以通过“帮我把锐化程度加深一点”等通俗的语言描述的方式向系统下达命令。这样，系统能够理解并自动调整处理参数，满足操作人员的需求。

9.3　案例分析：AIGC 给机器视觉带来的改变

9.3.1　案例背景

1. 案例描述

在木制品加工厂中，原材料木料的质量直接影响最终产品的外观和品质（图 9-13 为正常的木料与异常木料的对比展示图）。传统的木料缺陷检测通常依赖人工检查，不仅效率低下，而且容易受到人为主观因素的影响。通过引入 AI 技术，可以让机器自动检测和识别木料中的缺陷，从而大幅提高检测效率和准确性，确保生产出高质量的木制品。对异常木料进行检测并标记其中缺陷，如图 9-14 所示。

图 9-13　正常木料与异常木料的对比展示图

图 9-14　木料异常位置标记展示图

在众多数据中挑选示例图时，笔者起初也忽略了图 9-13 中的部分异常，这表明人工检查的方式仍然存在一定的弊端。

然而，AI 技术引入时需要大量高质量的数据进行模型训练，而获取足够的缺陷样本数据常常是一大难题。在实际生产过程中，很多工艺的良率可以达到 99% 甚至是 99.9%，因此要采集几百条甚至是上千条负样本数据是十分困难的，甚至在一些领域中几乎无法实现。这一瓶颈限制了 AI 模型的检测性能，因为在缺少多样化缺陷数据的情况下，模型难以全面学习和识别各种可能的缺陷类型。

如下展示的信息为训练一个简单 AI 模型所需要的数据集的详细信息（该数据集为开源数据集 mvtec 中的一部分）。

此处“简单 AI 模型”实际上是指一个效果一般甚至不太理想、无法投入应用的模型，在 AI 专业术语中泛指欠拟合的模型。

```
文件夹 : E:\wood
    总文件数 : 388
    总文件夹数 : 15
    总大小 : 475.38 MB
    文件夹 : E:\wood\ground_truth
        总文件数 : 60
        总文件夹数 : 5
        总大小 : 242.77 KB
        文件夹 : E:\wood\ground_truth\color
            总文件数 : 8
            总文件夹数 : 0
            总大小 : 28.8 KB
        文件夹 : E:\wood\ground_truth\combined
            总文件数 : 11
            总文件夹数 : 0
            总大小 : 43.94 KB
        文件夹 : E:\wood\ground_truth\hole
            总文件数 : 10
            总文件夹数 : 0
            总大小 : 34.01 KB
        文件夹 : E:\wood\ground_truth\liquid
```

```
            总文件数 : 10
            总文件夹数 : 0
            总大小 : 36.68 KB
        文件夹 : E:\wood\ground_truth\scratch
            总文件数 : 21
            总文件夹数 : 0
            总大小 : 99.33 KB
    文件夹 : E:\wood\test
        总文件数 : 79
        总文件夹数 : 6
        总大小 : 115.04 MB
        文件夹 : E:\wood\test\color
            总文件数 : 8
            总文件夹数 : 0
            总大小 : 11.51 MB
        文件夹 : E:\wood\test\combined
            总文件数 : 11
            总文件夹数 : 0
            总大小 : 16.06 MB
        文件夹 : E:\wood\test\good
            总文件数 : 19
            总文件夹数 : 0
            总大小 : 26.93 MB
        文件夹 : E:\wood\test\hole
            总文件数 : 10
            总文件夹数 : 0
            总大小 : 14.76 MB
        文件夹 : E:\wood\test\liquid
            总文件数 : 10
            总文件夹数 : 0
            总大小 : 14.3 MB
        文件夹 : E:\wood\test\scratch
            总文件数 : 21
            总文件夹数 : 0
            总大小 : 31.48 MB
    文件夹 : E:\wood\train
        总文件数 : 247
        总文件夹数 : 1
        总大小 : 360.08 MB
        文件夹 : E:\wood\train\good
            总文件数 : 247
            总文件夹数 : 0
            总大小 : 360.08 MB
```

在上述背景下，AIGC 技术的引入显得尤为重要。AIGC 技术能够通过糅合最相关的特定技术手段来生成逼真的缺陷图像，丰富训练数据集，从而提升 AI 模型的检测性能。如图 9-15 所示，这是通过正样本生成带缺陷的负样本结果实例图。

此外，AIGC 系统还可以接收操作人员的直接需求，从而进一步提高检测的可靠性和准确性。例如，操作人员可以通过简单的语言指令，让系统自动生成特定类型的缺陷图像或调整模型参数，减少对专业知识的依赖。

通过结合AI模型和AIGC技术，木料缺陷检测不仅能够实现更高的自动化水平，还能显著降低操作人员的介入需求。这种智能化的检测系统能够快速、准确地识别木料中的缺陷，确保生产过程中的每一块木料都达到高质量标准，从而提升最终产品的品质和市场竞争力。

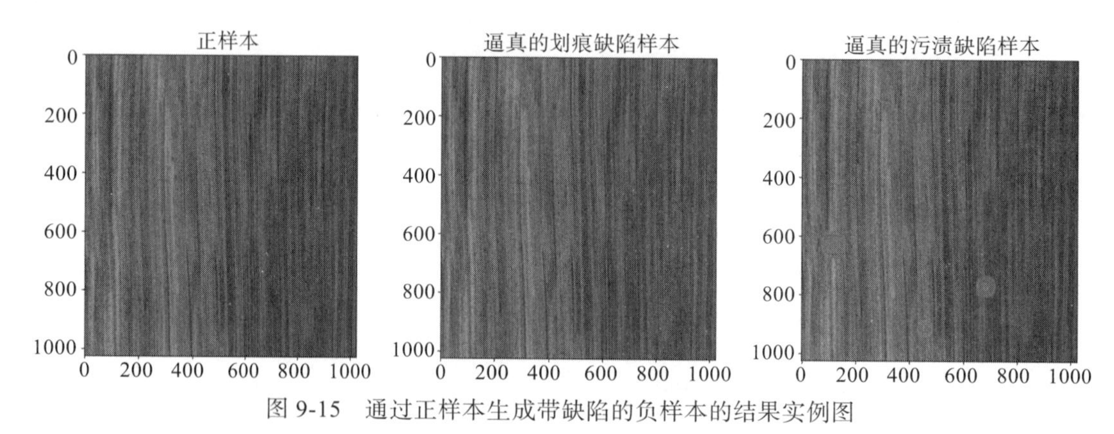

图9-15 通过正样本生成带缺陷的负样本的结果实例图

2. 核心功能/需求描述

本案例将重点探讨AIGC技术在常规机器视觉基础上的创新应用及核心功能。

前面已经详细介绍过人机交互以及通过对话提取需求的原理与实现方式，且此案例将会直接基于前面的内容进行方案设计，因此在此案例中不再详细介绍人机交互功能和需求提取的部分，而是重点介绍AIGC在机器视觉中的其他重要应用功能。

（1）图像生成

图像生成在视觉领域中有着比较广泛的应用，将其基于使用场景进行分类可以大体分为以下两类。

- 缺陷图像生成。该应用是指利用AIGC技术自动生成逼真的缺陷图像。通过模拟真实缺陷，如划痕、污渍和裂纹等，生成多样化的缺陷数据，丰富训练数据集，使AI模型能够更全面地学习和识别各种缺陷，从而显著提升检测的准确性和性能。这一过程不仅减少了模型训练时对大量真实缺陷样本的依赖，还提高了模型在实际应用中的可靠性和有效性。这一类应用的技术核心是生成式对抗网络。
- 基于需求的图像生成。该应用是指利用生成式模型，根据用户输入的需求或描述，自动生成相应图像。其关键在于理解用户的需求，并将其转换为具体的视觉表现。其中涉及的技术核心有两点：生成式模型（包括生成式对抗网络）、自然语言处理技术。

此处自然语言处理技术需要实现的不仅仅是从用户语言中直接获取需求，还包括将需求转换为机器（或者系统）可以直接理解、执行的指令。具体参考第5章的内容。

（2）图像质量评估与修复

图像质量评估与修复的工作原理包括两个主要方面：图像质量评估和图像修复。

- 图像质量评估通过深度学习模型或者计算机视觉算法来自动分析图像的清晰度、颜色准确性、对比度等质量指标，并根据预设的标准对图像进行打分，指出诸如模糊、噪点或失真等缺陷。
- 图像修复技术会通过进一步的深度学习算法（如卷积神经网络或生成式对抗网络）来识别图像中的具体缺陷，并对其进行修复，以恢复图像的清晰度和色彩。

这种应用在工业中还用于修复图像数据采集设备中的失焦、模糊、色彩失真以及进行超分辨处理，以显著提升图像的清晰度和细节展现能力。

缺陷图像生成、基于需求的图像生成以及图像质量评估与修复这三个功能，从技术实现方案的角度理解，是同一个功能下面的三个子功能，相互之间既有一定的相似之处，也有区别。

9.3.2 方案介绍

1. 方案概述

直接根据前面拆解的核心功能 / 需求进行设计。整个方案的拓扑图如图 9-16 所示。

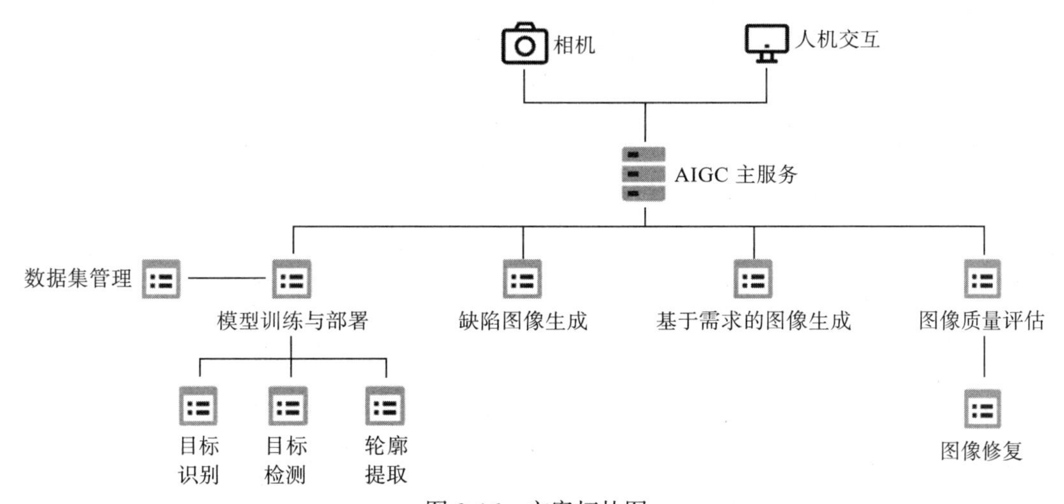

图 9-16 方案拓扑图

该方案的要点如下：

①整个案例的核心是一个 AIGC 云服务，即图 9-16 中的 AIGC 主服务。这一服务在整个系统中扮演着关键角色。

②所有功能模块按照两级结构进行组织。一级功能模块由主服务进行集中调度，而二级功能模块则直接为相应的一级功能模块提供服务。

③如果后续需要扩展其他非标准需求，可以直接在 AIGC 主服务上进行扩展。

2. 人机交互

AIGC 在机器视觉领域中的应用，与第 8 章讨论的 AIGC 在传感技术中的应用形式有所不同。这里的视觉应用主要涉及人机交互，强调感官体验等主观、抽象需求，与数据采集、设备状态监控等具体任务的关联较少。相比之下，第 8 章的案例更注重于具体的传感技术应用和设备状态监测。也就是说，本案例的特点在于其需求更为主观和抽象，旨在提升用户的感官体验和交互质量。

因此，本案例与第 8 章中的案例在需求类型和实现方式上存在明显区别。在视觉领域中应用 AIGC 相关技术或 AIGC 系统时，从用户需求的角度来看，人机交互功能显得尤为重要。原因在于不同用户的主观思维和感官体验各不相同。具体来说，在设计术语库（或知识库）的过程中，不仅需要结合行业的专业知识，还需特别关注与感官体验和主观思维相关的内容。例如，对于同样的需求“让图像更清晰一点”，不同用户可能会有不同的理解和期望，有的可能希望“让图像更亮一点”，而有的则可能希望“提高图像对比度”。这就要求系统能够灵活地捕捉和理解用户的具体需求，并进行相应的调整，以提供符合用户期望的结果。这种区别反映了 AIGC 技术在不同领域和应用场景中的灵活应用能力，既能应对具体的技术挑战，也能支持更为抽象和感性的用户需求。

在视觉应用场景中，即使面对同一数据（如图 9-15 所示的实例图），不同的需求方可能会有截然不同的要求。有些需求方可能选择忽略图像中的某些缺陷，而有些则会严格要求所有缺陷都被检测出来。然而，在技术实现层面，最基础的缺陷检测模型会始终尝试检测出所有的缺陷。因此，当需求方需要忽略某些缺陷时，就需要依赖人机交互功能来捕捉到这一需求，并调整整个系统的行为。这包括在最终呈现给用户的图像结果中进行过滤，将被要求忽略的缺陷类型从中去除。

在工业中有时候会把上面描述的“过滤”功能称为“卡控”。

在实际操作中，本案例依托 AIGC 主服务来支持各种非标准需求的拓展。这意味着如果未来需要引入新的功能或调整现有功能以满足不同的视觉应用场景，则可以直接在 AIGC 主服务基础上进行扩展和优化。这种灵活性不仅能够满足用户日益多样化的需求，还有助于提升系统的整体可扩展性和适应性。

下面截取一个知识库的部分内容进行展示。虽然其中技术实现、映射操作被转换成了文本描述，但是实际系统中的实现方式要参考第 8 章案例所构建的知识库。下面示例中这两个位置对应系统中相关的代码接口。

```
[
    {
        "需求分类": "清晰度提升",
        "用户描述": ["让图像更清晰一点", "提升图像清晰度"],
        "技术实现": "应用超分辨率技术提高图像分辨率",
        "映射操作": "调用超分辨率模型"
    },
    {
        "需求分类": "亮度调整",
```

```
        "用户描述": ["让图像更亮一点", "增加亮度"],
        "技术实现": "调整图像亮度曲线",
        "映射操作": "应用亮度增强算法"
    },
    {
        "需求分类": "对比度增强",
        "用户描述": ["提高图像对比度", "增加对比度"],
        "技术实现": "应用对比度增强技术",
        "映射操作": "调整图像对比度参数"
    }
]
```

3. 缺陷图像生成

通过生成带有各种缺陷（如划痕、污渍、裂纹等）的图像来增强训练数据集，使 AI 模型能够更全面地学习和识别不同类型的缺陷。生成式对抗网络是实现这一功能的关键技术。

参考图 9-9 所示的原理，下面实现一个常规的生成式对抗网络代码，用于学习正常样本知识和缺陷知识，从而生成逼真的假缺陷样本图像。

实现生成式对抗网络部分的代码较长，请参考附件“14. GAN 模型案例代码”。此处仅展示训练的逻辑代码。

```
transform = transforms.Compose([
    transforms.Resize(image_size),
    transforms.CenterCrop(image_size),
    transforms.ToTensor(),
    transforms.Normalize((0.5,), (0.5,))
])

dataset = dsets.CIFAR10(root='./data', download=True, transform=transform)
dataloader = DataLoader(dataset, batch_size=batch_size, shuffle=True)
# 初始化模型和优化器
device = torch.device("cuda" if torch.cuda.is_available() else "cpu")
netG = Generator().to(device)
netD = Discriminator().to(device)
criterion = nn.BCELoss()
optimizerD = optim.Adam(netD.parameters(), lr=0.0002, betas=(0.5, 0.999))
optimizerG = optim.Adam(netG.parameters(), lr=0.0002, betas=(0.5, 0.999))

# 训练循环
for epoch in range(num_epochs):
    for i, data in enumerate(dataloader, 0):
        ############################
        # (1) 更新判别器
        ############################
        netD.zero_grad()
        real_images = data[0].to(device)
        batch_size = real_images.size(0)
        labels = torch.full((batch_size,), 1, dtype=torch.float, device=device)
        output = netD(real_images).view(-1)
```

```
            lossD_real = criterion(output, labels)
            lossD_real.backward()
            D_x = output.mean().item()

            noise = torch.randn(batch_size, nz, 1, 1, device=device)
            fake_images = netG(noise)
            labels.fill_(0)
            output = netD(fake_images.detach()).view(-1)
            lossD_fake = criterion(output, labels)
            lossD_fake.backward()
            D_G_z1 = output.mean().item()
            lossD = lossD_real + lossD_fake
            optimizerD.step()

            ############################
            # (2) 更新生成器
            ###########################
            netG.zero_grad()
            labels.fill_(1)
            output = netD(fake_images).view(-1)
            lossG = criterion(output, labels)
            lossG.backward()
            D_G_z2 = output.mean().item()
            optimizerG.step()

            # 打印日志
            if i % 50 == 0:
                print(f'Epoch [{epoch+1}/{num_epochs}] Batch {i}/{len(dataloader)}
                    Loss D: {lossD.item()}, Loss G: {lossG.item()} D(x): {D_x},
                    D(G(z)): {D_G_z1} / {D_G_z2}')

        # 保存模型
        if (epoch + 1) % 5 == 0:
            torch.save(netG.state_dict(), f'generator_epoch_{epoch+1}.pth')
            torch.save(netD.state_dict(), f'discriminator_epoch_{epoch+1}.pth')
```

在使用生成式对抗网络生成缺陷图像时，训练过程通常需要较长时间。因此，为了提升系统的使用体验，常常采用离线学习机制。通常的做法是在系统工作期间积累数据，在非工作时间利用这些数据自动学习。这种方法可以显著提高系统性能和用户体验。特别是，如果系统部署在硬件资源充足的环境中，则可以实现实时自动学习，从而进一步优化系统的性能和用户体验。

4. 基于需求的图像生成

基于需求的图像生成功能要根据用户特定要求生成定制化图像，这一任务可以借助多种技术方法实现。生成式对抗网络是其中一种主流的实现技术，它能够生成逼真的图像，但并不能满足所有的需求，比如图像增强或对比度调整等特定要求。

因此，基于需求的图像生成功能在实现过程中除了生成式对抗网络以外，还需要用其他的技术来满足特定的需求，包括但不限于以下几种。

（1）图像增强

图像增强通过调整图像的亮度、对比度、饱和度等参数来提升图像的视觉质量。例如，直方图均衡化能够增强图像的整体对比度，而自适应对比度增强则可保持局部细节和对比度的平衡，适用于各种光照条件下的图像。

如图 9-17 所示，这是对一张木料图分别进行亮度增强、直方图均衡化后的效果展示图。

原始图像

亮度增强后的图像

直方图均衡化后的图像

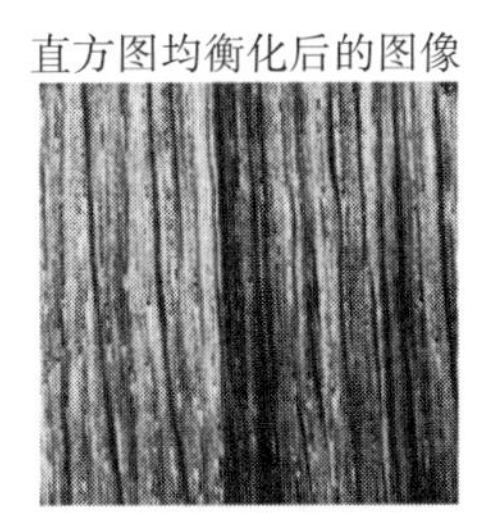

图 9-17　图像增强效果实例图

（2）图像超分辨率

图像超分辨率技术旨在从低分辨率图像中恢复高质量的细节和清晰度，使其接近甚至超越原始高分辨率图像的效果。超分辨率生成对抗网络和卷积神经网络是常用的方法，能够有效提升图像在放大后的视觉质量，适用于提高图像细节的需求场景。

如图 9-18 所示，这是对一张木料图进行超分辨率技术处理后的实例图。左侧原图分辨率为1024×1024，右侧通过超分辨率技术将图像放大 4 倍后的分辨率为4096×4096。

图 9-18　图像超分辨率技术处理实例图

（3）去噪和修复

去噪技术用于消除图像中的噪点和瑕疵，恢复图像的原始质量和清晰度。卷积神经网络和自编码器是常见的工具，能够识别并移除图像中的噪声，使得图像更加干净和真实，适用于需要高质量视觉表现的应用场景。

如图 9-19 所示，这是对一张正常的木料图进行人为噪声引入，然后分别使用高斯滤波去噪和中值滤波去噪的结果实例图。

原始图像

带噪声图像

高斯滤波

中值滤波

图 9-19　图像去噪实例图

以下代码示例展示了如何将图像增强、图像超分辨率、去噪和修复这三种功能与自然语言处理技术相结合，实现 AIGC 功能。

由于代码过长，因此每个具体功能（算法）的实现代码已被省略。

```
import cv2
from transformers import pipeline

# 提取用户意图和子功能
def extract_user_intent_and_sub_option(user_input):
    nlp = pipeline("zero-shot-classification", model="facebook/bart-large-mnli")
    labels = [" 图像增强 ", " 图像超分辨 ", " 去噪 ", " 修复 "]
    result = nlp(user_input, labels)
    intent = result['labels'][0]

    # 提取子功能
    sub_option = None
    if intent == " 图像增强 ":
        sub_labels = [" 直方图均衡化 ", " 对比度增强 ", " 亮度增强 "]
        sub_result = nlp(user_input, sub_labels)
        sub_option = sub_result['labels'][0]

    return intent, sub_option

# 图像增强
def enhance_image(image, sub_option):
    print(" 二级需求为 : ")
    if sub_option == " 直方图均衡化 ":
        # 使用直方图均衡化进行图像增强 (详细代码省略)
        print(" 使用直方图均衡化 ")
    elif sub_option == " 对比度增强 ":
        # 对比度增强 (详细代码省略)
        print(" 使用对比度增强 ")
    elif sub_option == " 亮度增强 ":
        # 亮度增强 (详细代码省略)
        print(" 使用亮度增强 ")
    return image

# 超分辨率
def super_resolution(image):
```

```
        # 使用超分辨率模型（详细代码省略）
        print("使用超分辨率")
        return image

    # 去噪和修复
    def denoise_and_repair(image):
        # 去噪（详细代码省略）
        print("使用去噪和修复")
        return image

    # 任务调度
    def aigc_system(user_input, image):
        intent, sub_option = extract_user_intent_and_sub_option(user_input)
        print(f"获取到一级需求 : {intent}")

        if intent == "图像增强":
            return enhance_image(image, sub_option)
        elif intent == "图像超分辨":
            return super_resolution(image)
        elif intent == "去噪" or intent == "修复":
            return denoise_and_repair(image)
        else:
            raise ValueError("无法识别的需求")

    # 示例用户输入和图像
    user_input = "请帮我增强图像对比度"
    image = cv2.imread("image.png", cv2.IMREAD_GRAYSCALE)
    output_image = aigc_system(user_input, image)
```

在这个案例代码的实现过程中，核心的功能在函数 extract_user_intent_and_sub_option() 中实现。

①首先加载零样本分类模型 facebook/bart-large-mnli。该模型由 Meta 的 AI 研究团队开发，基于 BART 模型，能够在不进行特定任务训练的情况下，通过上下文理解实现新输入的分类。

②定义标签列表 labels，代表系统支持的主要功能（即一级功能）。

③使用步骤①中的模型将用户的输入与标签列表 labels 进行匹配，选择得分最高的标签作为系统提取到的用户意图（即一级功能）。

④如果系统获取到用户期望的一级功能是“图像增强”，那么再用上述同样的方式获取详细的用户对子功能实现的需求。

例如：用户输入对话文本“我感觉 ** 图像对比度有点低，你帮我增强一下图像吧”，系统获取到的一级功能需求为“图像增强”，二级需求为“使用对比度增强”。

第 8 章中的案例实现完全基于检索式对话系统的方式，而 AIGC 在机器视觉场景中的应用由于涉及较多的用户主观感受，因此无法完全依赖检索式对话系统进行用户需求的直接提取。

---

5. 图像质量评估

图像质量评估广泛应用于各类图像处理和计算机视觉任务中。其核心目标是客观地评估图像的视觉质量，从而指导后续的处理步骤。通过使用一系列算法和模型，图像质量评估能够识别并量化图像中的各种问题，如模糊、噪声、色彩失真等。常用的方法包括峰值信噪比（PSNR）、结构相似性指数（SSIM）以及深度学习模型等。

在任何涉及机器视觉的系统上，图像质量评估都是一个必备的基础功能。

对应工业应用场景，图像质量评估大部分使用峰值信噪比的方法，原因有如下几方面。

（1）计算简单，易于实现

PSNR的计算基于均方误差，公式简单且计算过程直观，适合实时或准实时的工业应用需求。工业环境中对处理速度和算法复杂度有较高要求，PSNR的简便性使其非常适合快速评估图像质量。其实现代码如下：

```
def calculate_psnr(original, processed):
    # 确保图像大小相同
    if original.shape != processed.shape:
        raise ValueError("图像尺寸不一致！")

    mse = np.mean((original - processed) ** 2)
    if mse == 0:
        return float('inf')

    max_pixel = 255.0
    psnr = 20 * np.log10(max_pixel / np.sqrt(mse))
    return psnr
```

其中original是原始图像数据，或称为参考图像数据；processed是当前得到的图像数据。

（2）评估结果直观

PSNR提供了一个单一的数值来代表图像质量，数值越大，表示图像质量越好。这种直观的数值输出便于工程师和技术人员快速理解与使用。

（3）广泛接受和使用

PSNR作为传统且经典的图像质量评估指标，被广泛接受和应用。在工业标准和规范中，PSNR是一个被普遍认可的评估工具，适用性和可比性较强。更重要的一点，是PSNR的概念在各技术专业领域都有涉及，使用起来更加容易被大众接受。

（4）适用于多种图像处理任务

无论是图像压缩、传输还是重建，PSNR都能提供有效的质量评估。工业应用中涉及的图像处理任务多样，PSNR的通用性使其成为一个可靠的评估工具。

（5）能够反映图像细节损失

在图像处理过程中，细节损失是影响图像质量的主要因素之一。PSNR能够敏感地反映这种损失，有助于实现工业应用中的高精度图像处理需求。

6. 图像修复

严格来讲，前面提及的去噪功能属于图像修复功能中的一个特定应用。只是很多时候大众习惯性将其分开表达，久而久之就形成了一种默契。因此此处的图像修复部分，只介绍非去噪部分的功能。该功能的目标是填补图像中缺失的部分或去除不需要的对象，使图像看起来完整。

图像修复的实现过程一般有以下几个步骤：

（1）确定修复区域

AI 相关系统的设计初衷就是在系统运行过程中减少人为介入，因此对此处的方案设计不会采用传统方案中的手动标记区域并引导算法处理的方式。结合工业数据的特点，可用采用边缘检测的方式进行区域选择。而工业数据的特点之一就是其边缘是连续的、平滑的或者规整的，因此可以基于边缘检测的方式捕捉不连续的或突变的轮廓，这些轮廓区域就是需要被修复的区域。

（2）选择修复算法

用于图像修复的算法有很多，前面提到的生成式对抗网络可以用于图像修复，计算机视觉算法中也有很多能够用于图像修复的具体算法，如纹理合成方法、偏微分方程方法、碎片修复方法、稀疏表示方法等。

AIGC 技术在此处需要处理的关键操作，就是结合待修复区域的信息，自动选择修复算法。

（3）后处理

在修复完成后，可能需要进行一些后处理操作，如调整颜色和对比度，以使修复后的图像更为自然。

CHAPTER 10

第10章

AIGC 在工业应用中的未来挑战

随着 AIGC 技术的迅猛发展，越来越智能的系统正逐渐渗透到各个行业，从媒体、影视到工业，AIGC 展示出前所未有的潜力与活力。然而，技术的快速进步也带来了前所未有的挑战。如何在提升生成内容质量的同时，确保生成内容的真实性和道德规范？如何在保护隐私和数据安全的同时，充分利用大数据进行训练？此外，面对复杂多变的应用场景，如何设计出具备高通用性和适应性的 AIGC 模型，确保其能够在各种环境中稳定发挥作用？这些都是当前及未来 AIGC 技术发展所需克服的关键问题。本章将针对工业行业特点，探讨 AIGC 技术在工业应用中未来面临的主要挑战。

本章主要涉及的知识点：

- AIGC 技术在工业应用中仍存在的不确定性问题。
- 技术本身仍存在的技术成本问题。
- AIGC 未来在工业行业可能的发展趋势。

10.1 不确定性问题

在工业智能设备中应用 AIGC 技术，无疑能够显著提升生产效率、产品质量，以及降低专业门槛。然而，实际应用过程中，不确定性问题层出不穷，成为亟待解决的技术难题。以下是一些经常面临的不确定性问题。

1. 数据不确定性

工业环境中的数据来源广泛，传感器采集的数据可能受到噪声、传输延迟、硬件故障等多种因素的影响，导致数据质量参差不齐。例如，一条生产线上多个传感器同时采集温度、压力和振动数据，这些数据可能因为设备老化或环境干扰而产生误差。这种不确定性数据会直接影响 AIGC 模型的训练效果和预测准确性。如果传感器数据不准确，模型生成的内容也会存在偏差，影响实际应用效果。

要解决这一问题，需要在 3.2 节内容的基础上，研究使用更为先进的数据预处理技术，结合数据清洗、去噪和补全等方法，提高数据的准确性和可靠性，确保模型能够基于高质量的数据进行学习和预测。

从 AI 相关领域的专业人士角度看待此处描述的数据不确定性问题，其解决难度并不大。但是由于在工业行业中很多企业缺少这方面的专业人士，因此需要着重注意这个问题点。

2. 环境不确定性

工业生产环境复杂多变，设备运行状态、环境温湿度、振动和电磁干扰等因素都会对 AIGC 模型的性能产生影响。例如，同一套模型在不同的工厂、不同的生产线上，可能会出现截然不同的结果。在一个工厂环境中，由于温湿度控制较好、设备运行稳定，模型表现可能非常出色；但在另一个环境恶劣、干扰较多的工厂，模型性能可能大打折扣。为此，需要设计具备强适应性的 AIGC 模型，能够在多变的环境中保持稳定的性能，同时通过持续的模型更新和迭代优化，提升模型的鲁棒性和泛化能力。

从严谨的定义上理解，就环境不确定性问题对 AIGC 技术造成的影响而言，它其实属于数据不确定性中的一种特例，因为大部分情况下是环境因素导致的数据不确定性问题，进而影响 AIGC 模型。之所以此处将它单独进行介绍，是因为还有一种可能就是在 AIGC 技术设计层面上没有做到较好的环境泛化能力造成这一问题。不过这一问题从 AI 技术专业人士的角度来看，也是一个可以被定制化解决的问题。

3. 模型不确定性

AIGC 模型本身的复杂性和不确定性也是一大挑战。模型参数设置、算法选择和训练过程中的随机性，都会导致最终生成内容的质量波动。在工业应用中，保证模型输出的稳定性和一致性尤为重要。比如，同样的输入数据，在不同的时间点可能会得到不同的输出结果，这会给生产带来不确定性。因此，需要在模型设计阶段进行充分的仿真和验证，结合多种评价指标，对模型进行全面评估和优化。此外，引入模型校正和自适应调整机制，可以让模型在运行过程中自动修正误差，提高生成内容的精度和一致性。

这种不确定性问题必须从专业技术的方向切入才能被解决，考验的是专业工程师的专业能力。

4. 安全与隐私不确定性

工业应用中，数据安全和隐私保护至关重要。AIGC 技术在处理和生成内容时，可能会涉及敏感信息的采集和传输。一旦安全防护措施不到位，数据泄露和被攻击的风险将大幅增加。例如，生产过程中采集的设备数据、生产工艺参数等都是企业的核心机密，一旦泄露，可能会对企业造成巨大的经济损失。为此，需要在 AIGC 系统中引入严格的安全管理和隐私保护机制，采用加密技术和访问控制措施，确保数据在传输和存储过程中的安全性和保密性。

5. 实时性要求

工业生产对实时性有着极高的要求，AIGC 模型需要在毫秒级别内处理和生成内容，才能满足生产线的快速反应需求。然而，复杂的模型计算往往需要较长时间，如何在保证生成质量的前提下，提高处理速度，是一大难题。例如，在一个高速运转的生产线上，检测到产品缺陷并做出反应的时间往往只有几毫秒，一旦反应不及时，就可能导致产品不合格甚至生产线停工。为此，可以考虑通过模型压缩、分布式计算和硬件加速等技术，提升AIGC系统的实时处理能力，确保能够在高速生产环境中实时检测和处理问题。

10.2 技术成本问题

在工业行业中应用AIGC技术，虽然能够带来显著的效率提升和质量保证，但也伴随着不容忽视的技术成本问题。以下从设备成本、数据成本、维护成本和人才成本4个方面详细探讨AIGC技术在工业应用中的技术成本问题。

1. 设备成本

应用AIGC技术首先需要较高性能的硬件设备支持。这些设备可能包括高分辨率传感器、先进的视觉检测设备、高性能计算服务器等。这些硬件设备价格昂贵，且需要频繁更新和维护。例如，高分辨率的相机和传感器需要具备较高稳定性与精确性，以保证数据采集的准确性，而这些设备的采购和维护费用都相当高昂。同时，为了处理海量数据和复杂的模型训练，还需要配备较高性能的计算服务器，特别是支持深度学习的GPU服务器，这些设备的成本更是高得惊人。

工业行业中可以结合不同的领域特性，实现一定的设备成本降低，对此可参考3.1.3节以及5.2.2节，在这两节中都是有关减少设备成本的内容。

---

2. 数据成本

AIGC技术依赖于大量高质量的数据进行训练和优化。在工业环境中，数据的采集、存储和处理都会产生显著的成本。首先，安装和维护大量的传感器和摄像设备，需要投入大量资金。其次，这些设备采集到的数据量庞大，需要建设大容量的数据存储和管理系统，以保证数据的完整性和安全性。此外，数据的预处理、清洗和标注等工作需要大量的人力和时间投入，这些都是隐形的成本。例如，为了保证数据质量，需要定期对传感器和摄像设备进行校准和维护，而这些操作通常需要专业技术人员来完成。

AI相关技术在工业行业中整体的渗透应用较弱，很大程度都是受该成本问题的影响与限制。

---

3. 维护成本

AIGC系统在实际应用中需要不断进行维护和升级，以适应不断变化的生产环境和工艺流程。维护成本主要包括硬件设备的维护、软件系统的更新和优化等。硬件设备在长时间运行中可能出现故障，需要及时维修和更换，这需要投入大量的资金和人力。此外，AIGC模型需要定期进行重新训练和优化，以保证其在新环境下的性能，这也需要投入大量的计算资源和技术人员。例如，生产线的运行环境复杂多变，设备的磨损、环境的变化都会影响数据采集的质量，从而影响 AIGC 模型的性能，因此需要对设备和模型进行持续监控和优化。

4. 人才成本

实施 AIGC 技术需要专业的技术团队，包括数据科学家、机器学习工程师、软件开发人员等，这些专业人才的招聘和培养成本也相当高昂。特别是在工业领域，既懂得工业生产流程又掌握 AIGC 技术的复合型人才非常稀缺，薪资水平较高。为了保持团队的技术优势，还需要不断进行培训和技能提升，这些都是额外的成本。比如，AIGC 技术涉及复杂的算法和模型，需要专业的机器学习工程师进行开发和维护，而这些工程师的招聘和培养费用通常非常高昂。

5. 具体技术成本的实例分析

以一家汽车制造厂为例，该厂计划引入 AIGC 技术进行自动化检测和质量控制。首先，该厂需要采购高分辨率摄像设备和传感器，以实时监控和采集生产线上的各种数据。采购和安装这些设备的初始成本就可能达到数百万元。其次，为了处理和存储这些海量数据，该厂还需要建设一个高性能的数据中心，这部分投资同样需要数百万元。

在数据成本方面，该厂需要投入大量的人力和时间对采集到的数据进行预处理和标注。为了保证数据的准确性和完整性，需要定期对设备进行校准和维护，这些工作需要专业的技术人员来完成。数据中心的建设和维护也需要持续的投入，包括服务器的维护、数据存储和备份系统的管理等。

在维护成本方面，该厂需要定期对 AIGC 系统进行维护和升级，以适应不断变化的生产环境。例如，当生产工艺发生变化或引入新设备时，需要对 AIGC 模型进行重新训练和优化，以保证其在新环境下的性能。同时，设备的磨损和环境的变化也会影响数据采集的质量，需要对设备和模型进行持续监控和优化。

在人才成本方面，该厂需要组建一个专业的技术团队，包括数据科学家、机器学习工程师、软件开发人员等，其中既懂得汽车制造工艺又掌握 AIGC 技术的复合型人才非常稀缺。这些专业人才的招聘和培养成本较高。随着技术发展和更新，还需要不断进行团队培训和技能提升，进一步增加成本。

10.3 可能的发展趋势

随着相关技术的快速发展，工业智能设备的应用将迎来前所未有的变革。尽管当前许多 AIGC 技术已经在工业领域有所应用，但未来其发展将进一步突破现有的技术界限，带来更加先进和智能的工业解决方案。以下是对 AIGC 在工业智能设备中的应用未来发展趋势的可能性介绍。

1. 自适应学习与自动优化

未来，工业中的 AIGC 技术（目前该技术比较轻量级、功能比较简单）也将具备像 GPT 这种大模型一样的自适应学习能力，能够根据生产环境的变化自动调整自身的参数和行为，实现自动优化和自我改进。这将使得工业设备能够在不同的生产条件下始终保持最佳性能。例如：

- 自适应生产线：生产线能够根据实时数据自动调整生产速度、工艺参数等，适应不同产品的生产需求，减少人为干预，提高生产效率。
- 自动优化算法：通过持续监测和学习生产过程中的数据，自动优化生产策略和流程，减少资源浪费和生产成本。

2. 超智能协同制造系统

未来，AIGC技术将实现超智能协同制造系统，多个智能设备和系统之间可以无缝协同工作，形成一个高度自动化和智能化的制造生态系统。例如：

- 智能工厂生态系统：各个生产设备、机器人、传感器和控制系统通过AIGC技术实现无缝协作，自动协调生产任务，提高整体生产效率和灵活性。
- 全自动生产链：从原材料供应、生产制造到产品包装和物流配送，整个生产链条实现全自动化和智能化，大幅减少人工干预和人为错误。

3. 智能预测与预防性维护

未来，AIGC技术将具备更加精准的智能预测能力，不仅能够预测设备故障，还能预测市场需求变化和生产趋势，提前做好预防性维护和生产规划。例如：

- 智能预测维护系统：通过分析设备运行数据和历史故障记录，精准预测设备的维护需求，提前安排维护工作，避免意外停机和生产中断。
- 市场需求预测：通过大数据分析和AIGC技术，预测市场需求变化，提前调整生产计划，优化库存管理和生产调度。

4. 全方位智能监控与质量控制

未来的智能监控系统将不仅用于生产过程，还能覆盖整个产品生命周期，从原材料采购到产品销售和售后服务，实现全方位的智能监控和质量控制。例如：

- 全生命周期质量管理：通过AIGC技术对产品进行全生命周期的监控和管理，确保产品在各个环节都能达到质量标准，提高产品的一致性和可靠性。
- 智能售后服务：通过对产品使用数据的分析，提供智能化的售后服务和维护建议，延长产品寿命，提高客户满意度。

5. 高度个性化和定制化生产

未来，AIGC技术将使得工业生产能够高度个性化和定制化，满足不同客户的独特需求，实现大规模的定制化生产。例如：

- 按需生产：根据客户订单和个性化需求，灵活调整生产线，实现按需生产和即时交付，减少库存和浪费。
- 智能设计与制造：通过AIGC技术实现智能设计和制造，快速响应市场变化，提供个性化的产品和解决方案。

6. 超级智能边缘计算

未来，AIGC技术将与边缘计算相结合，实现超级智能边缘计算，使得工业设备能够在本地实时处理和分析数据，减少对云端的依赖，提高响应速度和数据安全性。例如：

- 本地智能分析：工业设备能够在本地实时处理和分析传感器数据和图像数据，实现快速决策和响应，提高生产效率和安全性。
- 边缘智能设备：具备智能处理能力的边缘设备可以与中央系统协同工作，分担数据处理任务，降低网络延迟和数据传输成本。

7. 绿色智能制造

未来，AIGC 技术将推动绿色智能制造的发展，通过优化生产流程和资源利用，减少能源消耗和环境污染，实现可持续发展。例如：

- 能源优化管理：通过 AIGC 技术优化能源管理和利用，减少能源消耗，提高能源利用效率，降低生产成本和环境影响。
- 环境友好生产：采用 AIGC 技术优化生产工艺和材料选择，减少废弃物和污染物的产生，实现环境友好和可持续的生产方式。

总之，AIGC 技术在工业智能设备中的应用将带来一场深刻的技术变革。未来，随着 AIGC 技术的不断发展和成熟，工业生产将变得更加智能、高效和灵活，同时也面临着新的挑战和机遇。企业需要积极拥抱技术变革，合理规划和实施 AIGC 技术，以实现可持续的发展和竞争力的提升。

推荐阅读

BUILDING AND PRACTICING OF LARGE LANGUAGE MODELS IN MANUFACTURING
制造业大模型的构建与实践

多模态大模型
MULTIMODAL LARGE LANGUAGE MODELS
算法、应用与微调

大模型项目实战
多领域智能应用开发
LLM PROJECTS PRACTICE

大模型
安全、监管与合规
Security, Regulation and Compliance of Large Language Models

AIGC辅助数据分析与数据化运营
场景化解决方案与案例分析

AIGC辅助数据分析与挖掘
基于ChatGPT的方法与实践